内燃机先进技术译丛

内燃机测量技术和试验台架

原书第 2 版

［德］凯·博格斯特（Kai Borgeest）著

倪计民团队 译

机 械 工 业 出 版 社

本书由德文原书第 2 版翻译而来。本书对内燃机的测量与试验台架，从建筑规划、台架规划、试验台架系统和设备、试验规划、测量方法和数据测量与处理等方面进行了系统性的介绍，主要内容包括引言，内燃机原理，发动机试验台架的构建，整车和零部件试验台，试验台架机械学，测功机，测量技术，控制、调节和自动化，建筑技术装备，安全和环境。本书适合内燃机生产厂家及科研院所的实验室研究人员阅读使用，也适合大专院校相关专业师生阅读参考。

丛 书 序

我国的内燃机工业在几代人前赴后继的努力下，已经取得了辉煌的成绩。从1908年中国内燃机工业诞生至今的一百多年里，中国内燃机工业从无到有，从弱到强，走出了一条自强自立、奋发有为的发展道路。2017年，我国内燃机产量已突破8000万台，总功率突破26.6亿千瓦，我国已是世界内燃机第一生产大国，产量约占世界总产量的三分之一。

内燃机是人类历史上目前已知的效率最高的动力机械之一。到目前为止，内燃机是包括汽车、工程机械、农业机械、船舶、军用装备在内的所有行走机械中的主流动力传统装置，但内燃机目前仍主要依靠石油燃料工作，每年所消耗的石油占全国总耗油量的60%以上。目前，我国一半以上的石油是靠进口，国家每年在石油进口上花费超万亿美元。国务院关于《"十三五"节能减排综合工作方案》的通知已经印发，明确表明将继续狠抓节能减排和环境保护。内燃机是目前和今后实现节能减排最具潜力、效果最为直观明显的产品，为实现我国2030年左右二氧化碳排放达到峰值且将努力早日达峰的总目标，内燃机行业节能减排的责任重大。

如何推进我国内燃机工业由大变强？开源、节流、高效！"开源"就是要寻求石油替代燃料，实现能源多元化发展。"节流"应该以降低油耗为中心，开展新技术的研究和应用。"高效"是指从技术、关联部件、总成系统的角度出发，用智能模式全方位提高内燃机的热效率。我国内燃机的热效率从过去不到20%提升至汽油机超30%、柴油机超40%、先进柴油机超50%，得益于包括燃油喷射系统、电控、高压共轨、汽油机缸内直喷、增压系统、废气再循环等在内的先进技术的研究和应用。除此之外，降低发动机本身的重量，提高功率密度和体积密度也应得到重视。完全掌握以上技术对我国自主开发能力具有重要意义，也是实现我国由内燃机制造大国向强国迈进的基础。

技术进步和技术人员队伍的培养不能缺少高水平技术图书的知识传播作用。但遗憾的是，近十几年，国内高水平的内燃机技术图书品种较少，不能满足广大内燃机技术人员日益增长的知识需求。为此，机械工业出版社以服务行业发展为使命，针对行业需求规划出版"内燃机先进技术译丛"，下大力气，花大成本，组织行业内的专家，引进翻译了一批高水平的国外内燃机经典著作。涵盖了技术手册、整机技术、设计技术、测试技术、控制技术、关键零部件技术、内燃机管理技术、流程管理技术等。从规划的图书看，都是国外著名出版社多次再版的经典图书，这对于我国内燃机行业技术的发展颇具借鉴意义。

据我了解，"内燃机先进技术译丛"的翻译出版组织工作中，特别注重专业性。参与翻译工作的译者均为在内燃机专业浸淫多年的专家学者，其中不乏知名的行业领军人物和学界泰斗。正是他们的辛勤工作，成就了这套丛书的专业品质。年过8旬的高宗英教授认真组织、批阅删改，反复修改的稿件超过半米高；75岁的范明强教授翻译3本，参与翻译1本；倪计民教授在繁重的教学、科研、产业服务之余，组织翻译6本德文著作。翻译人员对于行业的热爱，对知识传播和人才培养的重视，体现出了我国内燃机专家乐于奉献、重视知识传承的行业作风！

祝陆续出版的"内燃机先进技术译丛"取得行业认可，并为行业技术发展起到推动作用！

译者的话

内燃机是我热爱的专业，尤其喜欢在实验室做发动机试验。我自 1989 年 7 月起担任同济大学动力实验室主任，负责过汽车实验室动力试验部分的实验室规划，对实验室的规划和试验有了比较全面的认识，积累了一定的实践经验，当时我有一个困惑：我国的汽车内燃机工业的落后是不是受到了试验技术落后的影响？

1992—1993 年我有机会到德国布伦瑞克工业大学（TU Braunschweig）进修，有机会接触到大量针对汽车发动机实验室建设和应用的专业资料。针对以往汽车发动机测试技术方面的书籍基本上仅介绍测量技术的基础知识、测试仪器的基本原理和数据分析的不足，我于 1998 年编著出版了《汽车内燃机试验技术》一书。该书从建筑规划、台架规划、试验台架系统和设备、试验规划、测量方法、数据测量和处理进行了系统性的介绍。

转眼间 20 多年过去了，汽车内燃机试验技术（尤其是电子和数字技术）飞速发展，新的测试设备和方法层出不穷，本应对《汽车内燃机试验技术》进行修订，但是苦于平时对新的试验技术的资料积累不多，而这本介绍内燃机试验技术的德文书正好有其优势和特色，我们决定翻译本书。

要特别感谢机械工业出版社的孙鹏先生，他的鼓励和支持使得我下定决心把这本书翻译出来。孙先生精心组织，汇聚资源，申请版权，完成许许多多出版流程必需的工作，使得本书的出版工作顺利进行。

特别感谢原机械工业部何光远老部长为本书（译丛）作序。何老部长的关于"中国汽车工业的发展在于自主开发，而自主开发的关键是零部件"的论断指明了中国汽车工业的发展方向。何老部长为本丛书作序，不仅是对我这个晚辈的关爱和鼓励，更是对致力于内燃机工业发展的业内同行们的支持。

本书由同济大学汽车学院汽车发动机节能与排放控制研究所倪计民教授团队负责翻译：

倪计民，现在同济大学工作；

胡益，现在同济大学和德国达姆斯达特工业大学攻读双学位硕士；

黄强炜和李俊成，现在上海机动车检测中心技术有限公司工作；

尹川川，现在上汽集团安吉物流股份有限公司工作；

王璁玮，现在上汽集团大众汽车有限公司工作；

韦圆盛，现在上汽集团通用五菱汽车股份有限公司工作；

全书由倪计民审校。

感谢同济大学汽车学院汽车发动机节能与排放控制研究所石秀勇副教授和团队

的所有成员（已毕业和在校的博士生、硕士生）为团队的发展以及本书的出版所作出的贡献。

感谢我的太太汪静女士和儿子倪一翔先生，我们之间的相互支持是彼此共同成长的动力。

同样感谢家人对我的支持和鼓励！

倪计民

第 2 版前言

　　本书第 2 版保留了第 1 版受读者认可的内容框架，因此，在差不多上千处的更改中，很大一部分是更新（从业人员应该对这些更新感兴趣），并在编辑上有所改进（主要是学生和其他新人可能会受益）。

　　第 2 版中对内容也进行了一些较大的拓展：第 1 版着重于发动机试验台架的测量，第 2 版则着重于转鼓试验台和组件测试台的测量。排放丑闻加速了欧洲立法的变化，除了排放控制技术取得进步外，还对测量技术产生了影响。例如，书中讨论了使用便携式排放测量系统（PEMS）进行废气测量。由于在试验台架上轴的折断是危险且昂贵的麻烦，因此，拓展扭转振动部分是非常重要的。

　　我要感谢沃默（Wommer）先生（Moehwald GmbH）、怀特里库斯（Wytrykus）博士（SMETEC GmbH）、斯拉格（Schläger）博士（LaVision GmbH）、布罗特（Brodt）女士（Umicore）、艾森霍夫（Eisenhofer）女士（Umicore）和范海斯特（Dr. -Ing. Vanhaelst）教授（Ostfalia, Wolfsburg）在此版本中提供了其他图像。

阿沙芬堡

凯·博格斯特

2020.1

前　言

从长远来看，汽车动力会是怎样的情况？电、燃气或者还有其他替代动力？

这些问题没有人能给予回答，但是毫无疑问，当今和最近的将来，内燃机仍占主导地位。有一种观点认为由于电动化方面的快速发展，人们在内燃机的进一步发展上不会投入太多资金。然而，实际上内燃机的研究和开发比以往任何时候都多，并且它们显然在功率、油耗、排放和其他特性方面，仍具有相当大的优化潜力。

欧洲的立法者规定的排放和试验规则越来越严格，立法者为了实现宏伟的气候目标，推进降低 CO_2 排放和燃料消耗，而驾驶员更多的是希望一台结构紧凑的发动机能够提供更大功率，同时在混合动力中发动机与电驱动的组合又对内燃机提出了新的要求。

为了实现这个目标，我们在研究和开发中采用了两种方法，即仿真和实际发动机的测试。这两种方式并不相互排斥，而是相互补充的。

这本书的对象是发动机的测试，可以是汽车在道路上或在转鼓试验台上实施的测试，但大多数情况下发动机并未装车，而是在发动机试验台架上运行。

本书适合于试验台架的规划者和运行者、发动机开发者、驱动机构的电子开发者，以及机电一体化、机械制造和电子技术方向的学生。

非常高兴的是，我可以与我在阿沙芬堡大学的同事 Georg Wegener 合作，他在扭矩测量方面提供了宝贵的经验。

我非常感谢 Voith Turbo HighFlex GmbH & Co. KG 的赫尔奇（Höldge）先生、Daimler AG 的麦克（Mack）先生、D2T GmbH 的马丁（Martin）先生和托尼·吉卢（Tony Guillou）先生，我也以韦格讷（Wegener）先生的名义感谢 Hottinger Baldwin Messtechnik GmbH 的哈勒尔（Haller）先生和斯托克（Stock）先生，Lorenz Messtechnik GmbH 的洛伦茨（Lorenz）先生提供图片和照片。

阿沙芬堡

凯·博格斯特

2016.3

缩写和符号

缩写⊖

AC	交流电　Alternating Current
ACI	自动标定界面　Automatic Calibration Interface
AE	指示装置，显示单元
AFR	空燃比　Air Fuel Ratio
Amd	修正 Amendment
ANSI	美国国家标准化研究院　American National Standards Institute
ASAM	美国自动化和测量系统标准化协会　Association for Standardization of Automation and Measurement Systems
ASME	美国机械工程师协会　American Society of Mechanical Engineers
ASS	加注软管密封
AU	废气研究所（现在是 HU 的一部分）
BAnz AT	德国联邦公报，官方部分
BArbBl	德国联邦工作表
BCI	在线束中注入干扰电流　Bulk Current Injection
BGBl	德国联邦法律公报
B. I. C. E. R. A.	英国内燃机研究协会　British Internal Combustion Engine Research Association
BMEP	制动平均有效压力，平均有效压力　Brake Mean Effective Pressure
CAN	控制器局域网络　Controller Area Network
CARS	相干的反斯托克斯 – 拉曼散射　Coherent Anti – Stokes Raman Scattering
CCA	恒流测速仪　Constant Current Anemometry
CEN	欧洲标准化委员会　Comité Européen de Normalisation
CENELEC	欧洲电子技术标准化委员会　Comité Européen de Normalisation Électrotechnique
CF	符合性系数　Conformity Factor
CFD	计算流体力学　Computational Fluid Dynamics
CFR	美国联邦法规汇总　Code of Federal Regulations

⊖　没有罗列一般情况下语言习惯上所采用的缩写。

CFR	SAE 合作燃料研究委员会	Cooperative Fuel Research Committee of the SAE
CiA	自动化领域控制器局域网络	"CAN in Automation"
CNG	压缩天然气	Compressed Natural Gas
CIFI	气缸单独燃料喷射	Cylinder Individual Fuel Injection
CLA	化学发光分析仪	Chemo Luminescence Analyzer
CLD	化学发光检测器	Chemo Luminescence Detector
CoE	以太网控制自动化技术之上的控制器局域网络	CAN over EtherCAT
CPC	冷凝态粒子计数器	Condensation Particle Counter
CPU	中央处理器	Central Processing Unit
CRT	连续再生捕集器	Continuous Regeneration Trap
CTA	恒温热线测速仪	Constant Temperature Anemometry
CVS	定容采样	Constant Volume Sampling
DAkkS	德国认证认可委员会	
DC	扩散充电器，扩散增压器	Diffusion Charger
DEHS	二乙基己基癸二酸酯	Di – Ethyl – Hexyl – Sebacic – Acid – Ester
DGV	多普勒全场测速	Doppler Global Velocimetry
DIN	德国标准化研究院	
DMA	差分迁移率分析仪	Differential Mobility Analyzer
DMPS	差分迁移率粒度仪	Differential Mobility Particle Sizer
DMS	应变片	Strain Gauge
DN	名义宽度	Diamètre Nominal
DoE	试验设计	Design of Experiments
DOHC	双顶置凸轮轴	Double OHC
DP	分散式外围设备	Decentralized Peripherals
DTS	技术规范草案	Draft Technical Specification
DUT	待测件	Device Under Test
Dy:YAG	掺镝钇铝石榴石	Dysprosium – Doped Yttrium Aluminum Garnet
ECE	欧洲经济委员会	Economic Commission for Europe
EFM	废气流量计	Exhaust Gas Flow Meter
EKA	进气道切换	
ELPI	电动低压冲击器	Electrical Low Pressure Impactor
ELR	欧洲负载响应	European Load Response
EMV	电磁相容性	
EOBD	电子车载诊断仪	Electronic On – Board – Diagnosis
EoL	线端、线尾	End of Line
EN	欧洲标准	European Standard

ESC	欧洲稳态循环 European Stationary Cycle
ESD	静电放电 Electrostatic Discharge
ETC	欧洲瞬态循环 European Transient Cycle
EU	欧洲联盟、欧盟 European Union
FCE	法拉第杯静电计 Faraday Cup Electrometer
FEM	有限元法 Finite Element Method
FSN	滤纸式烟度值 Filter Smoke Number
FTIR	傅里叶转换红外线光谱分析仪 Fourier Transform Infrared Spectroscopy
FVV	内燃机研究协会
GCMS	气相色谱/质谱仪 Gas Chromatography，Mass Spectrometry
GMBl	联合政府公报
GPS	全球定位系统 Global Positioning System
GRPE	欧盟污染和能源工作组 Working Party on Pollution and Energy
HELS	亥姆霍兹方程，最小二乘法 Helmholtz Equation Least Square
HFM	热膜式空气流量计 Hot Film air mass Meter
HFO	重油 Heavy Fuel Oil
HiL	硬件在环 Hardware in the Loop
HP	马力 Horse Power
Hrsg.	编者，发行人，出版者
HTL	高阈值逻辑 High Threshold Logic
IP	互联网协 Internet Protocol
IEC	国际电工委员会 International Electrotechnical Commission
ISO	国际标准化组织 International Organization for Standardization
IT	信息技术 Information Technology
JTC	联合技术委员会 Joint Technical Committee
LDA	激光多普勒测速仪 Laser Doppler Anemometry
LDSA	肺沉积表面积 Lung Deposited Surface Area
LDV	激光多普勒测速仪 Laser Doppler Velocimetry
Lkw	载货汽车，载货车，商用车
LIF	激光诱导荧光 Laser Induced Fluorescence
LII	激光诱导白炽光 Laser Induced Incandescence
LIP	激光诱导磷光 Laser Induced Phosphorescence
LNG	液化天然气 Liquefied Natural Gas
LPG	液化石油气 Liquefied Petrol Gas
LSB	最低有效位 Least Significant Bit
MEG	单乙二醇 MonoethyleneGlycol，Monoethylenglykol

MOZ	马达法辛烷值
MSB	最重要的位　Most Significant Bit
MVEG	发动机车辆排放组循环
NAH	近场声全息　Near Field Acoustic Holography
NDIS	非色散红外光谱　Non Dispersive Infrared Spectroscopy
NDUS	非分散紫外光谱　Non Dispersive Ultraviolet Spectroscopy
Nd:YAG	掺钕钇铝石榴石　Neo dymium – Doped Yttrium Aluminum Garnet
NEDC	新欧洲行驶循环　New European Driving Cycle
NEFZ	新欧洲行驶循环
NMC	非甲烷切割机　Non – Methane Cutter
NMHC	非甲烷碳氢化合物　Non – Methane Hydrocarbons
NTC	负温度系数　Negative Temperature Coefficient
NVH	噪声、振动与舒适性　Noise，Vibration，Harshness
OATS	开阔的试验场地，开放的试验场地　Open Area Test Site
OHC	顶置凸轮轴　Overhead Camshaft
OT	上止点
PAK	多环芳香烃
PAS	光声光谱　Photo Acoustic Spectroscopy
PASS	光声碳烟光谱　Photo Acoustic Soot Spectrometry
PCRF	颗粒浓度降低系数　Particle Concentration Reduction Factor
PDV	二维多普勒测速仪，平面多普勒测速仪　Planar Doppler Velocimetry
PEMS	便携式排放测试系统　Portable Emission Measurement System
PFI	进气道喷射　Port Fuel Injection
PIV	粒子图像测速　Particle Image Velocimetry
PLIF	平面激光诱导荧光　Planar LIF
PLU	皮尔堡航空联合有限公司
PMD	顺磁探测器　Paramagnetic Detector
PMP	粒子测量程序　Particle Measurement Program
PTV	粒子示踪测速　Particle Tracking Velocimetry
Pkw	乘用车，轿车，载客汽车
PSP	颗粒/颗粒采样探头　Particle/Particulate Sampling Probe
PTC	正温度系数热敏电阻（冷导体）　Positive Temperature Coefficient
PTFE	聚四氟乙烯　Polytetrafluoroethylene
PVDF	聚偏二氟乙烯　Poly Vinylidene Fluoride
PWG	踏板位置传感器
PWM	脉冲宽度调制　Pulse Width Modulation

QCL	量子级联激光器	Quantum Cascade Laser
QLS	定量光段，定量切光	Quantitative Light Section
RDE	实际行驶排放	Real Driving Emissions
ROZ	研究法辛烷值	Research – Oktanzahl
S.	边，面，侧；方面；页	
SAE	美国汽车工程师学会	Society of Automotive Engineers
SAW	声表面波	Surface Acoustic Wave
SC	分委员会	Sub Committee
SCR	选择性催化还原	Selective Catalytic Reduction
SEFI	顺序燃油喷射	Serial Fuel Injection
SHED	用于蒸发测定的密闭室	Sealed Housing for Evaporative Determination
SMPS	扫描电迁移粒度仪	Scanning Mobility Particle Sizer
SOF	可溶性有机物	Soluble Organic Fraction
SPS	可编程逻辑控制器	
SR	系统性法律汇编	
SSI	同步串行接口	Synchronous Serial Interface
SZ	黑度值	
TA	技术指南	Technische Anleitung
TC	技术委员会	Technical Committee
TCP	传输控制协议	Transmission Control Protocol
TEDS	传感器电子数据表	Transducer Electronic Data Sheet
TEM	横向电动模式	Transversal Electric Mode
TGA	建筑技术设备	
THC	总烃	Total Hydro Carbons
TiRe – LII	时间分辨的 LII	Time Resolved LII
TOF	飞行时间	Time of Flight
TR	技术规范	
TRbF	可燃流体技术规范	
TRBS	运行安全性技术规范	
TRGS	危险品技术规范	
TRS	总还原硫	Total Reduced Sulfur
TRT	储罐技术规范	
TTL	电晶体 – 电晶体逻辑	Transistor Transistor Logic
TWC	管状波耦合器，同轴定向耦合器	Tubular Wave Coupler
UMA	发动机管理系统和废气净化系统研究	
UN	联合国	United Nations

USB	通用串行总线　Universal Serial Bus
UT	下止点
UV	紫外线　Ultraviolet
VDI	德国工程师协会
VI	黏度指数　Viscosity Index
Vol.	体积，容积　Volume
VTG	可变截面涡轮，可变涡轮机尺寸　Variable Turbine Geometry
WHSC	全球统一的稳态测试循环　World Harmonized Stationary Cycle
WHTC	全球统一的瞬态测试循环　World Harmonized Transient Cycle
WLTP	全球统一的轻型车试验程序　Worldwide harmonized Light vehicles Test Procedure
WMTC	全球统一的摩托车测试循环　Worldwide harmonized Motorcycle Test Cycle

公式中的符号和自然常数

物理符号和数学符号

符号上方的一个点表示参数相对于时间的导数，下划线表示矢量，符号前面的 △表示差分，符号上方的回旋符^表示峰值。在这本书中，以小字（如与时间相关的参数）和大字（如稳态值或有效值）形式出现的参数均以大写字母列出。

a	距离
A	截面积
A	经验常数
A_K	有效的活塞截面
B	磁通密度
B	经验常数
b	阻尼系数
C_{met}	声级的气象学修正
c	刚度，刚性
c	光速
c	声速
c	流动速度
c	浓度（用指数表示材料）
c_i	加权系数
c_u	周向流动速度，圆周速度
c_W	正面阻力系数，迎面阻力系数
d	直径，孔径，缸径

d	宽度，宽
d	直径，内径
D	外径
D	阻尼度，衰减度（莱尔衰减）
$\boldsymbol{D}$	阻尼矩阵
E	弹性模量
E	电场强度
f_0	多普勒效应中辐射源的频率
f_0	自由谐振频率
f_{ausg}	输出频率
f_{max}	达到最大放大功能的频率，共振频率
F	力
$F_{Antrieb}$	驱动力
F_C	科里奥利力
F_{Gas}	气体力
F_H	下坡从动力
F_L	空气阻力
F_M	质量力
F_K	活塞力
F_{Mi}	i 阶质量力
F_R	响应因子
F_R	摩擦力
F_T	惯性力
F_W	行驶阻力
g	重力加速度（$9.8\mathrm{m/s^2}$）
G	抗剪模量，刚性率，剪切弹性模量
G	平衡质量
h	普朗克效应量子，普朗克常数（6.626×10^{-34} Js）
h	反向不灵敏区，逆差
H_i	（低）热值
i	每曲轴转动的热力学循环
i	统计指标，指数
I	电流
I	强度（声/光）
I_A	电枢电流
I_E	励磁电流

I_p	极平面惯性矩
I_x	通过电热丝的电流
J_B	制动侧的惯性矩
J_{ges}	总惯性矩
J_i	在气缸 i 的惯性矩
J_M	发动机侧的惯性矩
J_{MS}	发动机飞轮的惯性矩
J	惯性矩阵或质量矩阵
k	博尔茨曼常数（1.381×10^{-23} J/K）
k	比吸收，单位吸收
k	应变传感器的比例因子；电阻应变片的比例因子
k	扭转应力；扭曲力刚度；抗扭刚度
k	数
k_i	各个轴段的扭转刚度
K	刚度矩阵
K_I	消除脉冲的声级修正
K_R	休息时间的声级修正，静音的声级修正
K_T	音调校正
l	长度（可能用索引字母指定）
L_{Aeq}	平均水平
$L_{EX,8h}$	在工作位置 8h 平均声级
$L_{pC,peak}$	在工作位置尖峰声级
Lr	按照 TA 噪声的评估声级
L_{xk}	x 方向的角动量，x 方向的动量矩
m	反应方程式中的因子
m	质量
m_{ein}	一个活塞行程流入的空气质量
m_{Kolben}	活塞质量
$m_{Kraftstoff}$	燃料质量
$m_{Luft(,stöchiometrisch)}$	（化学当量比的）空气质量
m_{th}	理论空气质量
M	转矩
M_{ab}	输出力矩
M_{an}	驱动力矩
M_{kipp}	异步电机的失步转矩
M_{Mot}	发动机转矩，电机转矩（在有关系明确的地方，仅用 M 表示）

M_{Mi}	由第 i 阶质量力引起的力矩
M_{xi}	x 方向的力矩
$\boldsymbol{M}$	力矩矢量
n	反应方程式中的系数
n	数
n	转动频率（转速）
n	经验常数
n_S	同步转速
p	极对数，极偶数
p	压力
p	声压
p_0	大气压
p_1	增压压力
p_m	平均指示压力
p_{max}	最大压力
p_{min}	最小压力
P	功率
P_{mech}	机械功率
q	原子基元电荷，基本电荷（1.602×10^{-19} As）
Q_{ab}	输出热量
Q_{zu}	供给热量
r	半径，曲柄半径
r	占空比
R	电阻，阻力
R_ε	与拉伸相关的电阻元件
R_T	与温度相关的电阻元件
Rx	电热丝电阻
s	行程
s	滑动，转差率，滑差，潜行，（车轮）打滑
S	斯特劳哈尔（Strouhal）数
S	信号（常用，也许通过指数表示）
t	时间
t	机械上的剩磁，机械上的顽磁
t_r	反向运行时间
t_v	正向运行时间
T	周期

T	温度
T_i	按时间或地点显示的温度，介质（如空气）也许作为附加的指数显示
T_i	噪声贡献时间
TK_0	零信号的温度系数
TK_C	特性值的温度系数
u	调整参数，调节值，操纵变量
u_f	能量密度（与频率相关的）
u_λ	能量密度（与波长相关的）
U	内能
U	电压
U_0	馈电电压，电源电压
U_{aus}	输出电压
$\ddot{u}$	传动比
v	速度
v_{max}	最高速度
v	声频，音频，声速
$V(f)$，$V(\omega)$	放大函数，放大功能
V_H	发动机排量
V_h	单缸排量
W	功
W	脸频宽度
$\boldsymbol{x}$	坐标轴（一维或二维或三维的矢量）
x_i	变量（常用）
z	气缸数
z	目标值
α	弯曲角度
α	上升角；螺旋角；坡度角；导程角，仰角
α	踏板位置（角度或百分比）
β	摆动角
ε	拉伸
ε_0	绝对介电常数（电场常数，介电常数）
ε_r	相对绝对介电常数
η	频率与（无阻尼的）谐振频率的比值（调节比）
η_{eff}	有效效率

η_{th}	热效率
$\theta(x,t)$	扭转角
λ	曲柄连杆比
λ	过量空气系数
λ	波长
λ_a	空气消耗
λ_{max}	最大辐射的波长
λ_0	发射波长
μ	摩擦系数
μ_0	真空磁导率（电磁场常数，$4\pi \times 10^{-12}$ As/Vm）
μ_r	相对磁导率
ν	横向收缩系数，泊松比（泊松数）
ρ	密度（也许通过与确定介质相关的补充的文本索引）
ρ	比阻力
φ, Φ	角度，常用
φ	曲轴转角
φ_0	曲轴转角初始值
Φ	磁通
Ψ_i	亥姆霍兹方程的 $i - te$ 解
ω	角速度 $2\pi n$，角频率 $2\pi f$
ω_{ab}	输出角速度
ω_{an}	驱动角速度
ω_s	同步转速
ω_0	一个振动的谐振角频率 $2\pi f_0$
σ	拉压力
τ	随时间积分的过程变量

化学符号和分子式

CH	烃基
CH_4	甲烷
CO	一氧化碳
CO_2	二氧化碳
H_2	分子氢
HC	$C_m H_n$ 的缩写（碳氢化合物）
H_2S	硫化氢
NH_3	氨
NO	一氧化氮

NO_2	二氧化氮
N_2	分子氮
N_2O	一氧化二氮，氧化亚氮（笑气）
O_2	分子氧
O_3	臭氧
S	硫
SO_2	二氧化硫
SO_3	三氧化硫

目　录

第1章 引 言

内燃机是当今陆上交通工具和船舶上应用最广泛的动力设备。在航空领域，内燃机的地位被燃气轮机所排挤，但在小型飞机中使用的还是内燃机，这些内燃机中部分来源于乘用车发动机。此外，内燃机在轨道车辆和固定式动力设备中也很流行。虽然不能给出一个关于内燃机的应用领域今后长时间内如何变化的确定预测，但可预见的是：

1）乘用车的驱动领域将部分被纯电驱动所排挤。

2）在混合驱动中总体上将增加电机的使用。

3）将更多地用气体燃料取代液体燃料。

4）在热电联产站中将更多地使用能量转换器。

也就是说，长期来看，在内燃机的应用方面依然有很大的发展需求。部分发动机在众所周知的使用要求下被优化，比如满足新的排放标准、降低燃料消耗和与之直接相关的 CO_2 排放以及提高功率密度（小型化，Downsizing）。在新近出现的领域中，比如在小型的热电联产站里，用天然气生产住宅所需的电和暖气，或者作为增程器（Range – Extender），这种增程器主要是为电驱动的车辆在行驶中给动力电池充电，也还期待内燃机的根本性的新发展。本书第 2 章将首先介绍内燃机的相关基础知识。

内燃机的测量不仅由车辆和发动机的制造商进行，向内燃机提供总成和部件的供应商，以及向总成和部件提供零件的供应商也都依赖于测量和试验。其他相关机构包括燃料制造商、润滑剂制造商、车辆与发动机调校者、政府部门、高校、研究机构、服务供应商，当然还有内燃机测量技术和试验技术的开发商。

同时，测量和试验的目的可能也不尽相同，包括耐久性试验、功率测量、排放测量、控制设备的应用、鲁棒性试验、产品的质量保证、零部件试验，燃料、润滑油和冷却介质的研发、声学优化或电磁兼容性（EMV）试验。

几乎所有这些测量和试验的共同点在于：它们都需要一个试验台架，以使发动机能够在车辆外部，在现实条件下运行。部分产品试验也可以在不点火的情况下进行，此时发动机仅仅被拖着转动。还有在分析润滑剂时，在个别情况下也可以进行不点火的试验研究。试验台架的基本结构是第 3 章的主题。

并非所有发动机的测量都在发动机试验台架上进行的。第4章将介绍其他试验设备，例如车辆试验台和零部件试验台。

在第5章中着重讨论机械学问题，主要是振动问题，振动也许会在最不利的情况下导致毁坏。

发动机实际的运行条件包括行驶过程中由于加速时的惯性力、高速行驶时的空气阻力、克服海拔的差异、摩擦和附件（比如乘用车上的空调压缩机，或者移动式工作机械上的液压泵）等作用在发动机上的负载。试验台架上最重要的部件之一是可以模拟这些在车辆行驶时状态，以可变的反转矩形式作用为发动机的输出轴施加载荷的机器。在第6章中会处理这个问题。

在试验台架运行期间，人们希望尽可能多地获得和记录与发动机试验目的相关的有价值的测量值。在这方面，可以把整个试验台架看作是一台非常复杂的测量仪。在某些情况下，在发动机与其外界之间的接口处获取测量值就足够了，比如转速和转矩。但通常直到对燃烧过程进行时空解析后，才能获得发动机内部的状态，这需要更复杂的测量技术。第7章介绍从外部接口深入到燃烧室内部的测量技术。由于发动机的开发相当程度上是被日益严格的排放法规所驱动的，因此，废气分析在当前的发动机测量技术中起着特别重要的作用。

现代试验台架由电子试验台架调节器，或者PC机来控制和调节。PC机可以在邻近的控制室或通过互联网连接到世界上的任何一个地方。试验台架的自动化和调节技术是第8章讨论的主题，还包括诸如在道路行驶的模拟，或各个工况点有目的的观察，工况点必须通过调节保持稳定。

试验台架的运行与建筑基础设施密切相关，通常这些建筑是专门为此目的而建造的。不仅是试验台架，还有建筑技术装备（TGA），都是十分复杂并且要求大量的项目规划。此外，投产和运行比起简单的测量设备，要求更多的知识和个人的能力，这里的第9章应该对规划者和运营者有所帮助。

在试验台架上会接触到高的机械功率和电功率、可燃的和可能有毒的气体和液体。第10章有助于避免人员伤害、财产损失以及环境污染，并满足安全性法规和环境法规的要求。

第2章　内燃机原理

本章的目的是简单地介绍内燃机的基本原理，以及给出在开发过程中的一些有兴趣的测量参数和其他特性。这些都与试验台架的运行相关。想了解更详细的内燃机知识，可以参阅参考文献［BassSchä11］。

热机是把热能转化为机械功的机器。它分为流体机械（比如燃气轮机）和活塞式机械，内燃机属于后者。顺便提及，小型的燃气轮机的试验技术，一定程度上与内燃机的试验技术相似。图2.1给出热机的一个概貌。

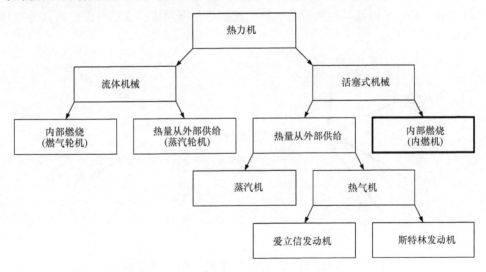

图2.1　热机

内燃机的特征是内部燃烧，也就是说能量在燃料中以化学能的形式存储，在发动机内部通过燃烧转化为热能，这些热能对活塞做功。从燃料化学能转变为机械功经历了两次能量转换。除此之外，有一种活塞式机械，其外部热量通过气缸壁传递进去（比如斯特林发动机），它的热能不需要通过内部燃烧产生，在空间上是与发动机分离的。还有另一种可能，蒸汽导入到工作室（如蒸汽机），将外部燃烧产生的热能传递给活塞式机械。用于斯特林发动机的试验台架与用于内燃机的试验台架没有本质上的差别，假如还要考虑通过燃烧在外部产生热量（虽然当下已经不再使用蒸汽机），那试验台架的差异会更大一些，因为这里需要对蒸汽的产生和传递进行大量的研究，而且除了燃烧后的废气外，在试验台架上还会产生大量的废蒸汽。

接下来将关注内燃机这部分。在上面提到的发动机中的两种能量转换之后，活塞将在上下止点之间做直线运动而做功。发动机的曲柄连杆机构将这直线运动转变为对车辆驱动有意义的旋转运动。有一个例外是以发明者菲利克斯·汪克尔（Felix Wankel）命名的旋转活塞发动机，在发动机内释放的热量直接产生旋转运动，因此取消了曲柄连杆机构。

2.1　混合气形成和燃烧

图 2.2 概括了内燃机中希望的和不希望的工作产物。图 2.2 的左侧是输入的物质（反应物），如果试验应该是可复现的话，需要在试验台架上测量物质的量，并且经常在一定的压力和温度下输入到发动机。反应物在规定的条件下预先调节好。

空气由体积分数 78% 的氮气（N_2），以及 21% 的氧气（O_2），余下的 0.4% 的二氧化碳（CO_2）以及其他微量的气体，比如氩气所组成，这里可以忽略其他微量的气体（图 2.3）。

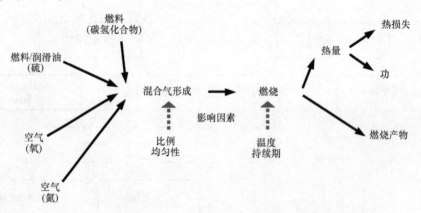

图 2.2　一台内燃机的输出物质、转换、希望和不希望的产物

燃料主要由碳氢化合物组成（图 2.4）。除了氢的特殊形式外，气态燃料包含了短的碳氢链（1~4 个碳原子），液态燃料包含的是长的碳氢链（汽油机燃料为 5~9 个碳原子，柴油机燃料为 10 个或更多个碳原子）。汽油机燃料也包含高比例的环状分子结构的碳氢化合物，主要是苯和其化合物。大型船用发动机所燃烧的、黏稠的重油（Heavy Fuel Oil, HFO）从炼油厂的蒸馏残余物中提取，由大的、多环烃分子所组成，还包含金属和大量的硫。

为了减少 CO_2 排放，在液态燃料中混入了由生物质生产的乙醇。在一些国家，

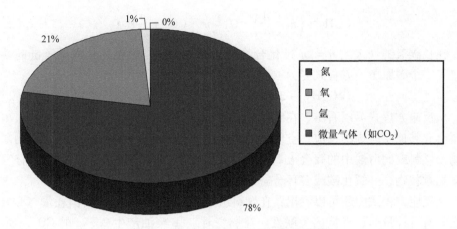

图 2.3　空气中的成分（%，体积分数）

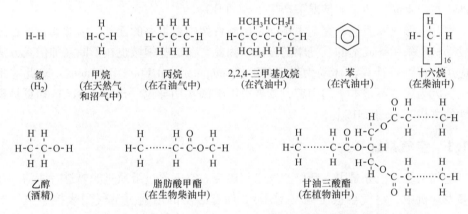

图 2.4　燃料的组成部分（例子），复杂分子的三维结构以最简化的方式表示

比如巴西，乙醇甚至是主要成分。植物油由甘油和脂肪酸（甘油三酸酯）中的长链的、分支的酯所组成。

液态燃料包含少量的添加剂和着色剂。除航空燃料外，如今不再允许以往普遍使用的含铅添加剂作为抗爆剂。近年来，燃料中的硫成分已急剧下降，以至于少量的、在完整的发动机工作过程中无法完全避免的润滑油的燃烧，作为硫的一个来源成为决定性的因素。

要燃烧的反应物通过空气系统和燃料供给装置供给发动机，混合（混合气形成）并且燃烧。此时，一方面释放了所希望产生的热量，另一方面也产生了不希望出现的燃烧产物。在这个阶段的主要影响因素是燃烧温度和优化的反应物比例。由此，也间接地要求充分混合，否则尽管总量是正确的比例，但可能出现燃烧室中的一些位置空气过量，而在其他位置燃料过量。当碳氢化合物完全燃烧时，适用的一般反应方程式如下

$$C_m H_n + \left(m + \frac{n}{4} \right) \cdot O_2 \rightarrow m \cdot CO_2 + \frac{n}{2} H_2O \tag{2.1}$$

在长碳氢链（大约 $n = 2m$）化合物燃烧时，也就是说在两个氢原子链的端部外接了一个碳原子，方程式变为

$$2C_m H_{2m} + 3m \cdot O_2 \rightarrow 2m \cdot CO_2 + 2m H_2O \tag{2.2}$$

从反应方程式可以看出，在碳氢化合物清洁燃烧时只生成二氧化碳和水。事实上还会有其他反应物的反应，空气中的氮会在高的燃烧温度下被氧化成不同的氮氧化物，燃料或润滑油中的硫会被氧化成硫的氧化物，不完全燃烧会产生中间产物，如碳烟颗粒物、一氧化碳或多环芳香烃（PAK）。

从反应方程式中还可以看出：在燃料组分确定的情况下，燃料消耗量与 CO_2 排放之间有可计量的、直接的关联性。在燃烧时，1L 柴油产生 2.7kg 的 CO_2，而 1L 汽油产生 2.4kg 的 CO_2（乙醇含量较高时 CO_2 更少），但由于更低的燃油消耗率，柴油机在产生同样功率的情况下产生更少的 CO_2。

混合气形成和燃烧研究毫无疑问是试验台架中最重要的任务。为此要在准备好的发动机上采用高成本的、光学的方法，因此，在这些领域也在不断增加仿真方法的应用，特别是计算流体动力学（CFD，Computational Fluid Dynamics）对此非常有用。因为这些不是本书的内容，读者可以参阅实用导论［Schwarze13］和更具理论性的书籍［FerzPeri19］。

2.1.1 空气系统

空气系统的任务是引入新鲜空气参与燃烧。空气通过纸质过滤器进行清洁。在许多发动机中，空气会被压缩（增压），如有必要的话通过节气门来控制空气的量。在许多发动机中将废气再混合（废气再循环），最终与大多情况下呈涡流状的空气一起进入气缸。在这个阶段，往往需要好好处理废气的引导，因为这与空气系统有密切的关联性。除了功率和排放的优化试验研究，空气系统常常是声学试验台架的研究对象。一方面进气噪声会被继续引导，通过谐振效应反射和强化，另一方面带有呼啸声的增压器也是发动机舱中的一个很大的噪声源。其他可能的噪声源还有排气门、节气门和废气再循环调节器。

有一个参数表征整个空气系统，那就是充气效率（充气系数）λ_a［DIN 1940］，它给出了进入气缸的气体质量 m_{ein} 与理论上充满气缸的气体质量 m_{th} 的比值，也就是：

$$\lambda_a = \frac{m_{ein}}{m_{th}} \tag{2.3}$$

所谓理论气体质量就是在进气口处占主导的气体密度 ρ 与气缸的工作容积 V_h 的乘积，也就是

$$m_{th} = \rho V_h \tag{2.4}$$

关于气体质量的概念，对于在内部形成混合气的发动机来说，就是空气质量，而对于在外部形成混合气的发动机来说，就是燃料/空气的混合气质量。进入的气体质量比较容易测得（第 7 章）。如果在进气门和排气门重叠打开的情况下，空气从进气口流入排气口，而在一个工作循环中没有在气缸中保留下来，则充气效率可以大于 1。当气缸中没有完全地被新鲜气体充满时，则可以小于 1。

2.1.1.1　增压

当今，几乎所有的柴油机和越来越多的汽油机会将进气空气压缩，因此，与纯自然吸气发动机相比，可以使更多的空气被压入气缸。更多的空气又可以使更多的燃料参与燃烧，从而获得更大的功率 P_{mech}，有如下关系式

$$P_{mech} = i n p_m V_h z \tag{2.5}$$

p_m 表示活塞一个工作循环的平均压力，其精确的定义见第 2 章。气缸的工作容积 V_h 是活塞行程 s（简称行程）与气缸内部截面积的乘积

$$V_h = s \frac{\pi d^2}{4} \tag{2.6}$$

d 是气缸的直径（缸径）。$p_m V_h$ 是一个循环的机械功，再乘以转速 n 就得到了功率。对于一台四冲程发动机，要注意的是一个完整的循环需要曲轴转两圈，在转速为 n 时，只有在第二圈时完成一次完整的做功，这可以由因子 i 来反映。对于四冲程发动机 $i = 1/2$；对于二冲程发动机，曲轴每转一圈就完成了一个工作循环，因此 $i = 1$。因为需要计算的不仅是一个气缸的功率值，而是整台发动机的功率，所以，确切的功率值还需要乘以气缸数 z。有趣的是这个式子平等地显示了提高发动机功率的所有可能性：通过实现二冲程、通过高的转速（赛车运动）、通过高的平均压力或通过更大的发动机的总排量 $V_H = z V_h$、通过气缸的形状尺寸（行程/缸径）或通过增加气缸数。

还有一种有效提高平均压力的方法，那就是前面提到的增压技术 [MerSchTe12]。大多情况下是在空气进口处设置一个径流式压气机，其他的压气机形式有螺旋式压气机或涡旋式压气机等。除了压缩机外还有其他的增压方式，即利用在空气系统中的谐振或气波增压器 [BassSchä17、HierPren03]。压气机可以直接通过发动机、通过电动机或者废气涡轮机来驱动。到目前为止，使用最多的是径流式压气机，它由废气涡轮机驱动，也就是所谓的涡轮增压器（图 2.5）。涡轮增压器通过一个称为放气阀的控制系统以绕过废气涡轮机，或通过可变几何涡轮（VTG）来控制。涡轮增压器作为要进行试验研究的发动机的一个部件在试验台架上一起运行。涡轮增压器自身也是测量任务的一个很重要的组成部分，它的大部分试验研究不是在发动机试验台架上开展的，而是在针对这些项目的涡轮增压器试验台架上进行的（见第 4 章）。由于通过增压的空气会被加热，通常在压气机与发动机进气口之间布置一个热交换器，也叫增压空气冷却器，通过冷却来提高空气密度。

图2.5 涡轮增压器。废气从径向流入涡轮机，并从轴向流出。涡轮机通过一根轴驱动
压气机，新鲜空气轴向地流入压气机，径向地被压出 ［@ WikicT］

即使没有压缩机，空气路径中的谐振也可用于微弱的增压。然而，这只在一个非常窄的转速范围内起作用，因为空气柱的运行时间（也就是谐振频率）是根据进气管的长度预先确定的。有一种解决方案是可变进气歧管，可根据一个挡板的开闭来调节可用的长度。通常可变进气歧管有两级可变长度，有时也会多至四级可变长度。

2.1.1.2 废气再循环

另一个空气系统的重要部件是废气再循环，它引导一部分废气再回到进气口。其目的是使废气作为惰性气体取代部分新鲜气体，从而降低燃烧的峰值温度，少产生一些氮氧化物。然而，调节得差的废气再循环会提高碳烟的排放以及功率损失。因此，废气再循环的调节对试验技术要求较高，但可以通过仿真来支持。

图2.6展示了两种形式的废气再循环。大部分情况下使用高压废气再循环，而很少采用低压废气再循环，也很少会并行地使用这两种形式。系统只是示意性地显示，每一个再循环都需要一个控制阀，用来调节所需的再循环率，通常在新鲜空气通道中安装一个节气阀来实现废气再循环调节。除此之外，废气再循环通常还包含一个冷却器。低压废气再循环通常包含一个冷凝水分离器和一个过滤器，以保护涡轮增压器。还有第三种废气再循环的形式，即内部废气再循环，在图2.6中没有展示出来。在这种形式中，在进气阶段开始时排气门仍然打开着，这样发动机不仅吸入了新鲜气体，还回吸了部分废气。这种内部废气再循环只有与可变气门定时配合

才有现实意义。

在试验台架上，在调节废气再循环时，通常要确定排气管中的排放、再循环的废气成分和各成分的量。特别重要的是研究使用寿命（特别是再循环调节器）或对使用寿命有重大影响的参数，例如回流的废气的碳烟含量、酸含量和冷凝物含量。

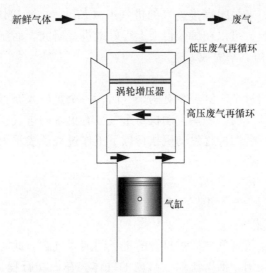

图 2.6　带有涡轮增压器的空气系统和两个不同的废气再循环系统。出于示意目的，没有显示传感器、调节器、辅助设备，包括冷却器、过滤器和冷凝水分离器以及涡轮增压器与低压废气再循环之间的废气后处理

2.1.1.3　节气门

在所有汽油机中，在发动机的进气通道内设有一个节气门。它用于控制进气流量，从而控制了燃料/空气混合气的量，混合气的量与转矩相应。因此，这种执行器是一种量调节，也就是说，混合气的组成（质）是保持不变的，只有进气量（量）在变化。由于是通过节气门输送新鲜气体，发动机必须以牺牲效率为代价工作，因此发动机的开发目标要致力于舍弃节气门，比如借助于可变配气定时。为了避免节气门突然关小时，仍然在高速旋转的压气机相对于继续关闭的节气门产生泵气现象，在压气机和节气门之间设置有一个过压阀。

在柴油机以及直喷的汽油机中节气门支持了废气再循环。对于柴油机来说，不需要通过节气门进行量调节，因为柴油机是在空气过量的情况下运行的，转矩是根据喷油量和燃料的比例来调节（质调节）。不过，当喷油中断而柴油机还在继续运行时，节气门还可以起到安全作用，因为比如当涡轮增压器出现故障时，柴油机会吸入润滑油并燃烧，这时节气门就可以中断供气，在出现故障时使柴油机可靠地停机。在柴油机停下来时，准确的节流可以使停机过程柔和，这在混合动力车辆上是特别有意义的。节气门位于压气机之后、废气再循环口之前（如果存在的话）。

2.1.1.4　涡流

发动机中的进气是这样形成的：燃料和空气的混合气在低转速时通过涡流来形成。比如螺旋形造型的气道（螺旋进气道）或切向的气流（切线进气道）。与此相反的是，在高转速时，为了有利于空气流通，应该尽量避免涡流。解决这个矛盾的一个可能方案是并联地设置一条直接进气的进气道和一条涡流进气的进气道，在低转速时通过一个阀门来关闭直接进气的进气道（*EKA*，进气道切换）。进气的形成对功率和排放的影响，可以在试验台架上很好地进行研究。而流动比的直接研究则越来越多通过 CFD 仿真来完成。

2.1.1.5　配气机构

四冲程发动机的每个气缸至少有两个气门，一个是放入新鲜气体的进气门，另一个是排出废气的排气门。一些发动机每个气缸有更多的进气门和排气门。在曲轴转两圈的过程中，一台四冲程发动机执行以下工作过程，表示为：

1）进气行程（吸气）。

2）压缩行程（压缩）。

3）做功行程（燃烧、膨胀）。

4）排气行程（排气）。

在进气行程中，新鲜气体通过打开的进气门涌入气缸，此时活塞向下运动。在压缩行程时，气门关闭，活塞压缩气缸内的气体。在做功行程，气门关闭，燃料/空气混合气燃烧，对活塞做功。排气行程中，排气门打开，活塞向上运动，将废气推出气缸。

配气机构的任务就是像上面所描述的以及图 2.7 所显示的那样打开和关闭气门。事实上，气门的打开和关闭的时刻并不是正好在活塞运动的止点，因为一方面气门不是突然打开或关闭的，另一方面发动机的优化配气定时部分地与理论上的配气定时之间存在较大的偏差（超过45°）。

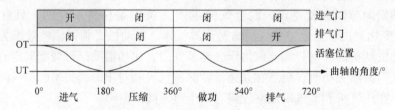

图 2.7　气门配气定时的简单描述

OT—活塞的上止点　UT—活塞的下止点

通过进气门的配气定时可以影响进气量。在下止点之前更早地关闭进气门会减少进气量［米勒循环（US2670595）］；在下止点之后延迟关闭进气门可以充分利用还存在的气体流动来改善进气。长时间的延迟会导致空气从气缸回流，从而降低了压缩比（最近常被称为阿特金森循环）。

在下止点之前打开排气门减少了推出废气所需要的功，正因为如此，做功行程没有被完全利用。在排气门和进气门打开之间经常有一个重叠部分，重叠时间较短的话有利于换气，重叠时间更长的话有利于气门冷却。通过一个特定长度的排气门打开时间可以回吸废气至气缸（内部废气再循环）。

配气定时通常只对一个典型的工况点优化，而试验成本巨大。采用固定的配气定时无法实现较宽的运行范围的优化，这需要一个可变的配气机构。

配气机构的驱动由控制轴（凸轮轴）实现，其转速是曲轴转速的一半，通过（凸轮轴）上的凸轮打开气门。在乘用车发动机上如今普遍采用 DOHC（双顶置凸轮轴，double overhead camshaft）。两根分开的、位于发动机上部的凸轮轴分别控制进气门和排气门。曲轴与凸轮轴的速比为 2∶1，凸轮轴通过齿轮传动或者链传动。在低成本或者大型发动机中，所有的进气门和排气门都排在一列上，通过一根共用的凸轮轴控制（顶置凸轮轴，OHC，overhead camshaft）。凸轮通过挺柱打开下方的气门，或者在一个侧置的凸轮轴上通过摇臂（凸轮和气门在摇臂旋转点同侧或凸轮和气门在旋转点两侧）来打开气门。在大型发动机上，比如船用发动机，带传动是不合适的，凸轮轴通常安置在发动机旁边的曲轴附近。凸轮通过挺柱和摇臂来控制所属的气门。除此之外，还有大型发动机上使用液压气门控制。优化设置每个工况点的配气定时的目标，在最近几年里通过大量采用可变的配气机构已经实现。大量技术上的实施方案的介绍详见［Mahle13］。

2.1.2　燃油系统

燃油系统的任务是将燃料从油箱运送至混合气形成的地方，在该处按所要求的压力、所要求的量和所要求的时刻供给。混合气形成的地点对于直喷的发动机来说就是燃烧室，对于非直喷的柴油机来说是主燃烧室旁边的副燃烧室（预燃室或涡流室），对于非直喷的汽油机来说是进气管，或者是位于进气管前的化油器。接下来将介绍如今普遍的供油过程：柴油机的直喷、汽油机的直喷、汽油机的进气道喷射。随后将介绍气体燃料的特殊供给系统。

2.1.2.1　柴油机的直喷

当柴油通过安装在气缸盖中的喷油器直接喷射到燃烧室内，并且在燃烧室自燃，这会产生一个重大的问题，即柴油会以很密的液滴的形式喷射，这与形成均匀的燃料/空气混合气的要求刚好相反。

图 2.8 展示了一颗油滴，这里将它简化为球体。在油滴内部是没有燃烧的，因为接触不到氧气。燃油从油滴表面开始蒸发，蒸发的燃油蒸气的浓度，随着与油滴的距离 x 的增加而降低。反应方程式（2.1）总结了许多不同的中间反应［Mer-SchTe12］，但给出了燃料与氧气固定的比例，这只是在一个特定的距离下才成立的，在由该距离定义的液滴周围的球形表面内，燃料/空气混合气太浓（相对于空气量而言，燃料太多），外面则太稀（燃油太少）。人们计算反应方程式（2.1）中

参与反应的分子的质量，也考虑不参与反应的空气的组分，由此得出：完全燃烧 1kg 柴油需要消耗 14.5kg 空气。符合这个比例的混合气称为化学当量比混合气。图 2.8 给出了过量空气系数 λ 形式下的混合气比例，过量空气系数 λ 的定义如下

$$\lambda = \frac{m_{\text{Luft}}}{m_{\text{Luft,stöchiometrisch}}} \qquad (2.7)$$

式中　m_{Luft}——实际空气的质量；
$m_{\text{Luft,stöchiometrisch}}$——化学当量比下的空气质量。

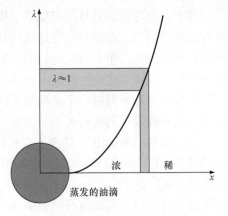

图 2.8　以油滴状存在的燃油的燃烧：过量空气系数 λ 随着离油滴距离的增加而增大，仅在一个很小的距离范围内空气和燃料具有优化的比例。

特别有趣的是，尽管柴油机中空气过量（平均过量空气系数远大于 1），但在油滴表面区域空气稀少，当地的局部过量空气系数小于 1，这个浓混合气区域对柴油机有害物质的形成意义重大。除了欧洲以外，大部分地区经常用空燃比（AFR，Air Fuel Ratio）来替代过量空气系数，其定义如下

$$AFR = \frac{m_{\text{Luft}}}{m_{\text{Kraftstoff}}} \qquad (2.8)$$

根据之前的观察，可得出的一个具有实用性的结果是：喷射时，燃油尽可能地细化为小液滴，这时喷射压力要达到 3000bar（1bar = 100kPa）。国际单位制（SI）的压强单位是帕斯卡（Pa），本书遵循工程界常见做法，使用单位 bar。对于如今的喷射系统的另外的要求是喷射过程尽可能自由成型，如有必要可提供预喷和后喷。这些要求解释了喷射系统的进化［Reif12］，从直列泵到分配泵，再到泵喷嘴，直到如今普遍使用的共轨系统，这将在之后讨论。即使是在大型柴油机上，仍由共轨系统取代目前常见的单体泵，但是它们的实用设计与此处所描述的共轨系统有很大的不同。

图 2.9 展示了共轨系统的结构。燃料首先通过低压泵，比如油箱里的电子燃油泵或者齿轮泵，以几百 kPa 的压力向系统供油。通过一个可调的电子节流阀来控制进入由发动机驱动的高压油泵的供油量。在一个管状的压力储存器（共轨）中，不断地提供保持由控制器调节压力的燃油，这个压力可高达 3000bar。当喷油器的集成阀门由控制器控制时，喷油器随时可以喷射。一小部分燃油是以对泵和喷油器的控制、冷却和润滑为目的的，这些燃油通过泄油管流回到油箱。到目前为止，很少有共轨系统在喷射器中集成了压力转换器，因此，在共轨和高压油泵中，通过较低的压力可以实现高的喷射压力。

由于通过作为执行器的进气节流阀的压力调节在一些情况下太迟钝了，因此许多共轨系统都附加了一个压力调节阀，这个调节阀允许快速地降压，该类型的压力

调节阀为 2 调节器系统或适用的 2 调节器系统。第一代共轨系统，大概直到 2000 年都没有进气节流阀，只通过压力调节阀实现压力的调节。在这种模式下，没有利用的泵功将对回流的燃油加热，这是不希望发生的。2 调节器系统在启用后，在非常低的外部温度下还可以针对性地在短时间内以这种模式工作，以加热燃油。如果喷射系统自身或者其零部件不是试验台架上的测试对象，那么控制器对试验台架操作者而言是最重要的零件，因为只有通过控制器才能设定运行工况点，没有控制器的话发动机可能无法运行［Borgeest20］。

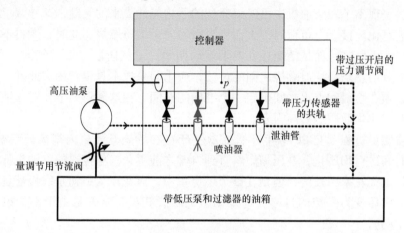

图 2.9　共轨系统

2.1.2.2　汽油机中的喷射

原则上，汽油机喷射装置结构上与柴油机的类似。不同的地方除了低压（相对于柴油机的 3000bar，汽油机低于 500bar）以外，还有零部件内部的润滑的变化（相对于柴油，汽油的润滑性能非常不好）。由于在汽油机中的燃烧始点是通过点火来确定的，而不是通过喷油，因此对汽油机喷油时刻的精准性的要求相对来说不是很苛刻。这些差异的间接后果是，在汽油机中可能取消泄油管。

在汽油机中有两种不同的喷射方式，一种是与柴油机一样的缸内直喷，另一种是进气管喷射（Port Fuel Injection，PFI）。节气门附近的单点喷射（如今已不再广泛使用）有时也称为进气管喷射，但从狭义来说，现在都是在每个气缸的进气歧管之后设置喷射点，通常非常靠近进气门（多点喷射）。对于后者，区分是所有气缸同时喷射，还是时间上间隔 $720°/z$（z 为气缸数）喷射（Serial Fuel Injection，SEFI，顺序喷射）。取代不变的时间偏移，就像直接喷射一样，采用每个气缸独立计算和匹配最优的喷射时间点（Cylinder Individual Fuel Injection，CIFI，气缸独立的燃油喷射）。

在汽油机中有两种混合气形成的形式。在化油器、单点喷射和进气管喷射时产生均匀的燃料/空气混合气。化学当量比是每 1kg 汽油与 14.7kg 空气混合，在柴油机中也差不多是这个比例，而这个比例必须非常精确地设定。要提高发动机的功率，则必须同时增加空气和燃料的量（量调节）。因此，需要注意的是，对于低的发动机功率需求，不是随意地减少燃料的量，而是必须保证气缸内的混合气精确实现 $\lambda = 1$。

这里介绍一下直喷的优点。直喷能使油束在喷射后直接点燃，这样只在燃烧室里一个小的"分层"（工质分层运行）区出现燃烧，气缸中其他部分不必填充化学当量比的燃料/空气混合气，由此可见直喷汽油机油耗方面有优势。然而与图 2.8 相关联，表现出了在柴油机中已经解释过的不均匀性带来的问题，这导致了有害物排放值的恶化。接近全负荷时，人们将视野转向了均质燃烧。此时，燃料不是在点火前直接喷入气缸，而是活塞还在向下运动期间（进气阶段）喷入气缸。实践中，特别是从分层燃烧和均质燃烧之间的过渡，应用起来成本是很高的。此外，在分层燃烧时必须在喷射和点火之间确定一个准确的时间，在这种形式下，对喷油器和火花塞的要求比均质燃烧要高得多。

均质燃烧过程（自 2019 年开始批量生产）在燃烧开始之前很久就喷射燃料，从而有时间进行均质化，并压缩燃料直到自燃之前不久。像经典的汽油机那样，燃烧最初是由火花塞引发的，但是在整个燃烧室中，火花点火最初是缓慢蔓延的火焰前锋，而然后变为受控的自燃（与发动机的爆燃相反，爆燃是由于不受控制的自燃而发生的）。

2.1.2.3 气体燃料的特殊性

汽车驱动系统关注和实际应用的气体燃料包括氢、压缩天然气（Compressed Natural Gas, CNG）或液化石油气（Liquefied Petrol Gas, LPG, 作为燃料，也称为 Autogas）。低温下液化天然气（Liquefied Natural Gas, LNG）如今仅用于少量的船用发动机。

氢作为唯一不含碳的燃料，燃烧时不会产生 CO_2，但在制氢时可能会产生 CO_2。与燃料电池中的能量回收不同，在发动机的燃烧中会产生 NOx，除此之外，在每台发动机上，也会有微量的润滑油燃烧。相对于汽油，问题是它的抗爆性比较差（见后面的点火部分内容）、在车上和在加注站的存储时有爆炸危险。正在考虑使用各种存储技术，现实的和在车辆试验中使用的是低温储罐。在这些低温储罐中，氢在低于 20K 的温度下液化，因而可以用较小的容积存储，或者储存在高于 20MPa 的压力罐里。更多关于氢储存困难的信息可在 ［Klel Eich18］中查阅。

天然气的主要成分是甲烷，因此，在燃烧时产生比其他碳氢化合物燃烧时更少的 CO_2。它的优点是高抗爆性，根据确切的组分，辛烷值（ROZ）可以超过 130，天然气在技术安全上是有优势的。天然气可存储在高达 20MPa 的压力储罐中。为了避免储罐在火灾时爆炸，储气罐中装有排气阀，可以控制泄漏和燃烧。在储罐与发动机之间有一个减压器，其运行压力约为 600kPa。天然气可以像化油器那样在节气门附近与新鲜空气混合或者直接吹入进气管。目前正在开发直接将天然气直接吹入燃烧室，其最大的难点是直吹喷射器的量产化的开发。

液化石油气（Autogas）主要由丙烷和丁烷组成。相比汽油和柴油具有更合适的 CO_2 平衡。它的辛烷值超过 100，但还是比天然气要小一些。它的缺点是比空气重，会下沉，容易形成易点燃的混合气。液化石油气大约在 1MPa 的压力下以液态的形式储存在储罐中。对于液化石油气来说，减压会导致其蒸发。也可以放弃蒸发，而以液态形式喷射，液化石油气的直喷如今已经占主导地位了。

汽油机和柴油机都可以由燃气燃料驱动。乘用车使用的燃气发动机以汽油机为基础，在加注站数量较少的地区它也可以由汽油驱动。液化石油气驱动只有在热机上使用才有意义，所以先用汽油来热机，在运行时可以手动或自动地切换到液化石油气。使用两种不同燃料的发动机称为双燃料发动机，因此，这需要分别适用于液化石油气和汽油的两套燃料装置。用于住宅的热电联产通常使用乘用车用汽油机，考虑到汽油驱动的可能性，因此放弃所要求的专用燃料装置。固定工况或者船用的大型燃气发动机以柴油机为基础，通常有柴油喷射装置，喷入少量的用于点火的燃油（柴油、燃油、植物油）来将燃气点燃。

2.1.2.4 点火

在柴油机中，喷入气缸的燃料由于经过压缩后达到了燃点就自燃了，而汽油机则需要外源点火。点火通过在火花塞电极之间一个短暂的电弧产生［Reif14］。替代的方法［Basshuys16］包括激光点火，通过谐振器的微波等离子体点火，或在具有明显尖端的冠状电极上高频电晕放电点火。

最佳的点火时刻是在上止点（OT）前一点，通过与负荷和转速相关的特性场来控制。原则上均质燃烧运行的点火时刻随着转速的增加而提前，并随着负荷的增加而推迟（注：原书有误，负荷增加点火提前角应推迟），在直喷时，喷油时刻也随之调整。过早的点火会导致爆炸性的燃烧（爆燃），这会损坏发动机。通过爆燃调节可以降低爆燃趋势，爆燃调节由检测开始爆燃的压电传感器和控制器将点火时刻推迟的功能所组成。

2.2 热力学

燃烧以后，希望尽可能多地将释放的热量转化为机械功。这里就讨论一下工程热力学领域的问题［BaehKabe12］。热力学状态参数（压力、温度、容积和其他气缸充量的导出量）周期性地变化，这里存在一个热力学循环。当前的容积可以借助于曲轴转角通过活塞的位置来计算，压力和温度可以直接测量。

图 2.10 显示了四冲程发动机四个行程随时间的状态变化。在二冲程发动机中，由于进气行程和排气行程有一部分与压缩行程和做功行程同时进行，因此无法表示图 2.10 下方的气体交换循环。

在进气行程，排气门关闭，进气门打开。向下移动的活塞在一个将近恒定的压

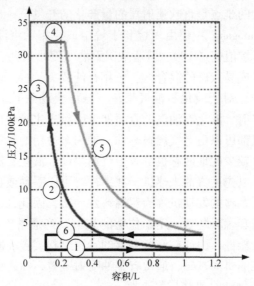

图 2.10　按照 ［Seiliger22］，在 p – V 图上一个理想的四冲程循环过程
①进气行程：等压②压缩行程：绝热压缩③做功行程：等容④做功行程：
等压⑤做功行程：绝热膨胀⑥排气行程：等压

力①下吸入新鲜的空气，或者对于外部混合气形成而言的未燃的燃料/空气混合气。在没有增压的情况下，压力水平在大气压之下，节气门对进气流动有明显的影响作用。在增压情况下，新鲜的气体以更高的压力推入。

当活塞在下止点时，气缸的容积最大，如在本例中为 1.1L。当在气门关闭时活塞向上②压缩，在气缸中封闭的气体（空气或者外部混合气形成模式下的燃料/空气混合气）会被强烈地压缩，容积减小，压力上升，同时温度也上升（在 p – V 图上不是很直观）。这个压缩过程进行得很快，在这么短的时间内气缸壁上没有热交换，压缩过程所做的功完全转变为气体的内能 U，内能无法直接测量。因为它随温度 T 的变化而成比例地变化，因此可以通过测量温度来间接地确定内能。实际上绝热压缩的假设，也就是与外界没有热交换的压缩过程，只是近似地准确。

在活塞即将到达上止点时，气体被加热到几百摄氏度，此时如果喷入柴油的话，就能够自燃了，在汽油机中必须要用火花塞点火。开始的燃烧提高了压力，之后并将活塞向下推。赛丽格（Seiliger）描述这个过程：首先是通过等容升压（等容：容积不变）③，接着是等压膨胀（等压：压力不变）④。在这一步，赛丽格循环与理想的奥托循环不同，奥托循环只有等容过程。赛丽格循环与理想的狄赛尔循环也不同，狄赛尔循环只有等压过程。事实上，赛丽格循环不仅描述了实际的汽油机（对应于理想的奥托循环），也描述了实际的柴油机（对应于理想的狄赛尔循环），由于严格将其划分为等容和等压，因此它仍然非常像模型。测量得到的 p – V 图（示功图）在这一点上显示了非常圆滑的过渡，汽油机和柴油机只有很小的差异，然而柴油机能够达到更高的压力。

在燃烧结束后，气体在关闭气门的状态下继续膨胀，将功传递给活塞。因为几乎所有内能都没有热损失地转化为功，所以近似地用绝热过程⑤来描述。

当活塞又向上移动时，它推动废气通过已经打开的排气门将其排出气缸⑥。压力水平通过排气装置的背压给出，略高于大气压。等压过程的假设只是一个近似，实际上在排气阶段中部左右，压力达到最大值。

循环过程的变化决定了发动机的热效率 η_{th}。一个循环的热效率定义为

$$\eta_{th} = \frac{W}{Q_{zu}} \tag{2.9}$$

式中　W——一个循环对活塞所做的功；

　　　Q_{zu}——燃烧放出的热量。

所做的功的值在 p – V 图上就是封闭面积的大小。相对于实际过程，一个理想的过程可以进行精确的分析计算，状态变化用数学函数来描述，计算包括向下和向上所包含的面积在内的函数的积分，然后再相减。由于如今的示功图系统都能数字化地工作，于是有这样的可能性：在测量难以用数学公式表述的实际过程时，可以通过数字方式计算所做的功。

还有一个重要的热力学参数是平均压力 p_m（按照［DIN1940］称为平均活塞压力），它是这样得出的

$$p_m = \frac{W}{V_h} \tag{2.10}$$

式中　V_h——气缸的工作容积，也就是上下止点间的容积。

图 2.11 解释了这个概念。用文字来描述的话，平均压力就是最小压力之上的一个平均的压力，在这个压力下，一个"矩形"的循环过程通过一个给定的排量提供同样的功。

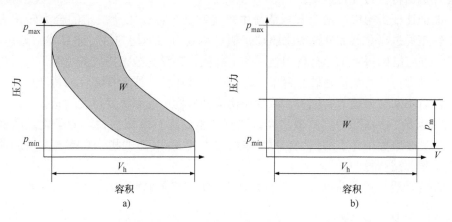

图 2.11　平均压力 p_m 的形象说明

a）原始循环　b）为相同的给定的功 W 和相同的排量 V_h 时，两个等压（等压循环）之间的比较过程

平均压力原本是一个热力学参数，但按意义比照，也就是在轴上输出的功（平均有效压力）或期间存在的摩擦损失（平均摩擦压力）。因此，示功图上给出的平均压力不同于其他功的平均压力，它称为平均指示压力。在试验台架上确定的平均有效压力是由英语字母缩写显示的，BMEP（Brake Mean Effective Pressure），因为它不是由热力学确定的，而是通过转矩，因此可以通过测功机上的功来确定。

由于发动机不只有一个循环，在实际中经常将参数进行时间上的推导，也就是用功率 P 来代替功，用热流 $\dot{Q}_{zu}$ 代替热量，公式如下

$$\eta_{th} = \frac{P}{\dot{Q}_{zu}} \tag{2.11}$$

燃烧的质量不会影响热效率，因为只考虑了实际上燃烧所释放的热量，而不考虑不完全燃烧的那部分不能利用的能量。热效率也不考虑功或功率，以及诸如发动机中的摩擦损失的比例。那些在经历损耗后剩下的，也就是说实际中发动机曲轴上输出的功率称为机械功率 P_{mech}。

人们喜欢考虑将总的、在消耗掉的燃料里储存的能量作为基本参数和真实的机械功率输出，于是人们用有效效率 η_{eff} 来代替热效率，定义如下

$$\eta_{eff} = \frac{P_{mech}}{\dot{m}_{Kraftstoff} H_i} \tag{2.12}$$

代替热流密度的是燃料的质量流与其名义热值 H_i 的乘积。

2.3　曲柄连杆机构

活塞上最终得到的机械功率还不是所期望的形式，活塞的往复运动必须通过曲柄连杆机构转变为旋转运动。

曲柄连杆机构将活塞上其峰值是由燃烧时的气体压力所决定的合力转化为转矩，转矩通过离合器和变速器来驱动车辆。活塞力的不均匀性传递到驱动转矩上，该转矩在气缸的每个工作行程中达到一个峰值，在没有减振措施的情况下，无论是车辆的动力传动系统还是试验台架，都会引发破坏性的或者损坏性的扭转振动。

随着不断努力地节省燃料，减少曲柄连杆机构中的摩擦显得尤为重要。摩擦最严重的地方是活塞环与气缸壁之间，还有轴承处也有摩擦损失。为了确定摩擦功率，也就是摩擦条件下的损失功率，是将测得的 $p-V$ 图的指示功率与测得的曲轴上的功率相减获得的。

在旋转活塞式发动机（汪克尔发动机）中省略了曲柄连杆机构。

2.3.1　气体力和惯性力

活塞受到一个合力的作用，它是由气体压力 F_{Gas} 和往复运动惯性力 F_M 合成的。气体压力来自于燃烧，它通过燃烧达到峰值：

$$F_{\text{Gas}} = pA_{\text{K}} \tag{2.13}$$

式中　A_{K}——包括活塞环的有效的活塞截面积，其大小接近于气缸截面积。

　　不期望的往复运动惯性力是由活塞的惯性产生的，见图 2.12。它的波动近似于正弦波，在上、下止点达到最大值，其计算公式如下（推导见［BassSchä17］）

$$F_{\text{M}} = -m_{\text{Kolben}}r\omega^2\left[\cos(\varphi) + \lambda\cos(2\varphi)\right] \tag{2.14}$$

式中　φ——曲轴相对于上止点的当前转角，负号表示此力在上止点时的方向与气体力相反，也就是说，它向外"拉"；

　　m_{Kolben}——包括活塞环和活塞销的活塞质量（目前乘用车的活塞大约重 300g）。

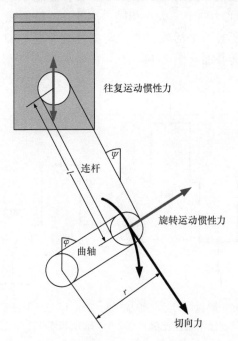

图 2.12　活塞上的往复运动惯性力，在曲轴上产生一个旋转运动惯性力

　　图 2.12 中 l 是连杆孔之间的长度，r 是曲轴和曲柄销之间的距离，由于连杆的上部也参与往复运动，所以还要将一部分连杆质量添加到活塞质量中，这个比例只能通过复杂的计算来精确确定，估计是小于连杆质量的三分之一。连杆比 λ 同样是发动机的一个结构设计参数，它描述了曲柄半径与连杆长度之间的比例

$$\lambda = \frac{r}{l} \tag{2.15}$$

往复运动惯性力分成两部分，一阶惯性力为

$$F_{\text{M1}} = -m_{\text{Kolben}}r\omega^2\cos(\varphi) \tag{2.16}$$

二阶惯性力为

$$F_{\text{M2}} = -m_{\text{Kolben}}r\omega^2\lambda\cos(2\varphi) \tag{2.17}$$

惯性力激发了在气缸轴线方向以活塞往复运动频率的振荡（一阶惯性力）。除此之外还有振幅更小一些，两倍于往复运动频率的振荡叠加（二阶惯性力）。还有更高阶的惯性力，但可以忽略不计，所以就不考虑其形式了。

到现在为止考虑的都是作用在各个活塞上的力。在一台多缸发动机上惯性力会叠加，这些叠加的惯性力可能因叠加而加强，也可能相互抵消。比如以一台 4 缸直列发动机的惯性力为例（图 2.13 和图 2.14），当每两个活塞在上止点，每两个活塞在下止点时，每个活塞的一阶惯性力达到最大值。对于在上止点的两个活塞（$\varphi = 0°$），$\cos\varphi = 1$，它们所受的力向上，对于在下止点的两个活塞 $\varphi = 180°$，因此 $\cos\varphi = -1$，它们所受的力向下，大小相同，因此，一阶惯性力的总和为 0。

与之相反，对于所有四个活塞，其二阶惯性力都是 $\cos 2\varphi = 1$，这四个二阶惯性力不会抵消，而是会叠加（图 2.14）。

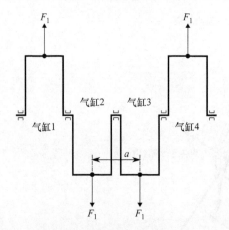

图 2.13　在 4 缸曲轴上的一阶惯性力（主轴承和连杆轴承之间的尺寸比不是按比例画出的）。一阶惯性力的总和为 0
　　　　a—缸心距　F_1——阶惯性力

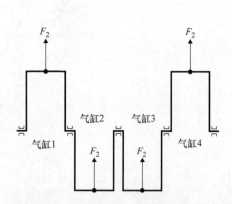

图 2.14　在 4 缸曲轴上的二阶惯性力（主轴承和连杆轴承之间的尺寸比不是按比例画出的）。二阶惯性力的总和为 $4F_2$
　　　　F_2—二阶惯性力

即使某阶的惯性力抵消了，但由于力的作用点在不同的气缸轴线上，因此在发动机横轴上会产生惯性矩。表 2.1 给出了合成的一阶惯性力和二阶惯性力，以及根据一些常见的发动机结构形式所得出的合成惯性矩，更多的结构形式见参考文献［Bosch14］。

发动机生产商和整车生产商必须决定，是否接受往复惯性力和由此产生的惯性矩，还是采取对策来解决。原则上用带配重的旋转平衡轴来补偿惯性力［兰切斯特（Lanchester）平衡］。曲轴旋转的惯性力通过一起转动的对置平衡重被完全补偿（图 2.12）。通过更大的平衡重设计还可以补偿一阶惯性力，但这会导致不期望的副作用（形成侧向力的分量，曲轴重量增大），因此，设计师都不会这样去做。

表 2.1 一阶和二阶总的往复运动惯性力（$\sum F_{M1}$，$\sum F_{M2}$）以及由此产生的、在不同的气缸布置形式下的惯性矩。在水平对置发动机中，产生惯性矩的气缸几乎成对地彼此相对，在这种情况下，偏移量 b 很小，以至于 $\sum M_{M2} \approx 0$。

布置	$\sum F_{M1}$	$\sum F_{M2}$	$\sum M_{M1}$	$\sum M_{M2}$
3 缸，直列	0	0	$\sqrt{3}F_{M1}a$	$\sqrt{3}F_{M2}a$
4 缸，直列	0	$4F_{M2}$	0	0
4 缸，对置	0	0	0	$2F_{M2}b$
5 缸，直列	0	0	$0.449F_{M1}a$	$4.98F_{M2}a$
6 缸，直列	0	0	0	0
6 缸，V 形（90°夹角），3 曲柄	0	0	$\sqrt{3}F_{M1}a$	$\sqrt{6}F_{M2}a$

2.3.2 曲轴的旋转

由气体力和惯性力组成的活塞力 F_K 作用在活塞上

$$F_K = F_{Gas} + F_M \tag{2.18}$$

活塞力在矢量上分为沿连杆的杆力和将活塞压向气缸壁的法向力。杆力又分为作用在曲柄销上的切向力 F_T（图 2.12）和对驱动无贡献的垂直分量。由于曲轴转角 φ 和连杆相对于垂直角 ψ 的角度都在不断变化，因此两种力的分布也是可变的。根据［Tschöke18］有

$$F_T = \frac{F_K \cdot \sin(\varphi + \psi)}{\cos(\psi)} \tag{2.19}$$

由于 φ 通常是已知的，而 ψ 不是已知的，因此，建议使用三角函数考虑将其表示为 φ 的函数，并将其替换

$$\psi = \arcsin[\lambda \sin(\varphi)] \tag{2.20}$$

曲轴上的转矩为

$$M = rF_T \tag{2.21}$$

对于多缸机，则它们的转矩分量相加。曲轴向气缸传递转矩的地方，例如在压缩行程时，必须考虑转矩分量为负。

如果曲轴的旋转方向通过控制来确定，发动机生产商有两种可能的选择，即在曲轴的哪一侧安装法兰。对于船用发动机，它是没有倒档的，通过发动机的反转来倒退行驶［Mau13］。而车用发动机通常只有一个旋转方向，并配有带倒档的变速器。在试验台架上，必须明确旋转方向，特别是测功计的优选方向必须与发动机的旋转方向相匹配。水力测功机的叶片往往是不对称的，这使得只有在一个方向上的旋转是有意义的。根据［DIN73021］中的定义，德国乘用车发动机顺时针旋转（从背向驱动的一侧朝向发动机的方向看）。另一方面，［ISO1204］定义了从驱动器侧看的旋转方向。如果从飞轮侧看，则发动机是逆时针旋转的。

注意：在安装有横向发动机的乘用车中，其行驶方向在右侧，变速器中的旋转方向反向，然后在差速器中第二次反向。因此，它具有与车轮相同的旋转方向。特别是对于日本和英国的发动机，一般是反向旋转的。

2.3.3 曲柄连杆机构的各个元件

由轻金属合金或钢浇铸的一体式活塞或者大型发动机的组合式活塞，作为热力学和机械学之间的"接口"，首先要承受高的热载荷，同时还要承受高的机械载荷，因此需要进行大量测试。典型的乘用车发动机活塞顶部的温度很容易达到400℃，向下往活塞裙部方向，温度急剧下降。但是在那里由于存在交变的拉伸，温度波动也是非常值得关注的。除此之外，诸如活塞与缸壁之间的活塞环和构成连杆的上侧轴承的活塞销也会承载。发动机在测试台上进行测试时，通常配备了额外的遥测仪，用来传输运动状态的活塞的数据［Mahle15］。

钢制连杆、铸铁连杆或粉末烧结连杆在交变力的作用下承受很大的力，因此在发动机试验研究之前，应使用电磁高频脉冲器或液力测试机检查它们在预定运行期限内的强度。连杆小头与活塞销之间的上侧轴承，以及连杆大头与曲轴之间的下侧轴承也是潜在的弱点。

钢制曲轴或铸铁曲轴在曲柄状曲拐上承受连杆的力，并将其切向分力转换为旋转运动。径向的分力在曲轴上施加了机械应力，但对驱动转矩的产生没有贡献。曲轴的主轴承位于两个连杆轴颈之间，这样一来，对于较小的曲轴，其主轴颈也较小。曲轴上布有油孔，用来润滑曲柄销。除了测试曲轴的强度外，还必须测试曲轴轴承中的摩擦作用。

2.4 废气后处理

在一些简单的车辆上，比如说摩托车，发动机不完全燃烧的产物直接排放在大气中。在乘用车以及目前生产的商用车上，为了满足法定的排放标准，废气后处理装置是必不可少的。几十年来，汽油机都使用三元催化器，柴油机则使用氧化催化器、颗粒捕集器和降低氮氧化物的催化器（DeNOx - 催化器）。作为组合还装有CRT（Continuous Regeneration Traps），用来过滤碳烟和进行氮的还原，同时碳烟通过氧化催化器会被氧化成二氧化碳。

在三元催化器中会同时发生三个重要的化学反应：一氧化碳和未燃的碳氢化合物，如在柴油机的氧化催化器中一样，被氧化；而氮氧化物被还原。这些反应都是以空气与燃料以化学当量比为前提的，因为空气过量的话则就没有还原反应了，空气量不足的话则无法发生氧化反应。在发动机上，三元催化器的应用是以调节过量空气系数 $\lambda = 1$ 为前提的。

颗粒捕集器通过在废气通道上布置多孔陶瓷，或者精细穿孔金属来机械地过滤碳烟颗粒。过滤后的残余物留在过滤器中直到借助于发动机控制单元通过自由燃烧将其再生。

与之相反，氮氧化物在催化器中的还原是一个化学反应。可以区分存储式催化器和有效的 SCR – 催化器。在存储式催化器中，氮氧化物通过化学键被存储，在浓的运行工况下被释放，被消耗。而费用更大的，但是更有效的 SCR – 催化器（Selective Catalytic Reduction）是用从尿素水溶液（AdBlue）中提取的氨作为还原剂的［Borgeest20］。

通常在试验台架上的要求是，需要对带原有排气装置的发动机进行测试。除了空间位置问题（排气装置所安装的位置也可能刚好是试验台架上放置测功计的位置）外，这通常还需要将带有一个采样装置的双废气测量装置直接安装在发动机上和废气后处理装置之后。如果废气后处理本身就是研究的重点，则可以在发动机上进行，也可以在废气后处理组件的专用测试台上进行。后者拥有废气发生器，该废气发生器产生确定的参考废气，并将其输送到废气后处理系统中。

2.5　冷却

发动机的冷却通过三种途径：冷却介质循环、润滑介质循环和空气的环流。当今主要的途径是冷却介质循环，二轮摩托车发动机是个例外，它直接被行驶的风所环绕，为了改善散热，配备了散热片。图 2.15 显示了冷却介质循环，第 3 章中将介绍冷却介质循环的变化，对冷却介质循环的变化的要求，是为了在试验台架上很好地控制发动机温度，为了获得可重复的测量结果，或者为了在试验的框架范围内改变冷却介质的温度。在车辆上，原来的循环是由多个分循环组成的，一个大循环

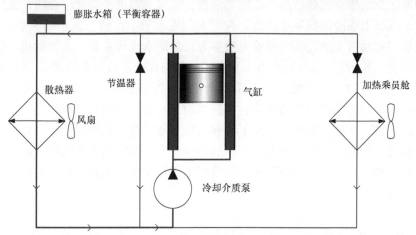

图 2.15　车用发动机冷却介质循环，循环中可以包含其他热交换器，如润滑油
冷却器。节温器也可以直接影响散热器分支

带散热器，一个小循环没有散热器，还有一个用于车辆乘员舱的旁路，此处不做讨论。

在冷起动后发动机应该迅速升温，以达到它的最佳运行温度，大约为90℃。之后应该尽可能地避免继续升温。因此，在冷起动后，大部分冷却介质通过小的冷却循环。在小循环中冷却介质只会带走很少的热量，这样就能够很快到达工作温度。之后节温器关闭了小循环，现在冷却介质就要流经散热器。作为热交换器，散热器将热量传递给流经散热器的空气。如果没有足够的行驶风流过，那将需要一个通常情况下是电驱动的风扇。由于如今发动机上冷却介质的自然对流并不足够，冷却介质通常通过带传动或越来越多地通过电驱动的冷却介质泵来循环。冷却介质至少有30%（通常50%～70%，均为体积分数）的水，剩下部分是乙二醇（用来防冻）和添加剂（主要用来防腐蚀）。

2.6　润滑

如今，润滑的主要任务是减少摩擦材料副的磨损，比如气缸套中的活塞环或者曲轴轴承。近些年来，润滑逐渐成为发动机开发的重点，因为润滑也有助于降低与摩擦相关的损失，从而降低燃料消耗。

当下，几乎所有的车辆都配有压力润滑回路。润滑油在曲轴下方的油底壳里，润滑油泵以几百kPa的压力使润滑油通过滤清器，通过油孔进入曲轴箱中、气缸盖衬垫中、气缸盖中、曲轴中需要润滑的位置。最高的润滑位置在凸轮轴中，通常情况下油压开关也在那里。润滑油依靠重力流回至油底壳。通常，通过一个热交换器来冷却润滑油，在热交换器中，要么冷却介质带走热量，要么空气带走热量。在发动机的液压系统中，比如液压凸轮轴调节器，润滑介质也作为液压介质来使用，这些系统也同样由润滑油循环来供给。在更大型发动机上，通过润滑油喷射的方式，或者在船用发动机上通过喇叭形管道喷射方式对活塞进行冷却。当发动机工作时严重倾斜（比如越野车、船），或者承受强烈的侧向加速度（比如在赛车运动中的离心加速）时，此时，压力循环润滑是不合适的。在这种情况下，采用干式油底壳润滑，其中密闭的容器取代油底壳，润滑油的循环除了起到润滑作用外，还有冷却发动机的作用。在试验台架上，为了能够可重复地测量，润滑油温度必须通过发动机机外热交换器精确调节。为了使润滑油迅速升温到确定的工作温度，以及为了将润滑油温度调节至超出正常温度范围的情况下进行摩擦学试验，在试验台架上还需要一个附加的加热装置。

2.7　发动机电子

发动机电子的中心组件是发动机电控单元，简称ECU（Electronic Control Unit,

或者称为 Engine Control Unit），或在柴油机上也称 EDC（Electronic Diesel Control）。它接收来自发动机的大量传感器（比如测量冷却介质温度、转速、凸轮轴位置、空气质量流量、空气温度、增压压力、废气中的氧含量和 NOx 含量、燃料压力、加速踏板位置等）的模拟信号和数字信号，这些信号可由万用表或示波器显示。它控制了发动机中大量的执行器（比如燃料阀、废气再循环执行器、节气门执行器、电热塞、火花塞、空气系统中的阀门等），大部分情况下是采用脉宽调制（PWM）。PWM 显示的是某个频率的方波信号，比如 1kHz。执行器通过其惯量平均了方波信号。执行器的平均值和由此获得的操纵变量根据执行器的种类线性地或非线性地依赖于占空比。占空比是指接通时间与断开时间的比例［Borgeest20］。在线性的执行器中，最终的操纵变量与占空比成比例。特别重要的是，在车辆上，加速踏板传感器（PWG）是发动机电控单元中负责安全可靠性的传感器，它将驾驶员的愿望以踏板位置电信号的形式发送给发动机电控单元。为了达到这个目的，在加速踏板处安装了两个不同的转角/电压特性曲线的电位器，它们将通过单独线路的不同信号提供给控制单元，但是它们之间是有一个确定的比例的（第 8 章 8.1 节）。如果这个值被篡改了，控制单元将会报错。

连接是通过发动机线束建立的，控制单元、传感器、执行器都是通过连接器连接的。发动机线束通常是通过一个连接器与整车线束相连。线束捆绑在塑料波纹管里或者纺织套里。控制单元并不总是接管所有发动机功能，比如汽油机的点火、柴油机电热塞的控制或者高级的发动机主动式支架，都是通过单独的控制单元来控制的。在气缸数量较多的发动机中，发动机控制的一项核心任务，即喷油器的电子控制，有时会外包给几个喷油控制单元。

当发动机有多个控制单元时，为了能有效地一起工作，同时能利用现有的传感器，这些控制单元必须能相互交换数据。当今高级车辆的控制单元的数量不到 100 个。发动机电控单元必须与大量的其他电控单元进行数据交换。比如它从 ESP 控制单元获得当前的车速。对于自动变速器，它与变速器控制单元有着密切的数据交换；在混合动力车辆上，内燃机的控制单元必须与电驱动控制单元相协调；如果没有与防盗系统的应答器通信，则发动机控制单元是拒绝工作的。

在车辆中与其他控制单元的通信在发动机试验台架上常常是一个很严峻的问题，因为发动机不再是在车辆上，人们可以将其简化，特别是防盗系统，在发动机试验台架上可能明显地增加了控制难度。

2.8　研究用发动机

量产发动机的样机或者更改版不适合在试验台架上进行基础研究，特别是燃烧分析。更适合的是研究用发动机，由试验台架生产商或独立的公司提供（表 2.2）。如果有装备完善的车间，自己制造也是有可能的。

典型的研究用发动机引人注目的特点是只有一个气缸。研究用发动机配备各种各样的测量技术，其中包括用于燃烧分析的光学方法。由于研究用发动机不必安装在车辆发动机舱盖下十分有限的空间中，因此研究用的发动机与其外围设备的外形尺寸并不是那么紧密，因此，可以轻松地安装各种各样的测量仪器以及附加的试验装备。它们都是模块化的结构，可以毫不费力地进行更换。研究用发动机不需要量产发动机那样复杂的线束，通常情况下由大规模的、可自己编程的发动机控制系统来控制。多缸机的质量平衡在单缸机上也用不到，如果可能的话，可以在平衡轴上装一个质量平衡块。

表 2. 2　研究用发动机供应商

名称	网址	型号
AVL List GmbH，Graz	www. avl. com	Serien 530、540、580、transparent：514
ECC Automotive，Eschweiler	eccing. de	M010、M100、M200、M500
FEV GmbH，Aachen	www. fev. com	HD10 – 14、HS14 – 21、LB20 – 40、LB38 – 60
WTZ RoßlaugGmbH	www. wtz. de	FM16、FM18、FM24、FM35
替代的独立加工		
替代的自建		

另一方面，如果所做的试验应该与实际情况接近，那么使用接近量产的发动机是有意义的。采用接近量产的发动机的另一个原因，是研究用发动机的价格太高（从几万欧元到几十万欧元不等）。

有些研究用发动机在燃烧室是有观察窗的，或者完全使用玻璃缸套或玻璃缸盖组件（玻璃发动机）。还有活塞顶部也可能是玻璃的。通常玻璃发动机有一面镜子，它使侧面观察变成了可能。如果不需要直接地看到发动机内部，也可使用光学内窥镜设备。相对于大的玻璃窗，内窥镜虽然严重地限制了视野，但它能看到接近量产的发动机的结构，或者甚至是量产发动的光学设备。玻璃发动机与传统发动机有很大的差别，它的活塞更重了，润滑也需要其他材料，为了不使油雾阻碍观察，使用不同量的其他润滑材料或者干脆涂上适当的表面涂层。因此，许多玻璃发动机的最高转速都低于 2000r/min。玻璃发动机相较传统发动机会有更多的燃烧气体压入曲轴箱。大量特殊性能的总结可参考 ［KashThir09］ 和 ［KashThir11］。

第3章　发动机试验台架的构建

为了考虑试验台架应该怎样构建，再次回顾一下图2.2。其中的反应物，也就是燃料和空气，必须在定义好的条件下进入发动机，并测量它们的量。其中间所显示的混合气形成和燃烧过程都必须被控制和测量，其产物（机械功、热损失和废气）也必须同时被控制和测量。还有，为了调节可再现的温度和压力，以及对这些媒介执行测量，必须以规定的运行条件为准，这些运行条件由第2章中提到的发动机的辅助循环（冷却介质，润滑油）来实施。

由此，构建了图3.1所示的试验台架结构。一些重要和界限分明的子系统将在之后的章节中详细介绍，另一些子系统在本章中得到完整的讲解。

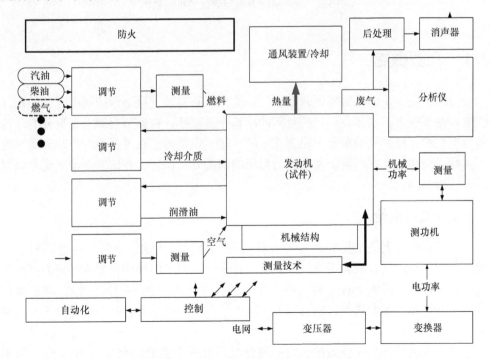

图3.1　发动机试验台架简化功能结构

在试验台架周围设置了控制室、准备室、燃料存储室、气体存储室和其他房间。该系统需要大规模的建筑技术装备，这可能超过了其他实验室建筑的要求。

从机械的角度来看，试验台架上最重要的两样设备是试件本身和测功机（负载单元），测功机可以产生发动机在负荷下的真实运行条件，通常用一台电动机来实现（详见第 6 章）。其中，试件和测功机通过一根轴连接在一起。试件和测功机安装在同一个平台上，这个平台与其他的建筑是隔振的。图 3.2 展示了同一平台上的核心零部件（测功机和发动机）的简化结构。实际上这个简化了的结构带来了大量的机械上的细节问题，主要是振动技术的问题，对此会在第 5 章中专门进行介绍。

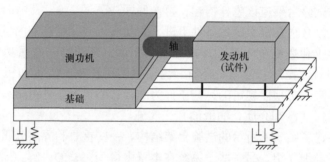

图 3.2　发动机试验台架简化的机械结构

3.1　介质供给

为了燃烧，发动机需要燃料和空气，这在试验台架上也必须按照所定义的条件供给。在车辆上，水冷发动机的封闭的冷却介质循环，在试验台架上是拆分的，这是为了在没有行驶风的情况下保证充足的冷却，以及为了在可再现的冷却介质温度下运行。同样的，在车辆上发动机的封闭的润滑介质循环，在试验台架上也是以同样方式拆分的。

3.1.1　燃料供给

在试验台架上最常见的燃料有各种各样的柴油、汽油、煤油、生物燃料、乙醇、甲醇、天然气、液化石油气和氢气。根据试验台架的使用目的可能只提供两种燃料，也有可能提供十种燃料（作者所知道的最多的可用 34 种燃料）。有必要区分液态燃料和气态燃料。试验台架侧燃料供给与发动机的耦合将在第 3 章 3.1 节中阐述。

燃料供给是从加注开始的。每一种燃料都有一个盛放的储罐（图 3.3），由电动泵或者气动泵将燃料输送到试验台架。然后对燃料进行调节，其中温度和压力是调节参数，大部分情况下在调节装置中同时也会测量燃料的流量。出于成本原因，部分燃料供给设备，特别是昂贵的调节装置和流量测量装置，将供多种燃料使用。如果在燃料种类更换之后，在装置中的剩余燃料没有毫无疑问地被发动机烧完，那么在切换后，必须对装置进行清洗。理想的情况是完全省去那些通常用于不同燃料的系统部件。然而，出于成本和位置空间的原因，这里经常做出相当大的折中，例如在更小的测试台架上采用常见的调节装置。在使用生物燃料或含有大比例乙醇的燃料时必须注意，所有的零部件，特别是调节装置，必须与这种燃料相匹配，对于许多设备而言，情况并非如此。

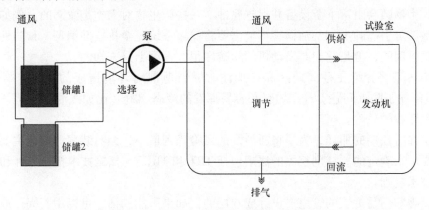

图 3.3 带储罐的燃料供给系统的可能结构

3.1.1.1 燃料存储和加注

燃料可以存储在建筑物中，也可以存储在地下储罐中或者室外储罐中。地下设施的一个基本缺点就是，其损坏不容易被发现。地质或水文的影响，比如高的、变化的地下水位，可能对地下组件施加力的作用。如果没有应对的措施，地下储罐很容易从外面腐蚀。地下设备的制造成本介于建筑一体化设备与地上设备之间，然而，拆除地下设备的成本是很高的。以前的做法是：在报废后用硬化的水泥来填充储罐并保留在土地里。这种做法通常情况下已不再许可。外部安装的存储装置，安装在商业区或工业区，其视觉的妨碍并不明显。这个装置必须避免未授权的访问、避免强烈的光照，在交通区域应避开诸如叉车等车辆。在建筑内安装的缺点是增加了发生火灾的风险，不过通过安全性措施是可控的（在建筑物里的供暖也是用燃料的）。在建筑内安装的一个更大的缺点是附加的房间改建，因为这将会影响到成本。在规划时还要考虑油罐车的通行和转弯能力。

除了固定安装的设备外，在个别情况下当只需要几百升燃料时，也可以考虑使用移动式储罐，如按照［DIN6623］可以作为施工现场的要求。

空置的储罐和管路可能会腐蚀，在设备中储罐和管路不是经常处于运行状态，所以必须使用不锈钢。室外的燃料装置在低温时可能会因燃料凝固而堵塞，这种情况可以通过保温或者甚至加温的方法来解决。

长时间存储的燃料可能会吸水，这是有腐蚀性作用的，助长了在严寒中结冰以及微生物繁殖的风险［Shennan88］。常见的污染菌类有假单胞菌属、黄杆菌属、脱硫杆菌、脱硫杆菌、氢丛毛杆菌、八叠球菌和梭菌，以及一些真菌（曲霉属、念珠菌属和镰刀菌属）。部分燃料成分，特别是生物燃料，是直接代谢的，菌类会在长期存储的燃料中，特别是油/水分界面繁殖和分裂（柴油祸害）。使用非矿物燃料或燃料成分会增加生物污染的风险。在燃油装置的塑料表面也发现了生物膜。尽管这主要影响赛艇上的塑料储罐，但在试验台架上泵的零部件或过滤器也会受到影响。生物膜会阻塞下游设备并促进腐蚀。一些微生物对人类是致病的，例如铜绿假单胞菌可引起肺炎。柴油祸害可能需要将储罐系统完全排空并消毒。预防性灭菌剂也是可用的，但是它们对发动机的影响在很大程度上是未知的。

10.8 节将介绍在存储期间和在加注时燃料泄漏对环境造成的危害。第 9 章 9.8 节阐述了防火问题。气态燃料和容易挥发的液态燃料（比如汽油）的蒸气，存在导致爆炸的危险。

正如所预期的那样，为了将所涉及的风险降到最小，燃料装置的设计主要是由法律要求来确定的。特别相关的法规包括 TRT 和 TRGS（储罐技术指导方针和有害物质技术规则）。

储罐和不易拆装的管道要设计成双层的，如果可能的话，可以用滴锅来取代双层壁储罐。储罐壁之间的压力的监控根据［EN13160 - 2］可以进行泄漏识别。其他规则，例如在储罐中的液位出现异常变化，同样也应该用于支持泄漏的识别。储罐应该是耐爆炸压力冲击的，也就是说，由于回火引起的储罐内爆炸不会有危险性的破坏（但也没有必要完全不发生损坏）［§TRT006］。储罐中回火的危害通过一个回火保险装置来衰减［§TRT030］。

图 3.4 展示了单个燃料储罐的典型配件，这种类似的配件形式在储罐池上也会用到。在加注时或通过膨胀时被挤压的空气，需要经过一个通风口排到大气中。在汽油中，排出的空气中有很多碳氢化合物，必须在加注时吸除（燃油蒸气循环回收）。通过正温度系数半导体元件，限值传感器通过 PTC 热敏电阻识别油罐已满，并通过标准化插入式触点（图 3.4 下方可旋开的螺母）给油罐车一个信号，要求结束注油。通过液位管，可以在油罐中放置诸如量油尺之类的设备。压力表监控储罐壁之间的压力，以便在燃料逸出之前检测到泄漏。

与具有明显蠕变趋势的燃料（例如冬季柴油）相比，燃料管路之间的管道螺纹并不总是有足够的密封性，软的材料密封件可能会变脆并污染燃料。焊接连接是非常合适的，如果需要，还可以采用压力紧固。

燃料可以从储罐通过调节装置引导到试验台架。少数设备中，在试验台架上或试验台架旁边，在储存油箱与调节装置之间附加一个日用油箱。在这种情况下，从日用油箱向发动机输送不是通过泵，而是将其放在一个合适的高度，通过重力供给。理想情况下，在最深处进行拆卸，以完全排空。高度是这样确定的：在这种情况下，流体静压要在调节装置输入压力规定的范围内。存放燃料（汽油）的日用油箱不应该放在试验台架室内。日用油箱必须有回流到储油罐的可能性，该储油罐除具有溢流功能外，还可以在发生火灾时迅速排空并设有通风口。调节装置的输入管路应当由一个常闭的切断阀来实现。应避免用一个日用油箱来供给不同种类的燃料。

图 3.4　汽油油箱带配件的油箱盖，柴油油箱不用装燃油蒸气循环回收设备

使用带发动机回油的日用油箱的另一个作用，是模拟车辆中的油箱运行状态，而不必在车辆中使用纯净的和冷的燃料，这对于燃料的研究可能是有帮助的。然而，要让燃料返回到试验台上的高高挂起的日用油箱则需要一个泵。

在大型发动机上使用重油（在炼油厂的石油蒸馏中留下的残质，因此也称为残油）时，其中包含大量杂质，并且仅在 100℃ 以上的温度下才能充分地流动，因此，它另外还需要采用沉降池、加热器和分离器（离心机）［MartPlin12］。这些复杂的系统大致等同于船舶上安装的系统。

在使用 CNG 时，只要不需要特定的组分，天然气可以从公共管网中获取，并压缩到大约 20MPa，存储在压力储罐中。LPG 在最高大约 1MPa 的压力下也可以储存在压力储罐中。氢储存在压力储罐或者低温储罐中。LPG 是由气瓶或罐车来提供的，氢也可以以同样的方式供给，如果是大量的氢，也应考虑现场生产，让台架设置在靠近氢气作为过程气体的工厂附近是有利的。

根据德国的 ［§EnergieStG］ 和奥地利的 §4 ［§MOeStG］，在许多情况下，在试验台架上消耗的燃料是这些法律所定义的，因此无须缴纳矿物油税。根据能源税指导方针 ［§EU03-96］，其他欧盟国家/地区的法律也与此类似。在德国，不排除已缴纳的矿物油税可以退款。但是，该过程涉及相当多的官僚障碍，而且税务机关并未以均衡的方式处理。提前向负责的主管海关办公室申请免税是有意义的。为了避免发生行政犯罪或刑事犯罪，应在使用税率低得多的取暖油代替柴油之前检查现行税法。还应记住，取暖油包含柴油以外的添加剂。

3.1.1.2　燃料调节装置

燃料调节装置向发动机输送所需要的确定压力（典型的是等同于发动机本身的燃油泵压力，300~600kPa）和确定温度（根据季节不同，通常是常温或者其他温度）的燃料。调节单元无须外部测量即可调节在其出口的温度，因此后续的装置不得明显地改变温度。燃料的量不是通过调节装置来确定的，而是通过发动机的消耗量来确定，因此，从调节装置的角度来看，它是一个未知的干扰参数，只有最大流量是通过调节装置来限制的。在某些情况下，必须检查所使用的调节装置是否也需要为了压力和温度调节的最小流量要求。测得的燃油消耗量与所提供输送的燃油供应量之间的差异，可能表示测量结果不正确、燃油供应商的计费错误或出现了泄漏。

图3.5示意了调节装置的结构。燃料先要滤清，然后被提高到入口以上，并泵压到规定压力。在这一步也将测量油耗。如果换向阀在上面位置的话，之后从发动机回流的燃料会与新鲜燃料混在一起，在这种情况下，测得的只是新鲜燃料的量。如果换向阀在下面位置的话，回流燃料会被排出，新鲜燃料的测量值就会与供给发动机的量一样，否则该位置应主要用于清洗。因此，测量了总燃料消耗，该总燃料消耗不仅包括了在发动机中燃烧的燃料，而且也包含了返回油箱的燃料。新鲜的和可能返回的燃料的混合物不含气泡，并通过冷水–热交换器冷却到设定温度。一些调节装置还提供了加热燃料的选项，通常通过电加热。图3.6显示了这种不带加热装置的实例。

许多发动机在燃料回流时需要一个确定的背压。不是每一个调节装置都可以满足这个条件，在这样的情况下，在回路中接入一个独立的压力调节装置。如果经常是在试验台架上才确定允许的背压，在这种情况下压力调节必须是可调的。

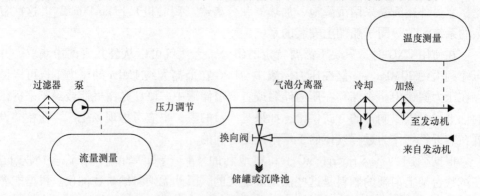

图3.5　带流量测量装置的燃油调节装置。系统通常包含其他温度传感器

图 3.6　带测量装置的燃油调节装置（无加热）。热交换器 1 安置在燃油通向发动机的管路上，
热交换器 2 只安装在通往系统压力调节的泵的旁路上。装置上方有溢流保护

3.1.2　冷却介质调节装置

　　与在燃料中一样，冷却介质调节装置也有一个任务，就是要确保调节到确定的温度，如有必要的话还有确定的压力。与燃料调节装置不一样的是，冷却介质的调节装置必须调节明显更高的流体流量。一些设备的温度范围限制在热机的运行温度附近（比如 70～140℃），而另一些设备也可以调节到冷起动的温度范围，如果有必要的话，在北极条件下可能会精确调节到 1℃。与燃料不一样的是冷却介质不是处理从外部流入发动机的流动，发动机的冷却介质的封闭循环被拆分，试验台架上的调节装置取代了车辆上的散热器。

　　图 3.7 展示了冷却介质的调节装置，它有一个内部循环（初级回路），发动机的冷却介质流经这个装置；还有一个固定安装的外部循环（次级回路），它与发动机没有物质上的连接，它将热量输出给安装在建筑物外面的冷却风扇或冷却塔（第 8 章 8.3 节）。

3.1.3　润滑介质调节装置

　　润滑介质（润滑油）几乎与冷却介质一样进行调节。在调节设备中流过的量为几（m³/h），甚至更少。与冷却介质调节一样，为了介入调节装置，将发动机的润滑介质循环拆分。润滑介质的调节装置比燃料的调节装置或冷却介质的调整装置要小。所以它有时与其他调节系统组合在一起，或者制成卷状的装置。

图 3.7　冷却介质调节装置。液力预选器允许至发动机和至调节装置的容积流量有所偏差，其中一部分流动短路。主热交换器将热量从发动机的大循环导入到冷却塔循环，可以由一个作为节温器的调节阀来分流。附加热交换器允许连接到更小的冷却循环，如用于冷却润滑油。在这个系统中没有加热结构。系统中的很多部件来自常见的加热结构。

3.1.4　燃烧空气调节装置

未经过滤而又需要调节的燃烧空气可以通过试验台架的通风系统来实现，这可以包括温度和湿度的调节，通常还有用于海拔模拟的低气压调节设备。温度和空气压力主要影响发动机的功率。空气湿度主要影响发动机的氮氧化物的排放和爆燃极限。由于在试验台架内部还有大量影响空气的干扰因素，尤其是空气压力不是对整个试验单元都可调，因此可以设立一个专用的燃烧空气调节装置，这个装置通过软管连接，向发动机提供调节好了的空气，特别是能将很难精度调节的空气压力的调节精度控制在 10kPa 以内。温度范围经常限制在中等宽度的常规温度，额外付费的情况下，生产商也会提供更宽的温度调节范围。还有的调节装置连接在涡轮增压器与进气之间，并保证增压空气一定的温度，如果必要的话还有一定的湿度，这样的话，它自身也可以给发动机增压。在车辆的日常运行状态，吸入的空气的状态参数基本是不变的，而对于赛车来说，则需要增加复杂的调节装置，可以在 1s 内改变参数。

3.1.5 快速连接装置

试验台架与试件之间的燃料、冷却介质和润滑油（供给和回流）的介质传递可以通过普通的管件来实现，管件通过一个开关来保证安全。这种解决方案的压力损失可以忽略不计，但对于经常更换试件的工业试验台架，这种方式太不灵活了，介质可能会流出。试验台架供应商以不同尺寸提供的快速连接装置已经证明了自己的作用。它们在分离状态下是关闭的，从而将泄漏降到最小。通常快速连接装置集成在托架上或者底板区域。托架的解决方案使试件最快速地更换成为可能，但它要求试验台架侧要附加更多的管道长度来连接到托架上。

3.2 特殊任务的发动机试验台架

3.2.1 可摆动试验台架

在小型船舶上或在越野车上的发动机有可能在剧烈倾斜的状态下工作。在带传统油底壳的发动机上这可能会导致润滑中断。除此之外，轴承在倾斜的运行状态下，其应力可能与设定位置上的应力不同，在发动机试验台架上可以进行这样的试验：台架的底板可以通过液压在纵向或横向上调节成倾斜的（倾斜试验台架或可摆动试验台架）。所有的连接都是通过弹性管路来实现的。倾斜可以是静态的，也可以是动态的。像驾驶模拟一样，六自由度平台可以达到最大的试验自由度，但是典型运行的倾斜轴通常就足够了。还有一个显著的特点就是，在运行期间，台架可以用何种速度运动，有些台架可以实现周期刚好超过1s 的周期性运动（图 3.8）。

图 3.8 在 Carrières sous Poissy 的 PSA 公司的 D2T，实现了六自由度在所有方向都可摆动的发动机试验台架

3.2.2 气候试验台架

在内燃机的大部分应用领域，在宽广的温度范围内（不仅对干燥的空气，而且对湿润空气），用户都要求它具有可靠的功能。发动机试验台架中的高温

是很容易达到的（但它的精确调节仍是一个挑战）。通过吸入空气的调节，湿度也是可以设定的。但由于内燃机很高的功率损耗，把试验台架作为冷冻室来设计的要求是很高的。车辆是内燃机在交变的气候条件下运行的最主要的应用场所。纯粹的发动机气候试验台架是很罕见的，通常是完整的车辆在环境舱里进行试验，要么在地面上（如在低温下的起动特性），要么在转鼓试验台架上。在极端的气候环境下的车辆试验中，试验路段也是十分重要的（详见第 4 章 4.3 节）。尽管如此，气候发动机试验台架还是常用于某些特定的目的，像润滑介质的试验，温度可以设定在 −40 ~ +40℃ 之间［MartPlin12］。有一种替代方式是一个非气候试验台架，在发动机周围环绕一个流体或冷空气环流冷却套，测功机则可以布置在气候调节区域之外。

3.2.3 NVH 试验台架

车辆有一个能直接被顾客发觉的特性，那就是噪声，所以对噪声的研究极受重视。除此之外，还有法律上的要求，特别针对移动的工作机械［§EU05 − 88］，并且对除了摩托车以外的乘用车的要求也十分苛刻。对于摩托车目前还不是很苛刻。对于商用车，极限值甚至已经有了部分放宽。对于发动机在特定功率以上的跑车的限制值，比其他乘用车还要高一些［§EU14 − 540］。无论是从法律源头，还是从客户需求来说，都要做到噪声最小化。除此之外，还有一个目的，就是产生一个特定的声音（声学设计），特别是对跑车生产商，对于他们的品牌"听"起来怎样，是有具体理念的。发动机不是唯一的噪声源，重要的来源还有滚动噪声、排气噪声以及特别是在商用车中的制动噪声。

NVH 这个概念总结了车辆上的所有声学现象。"N"代表噪声，表示听得见的声音，大约 100Hz 以上。通常情况下这个概念只用来形容不期望的声音。"V"代表振动（固体声），最高到 20Hz，它特别明显，但听不到。"H"代表舒适性，表示了 20 ~ 100Hz 之间的振动，它作为固体声是能明显感觉到的，作为空气声是听得到的。NVH 的概念也就是德语中振动与噪声（Vibroakustik）的概念［Zeller18］。车辆中的主要振动源有通过底盘传递的颠簸、发动机和排气的噪声，还有制动噪声。在 NVH 发动机试验台架上，用来研究发动机的振动和噪声，可能的话还有排气系统噪声。发动机的振动和噪声来源有：通过惯性力导致的振动（详见第 2 章 2.3 节和第 5 章 5.1 节）、活塞噪声、燃烧噪声、进气噪声、曲轴轴承噪声、涡轮增压器的口哨声（喘振）、配气机构和喷油器的噪声。在工程机械和其他移动式工作机械上，通常固定在底板上运行，风扇会造成相当大的麻烦。除此之外，一些附件，如发电机或空调压缩机等附件也会带来噪声。

因此，NVH 发动机试验台架有三个主要特性（图 3.9）：它必须配备声学测量技术，测量技术应该只接收发动机的直接辐射，而没有反射波，这反射波可能会导致干扰和共振。试验台架本身应产生尽可能少的干扰噪声。此外，测试台也必须与外部干扰隔离。

测量技术将在第 7 章 7.6 节中讨论，在这里主要讨论弱反射和弱干扰的试验台架的特征。

声波反射是通过吸收式壁面来抑制的。声波空间的口语化概念容易混淆，因为只有声波反射被减弱了（并不总是被完全吸收），而直达声却没有受到影响。踏进这样一个陈列着设备的消声空间的感觉，使很多人都觉得不舒服。希望解释一下这个概念的通俗性。通常情况下，在内壁上大多衬以由矿物棉或者玻璃棉制成的楔形异形板，出于防火的原因，应避免使用鸡蛋箱型的简易解决方案。应当注意的是：

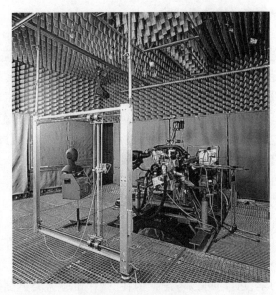

图 3.9　在斯图加特 FKFS 的 NVH 试验台架

不可燃的、多孔材料可以吸油（还有燃油蒸气）。更高频率的声波在材料中通过流动摩擦来衰减，更低频率的声波通过在表面结构上的散射和干扰被衰减。因此，表面造型的深度取决于下限频率，可以大于 1m，通常是下限频率下的 1/4 波长 [Genuit10]。因此，很少有 NVH 测试台设计用于 20Hz 或更低频率的测量，因为低听力阈值处于此数量级，典型的下限频率在 60～120Hz 之间。当然，也可以测量测试室下限频率以下的频率，但在评估的时候必须考虑反射或反射引起的共振对测量结果的影响。除厚壁外，吸收器还提供了与环境的隔离。新型台架越来越多地采用新型的、扁平式阻尼器单元，其内部包含一个阻尼型的共振系统，因而不需要金字塔形吸收器的空间要求 [Fuchs10]。

测试单元通常都是以"室中室"的形式布置，从振动技术层面来看，它应与其他建筑是分开的，类似于试验台架上底座的支承（详见第 5 章 5.1 节）。测试室支承的共振频率在外部的建筑中应该明显低于需测试的频率，典型的是频率低于 5Hz。在附近不应该有激振器。尽管墙壁和门有完整的护套，但出于安全的原因出口必须清晰可见。

为了达到优化的效果，地板上必须铺一层吸收型纹路（全声学空间），实际的解决方案是在吸收器或移动式吸收器上采用透声的工作地板（格栅，可以步行的金属丝网），根据要求进行设置，在试验过程中地板保持自由状态。为了试验的可重复性，地板的标记也应该支持设置的可重复性。比较节约成本的方法是，允许以特定的方式通过混响地板反射（半声学空间），这套装备可依据 [DIN45635-11] 设计。由于声学室的成本原因，在规划时就要将这些考虑在内。测试单元也不仅仅只用来做发动机试验。

与这种声学室完全相反的是类似于 EMV 中的模式漩涡室的回声室。回声室中全部配备带反射的壁面（包括地板）。不过壁面不是直角排列的，这样就不会在特定波长下形成驻波，而是通过叠加形成散射场。在回声室中不能研究指向性。作者没有见到过像回声室那样设计的 NVH 发动机试验台架。

必须抑制干扰噪声源对 NVH 试验台架的影响，这种干扰噪声源来自测功机，包括辅助风机、房间通风、管道和执行器。通过发动机与测功机之间的隔离壁可以有效地降低测功机的干扰噪声。然而，这需要一根可以显著扭曲的长轴。中间支承可以通过轴的重量来避免不允许的弯曲和过载。让轴通过的隔离壁必须是声学密封的，比如可以通过在测量室内的管内引导轴。电力测功机大多通过辅助风机来冷却，这在 NVH 试验台架上通常由成本虽高但噪声小的水冷来代替。

降低发动机试验台架上强烈的空气交换的噪声是很困难的。为了避免气流噪声，必须将气流流速控制在很小，这就需要很大的进、出气流的横截面积。这在热力学设计时可以考虑，但在 NVH 试验台架上倒是很少见到做耐久性试验的。

只有在无法避免的情况下（比如必须的冷却介质管道），才在试验台架上采用管道，不然也要采取类似的措施，像在高品质住房中的水暖管路中通常所采用的那样，也就是说避免管道刚性地连接到建筑结构上，应使用流体动力学意义上流畅的管道（如果由于沉积物而失去其特性，则必须更换）和管道衬里。配件和管道应该安装在吸收器后面尽可能地远，而且尽可能远离通常的测量区域。

如果发动机的排气装置不应该包括在测量中，它就会呈现出明显的声学问题。因此，它必须以最短的路径从测试单元中引出，但是这将导致相对于原始排气装置改变了发动机的性能。如果这是不能接受的，排气装置必须这样封装：隔离声音效果好，但能导出热量，有必要的话通过一个液体护套导出热量。引出的排气装置不允许出现对吸收器来说有危险的温度。

3.2.4 EMV 试验台架

电磁兼容性（EMV）应该确保电气系统之间不会互相干扰。在汽车上一个经典的 EMV 问题就是点火装置会干扰无线电接收，无线电干扰抑制一词由此产生。现在，EMV 不仅包括广播的无线电干扰，如喇叭曾经无意中触发了安全气囊（很遗憾这不是虚构的），此类例子显示：EMV 涵盖了系统之间所有的交互作用，并在许多情况下，对安全来说是至关重要的。除此之外，在一个系统的内部也不可以出现干扰性的交互影响，所以，EMV 应保证从系统层面到电路板层面，甚至小到芯片内部没有交互影响。

尽管如此重要，但用于研究 EMV 的发动机测试台还是很少见的。那是因为，一方面单独零部件的 EMV，如控制器，是根据［ISO11452］标准来检测的，另一方面，之后还有一次根据［ISO11451］的整车的 EMV 检测。通常会省略发动机及其电气系统的 EMV 检测的中间步骤。一个主要的原因是，在有车身的情况下，电磁场传播与在一台独立发动机上是不一样的，因此，EMV 发动机试验台架只是做一些基础试验研究。在没有车身和实际放置的线束的情况下，对于批量生产中的 EMV 不能获得可靠的信息，因此，还不如在 EMV 转鼓试验台上进行整车 EMV 测试（图 4.3）。

尽管电磁波在物理基础方面不同于声波，但还是有相似之处，它对试验台架的设计也有影响。EMV 试验台架必须配备 EMV 测量技术（详见第 7 章 7.7 节，［Borgeest18]），它必须没有反射波，并且试验台架本身应尽可能减少干扰。在声学试验台架上只关注声辐射，而在 EMV 试验台架上不仅辐射，而且辐射带来的影响也很重要。

如同在声学中一样，在 EMV 中也力求自由场条件。这可以在室外测试场实现（Open Area Test Site，OATS），但是由于来自外部的辐射和朝向外部的辐射以及天气的影响，在室外建立发动机试验台架不是很现实，所以人们这样做：将测试室的墙壁用吸收器覆盖。这些吸收器可以是铁氧体砖或导电泡沫制成的金字塔。对于后者，除了要考虑试验台架通常的火灾风险外，还应牢记，长时间吸收极高的电磁功率会导致不可接受的加热作用。

测试单元通过金属壁对外屏蔽。金属结构中即使是很小的开口也会导致磁场的耦合或解耦，因此应避免使用窗户。在常闭状态下，必须通过接触弹簧条使门实现电密封。为应对电导的不可避免的穿流，必须配备过滤器。

就像在声学中回声室是吸收室的对立面一样，在 EMV 中也有吸收室的对立面，即由反射壁制成的模式漩涡室。

3.2.5　用于混合驱动和电驱动的试验台架

除了如今普遍的、由内燃机驱动的车辆外，目前还有混合驱动的车辆，就是由内燃机和驱动电机组合来驱动的汽车。将来纯电动驱动的车辆也会变得很重要。混合动力车辆有并联混合动力和串联混合动力之分。并联混合动力是内燃机和驱动电机交替或者同时提供功率；串联混合动力只有驱动电机驱动车辆，带有连接发电机的内燃机仅用于发电。串联混合动力的一种特殊情况是带有增程器（"Range - Extender"）的电动汽车。在正常情况下，它应仅以电动方式运行，如果现有的电量无法到达下一个充电桩，则仍然可以使用小型内燃机为动力电池充电。对增程器的要求与对普通内燃机的要求不同，最重要的规则是小的结构形式，以便为蓄能器腾出位置。这意味着其他结构形式发动机也将照常进行测试。此外，还有功率分流混合驱动，可以看作是串联混合动力和并联混合动力的组合。根据在哪里电驱动的功率与内燃机的功率相结合，存在不同类型的并联混合动力汽车，同时也存在多种形式的功率分流，［ReNoBo12］中提供了概述。

图 3.10 展示了在发动机试验台架上的混合动力传动系统的一个示例，以功率

分流的混合动力（如 Toyota Prius）作为例子。如果切断了从内燃机到增矩器的机械路径，就相当于是串联混合动力。如果只通过电气机械使用了发电机和驱动电机而切断从内燃机到发电机的机械连接，那么这就是并联混合动力。

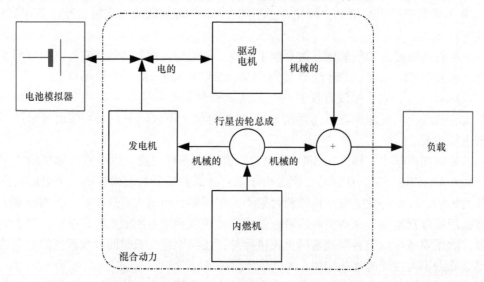

图 3.10　在试验台架上的功率分流的混合动力。通过行星齿轮总成将功率分成
电气路径（左）和机械路径（右）＋：转矩叠加

　　首先，值得注意的是，除了动力电池以外，应该用完整的混合动力驱动代替试验台上的内燃机。尽管混合动力系统内部结构更加复杂，但就像内燃机一样，可以建立在试验台架上，并连接到测功机上。混合动力驱动是一个例外，其中一根轴是电驱动的，而另一根轴通过内燃机驱动的（P4 - Hybride）。在这种情况下，完整的混合动力系统只能与在转鼓试验台架上的底盘相连，进行试验研究。

　　但是，与纯内燃机测试台架相反，在测试台架上使用电池模拟器代替原有动力电池是有意义的。这是一个逆变器，从驱动的角度来看就像蓄电池一样输入电流或者充电时输出电流，实际上会从电网上获取能量或者将能量馈入到电网。除了安全方面外（在试验台架上使用大型锂电池时，还会有很高的火灾风险），模拟器使试验更为自由，这在真正的电池上是无法做到的。还有一个区别是，混合动力可以覆盖很大的转速范围和转矩范围，而纯粹的内燃机的话，测功机必须很匹配。最后，混合动力驱动相比纯粹的内燃机会占去更多的空间。尽管有这些明显的差异，混合动力的试验台架与内燃机试验台架并没有显著的差异。如果规划的内燃机试验台架以后要再升级为混合动力试验台，则只需要测功机有足够的尺寸空间，有足够的位置和可行性，并且可以在以后安装电池模拟器。

3.2.6　产品试验台架

在产品试验台架上，也称为 EoL - 试验台架（End of Linie，生产线终端），检测刚刚生产出来的发动机的功能。可以区分为热试验（点火试验）或冷试验（不点火试验）。热试验是发动机靠自身的力运转，冷试验是发动机由电动机带动运转，以识别机械缺陷。在产品试验台架上的这个检测只用来判断发动机是否正常工作，还有发动机控制器的程序化和数据的适配性。产品试验台架配备很少，甚至没有测量技术。可能会有带自动的信号评估的简易声学测量技术，用来检测发动机的缺陷。在产品试验台架上苛刻的是，要按照生产加工的节拍快速地更换发动机。待测试的发动机的导入是在滑架系统上完成的，发动机与试验台架（电气的、机械的和介质连接）之间的所有连接，在理想情况下均在对接水平面上进行，而无须人工干预。

第4章　整车和零部件试验台

除了发动机试验台架外，还有一些用于类似任务的试验台，这些试验台在某些应用中可与发动机试验台架相互代替。动力传动系试验台（本章4.1节）将动力传动系统扩展到了发动机之外（甚至没有发动机的情况下）。如果进一步扩展动力传动系，则可以同时研究整车。这些类型的试验架称为整车试验台架，通常设计为转鼓试验台。为了避免与其他完全不同的整车试验台混淆，例如在底盘试验研究中使用的液压激励，在本章4.2节中将其称为整车－转鼓试验台。公路行驶在发动机测试中也起着重要的作用（本章4.3节）。最后，通常还要对发动机零部件进行测试，这也经常可以在没有发动机的情况下，在高度专业的发动机零部件试验台上进行（本章4.4节）。

4.1　动力传动系试验台

如图4.1所示，动力传动系试验台用于研究由齿轮（变速器和差速器）和它们之间的轴所组成的动力传动系的机械传动性能。除了运行稳定性和NVH外，它还包括控制单元应用程序的研究，例如用于自动变速器研究。

内燃机通过电机（Prime Mover，原动机）来模拟，或与动力传动系一起安装在试验台上，而除了纯动力系统外，内燃机和动力传统系的组合也可以看作是一个试件。因此，在这种情况下，通常会集成类似于发动机试验台架所使用的测量技术。某些试验台的构建方式为了适应各种用途而可以轻松地改建，例如改成发动机试验台架或动力传动系试验台。动力传动系试验台在［PaulLebe14］中有更详细的描述。

在发动机试验台架上，测功机尽可能直接地与内燃机耦合，而在动力传动系试验台上，整个车辆的动力传动系都位于中间，因而有必要通过多个测功机模拟车辆的每个驱动轮。通常，每台测功机上都有一个用于测量转矩的法兰。由于在动力传动系试验台上主要进行高动态的研究，因此高动态电机适合用作测功机。如果也用电机来模拟内燃机，则用于全轮驱动的乘用车的动力传动系试验台至少需具有五台电机。其结果是对所需的空间，所安装的电力部件以及动力传动系试验台的价格的

图 4.1 动力传动系试验台，前方为一台内燃机，后方左右侧的轴上有两台电机

要求更高。

为了使这项投资能够收回成本，动力传动系试验台也应主要用于此目的。在动力传动系试验台上仅保留两种使用内燃机的罕见情况：一种情况是，如果动力传动系的特性要用发动机导致的振动来更真实地描述，而不是通过电机的模拟来表示；另一种情况是补充情况，如果发动机是需研究的对象，并且要用原始的动力传动系承载，因为用发动机试验台架的测功机进行模拟是不够的。

在需检测的动力传动系中的手动变速器需要一个切换和连接档位的执行器。

4.2 整车 – 转鼓试验台

在整车 – 转鼓试验台上，每个驱动轮置于直径远大于车轮直径的转鼓上（图 4.2），直径可以大到 175cm。在转鼓表面设置与路面相接近的摩擦涂层。转鼓的主要部分安装在地表面以下，只有一小部分从工作平面上凸出。安装在地表下面的转鼓之间的电机可以模拟行驶阻力。在最简单的情况下，只有一个电机作用在所有转鼓上。当今，典型的是两个转鼓之间使用一个电机。每个转鼓也可以单独驱动。可以在轮胎的前面和轮胎的后面使用一对彼此靠后布置的小转鼓，来取代每个车轮一个大转鼓。虽然老式的整车 – 转鼓试验台最初关注的是较大的离心质量，后来又关注了与车辆相匹配的、可互换的离心质量，但如今越来越多地通过电机模拟来与车辆匹配。在整车 - 转鼓试验台上可以对整车的行驶进行模拟，但是由于类似于道路（以转鼓的形式）在车辆下方移动，并且车辆本身是静止的，由链条或旋转的轮毂环带固定，所以不能一起模拟像颠簸等车辆行驶的动力学效果。整车 - 转鼓试验台用于乘用车、商用车和摩托车，此外也有用于特殊车辆的，如叉车。

作为转鼓的替代品，还有制动器/驱动器，该制动器/驱动器被安装在车轮空转的车辆的两侧，无滑动地拧到轮毂上。尽管传统的整车 - 转鼓试验台是电驱动的，但是可以使用液压系统以特别紧凑的方式实施这些解决方案。

整车 - 转鼓试验台通常配备与发动机试验台架相似的测量技术，特别是使用相同的废气测量技术。乘用车型式试验的废气排放值是在整车 - 转鼓试验台上测得的，而商用车则是在发动机试验台架上测得的。

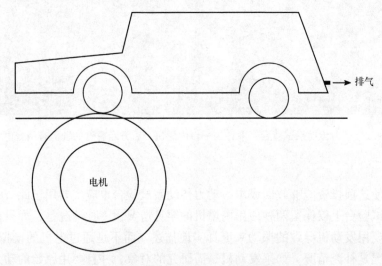

图 4.2　用于驱动轴的整车 - 转鼓试验台结构

在整车 - 转鼓试验台上，车辆可由驾驶员或在车辆中的驾驶机器人来操作。如果是有经验的驾驶员操作，则要在行驶循环中的允许误差范围内，比驾驶机器人更好地完成一个排放试验，则驾驶员可以通过车辆前方的屏幕获得支持信息。使用人类驾驶员的另一个原因是驾驶机器人成本太高。

为了实现真实的行驶风模拟，也会将整车 - 转鼓试验台安装在风洞中，但对于发动机的试验研究，通常在车辆前方安装一个较小的冷却风机就足够了。

之前曾提到，EMV 测量或 NVH 测量大多是在整车上进行的，而不是在单个发动机上测量。为此目的，可将整车 - 转鼓试验台集成到电磁吸收室或声学吸收室中。而且，整车 - 转鼓试验台比发动机试验台架更易于集成到环境舱中。为了进行特别逼真的气候模拟，将整车 - 转鼓试验台集成在气候风洞中，在这个最大的设备中，可以真实、充分、可再现地模拟不同空气温度、不同空气湿度的风，甚至模拟降水和太阳辐射。在用于振动声测量的整车 - 转鼓试验台的情况下，电机以隔声的方式安装在相邻的房间中，并且如同在用于振动声测量的发动机试验台架中一样，通过长轴和中间轴承与转鼓连接。为了能够在车辆下方进行测量，必须从下方可进入车辆和发动机。在 EMV 测试室中，整车－转鼓试验台通常放置在转盘上，以有方向性地确定辐射灵敏度和辐射量（图 4.3）。

图 4.3　用于 EMV 测量的可转动的转鼓试验台

4.3　道路交通试验路段和测量

发动机的测量不仅仅只在试验台架上，而且也可以在道路上进行。试验道路可以是由供应商、汽车制造商或独立运营商建造、维护和提供的封闭测试场地，也可以是可临时提供的赛道，但也可以是具有相应的特殊许可证的公共道路交通。专用的试验路段，比如博世公司在博克斯贝尔格（Boxberg）、欧宝公司在杜登霍芬城区罗德高（Rodgauer Stadtteil Dudenhofen）、大众公司在埃拉莱辛（Ehra－Lessien）或独立的服务商在帕彭堡（Papenburg）运行的，主要是用来进行行驶动力学试验的，而这在公共交通路段进行实在太危险了，在发动机测量方面则使用较少。在气候极端地区的试验路段具有其他的特征。靠近次极地气候区的试验路段，例如亚瑞普洛夫（Arjeplog，瑞典）或罗瓦涅米（Rovaniemi，芬兰），用于冬季道路条件下的行驶动力学试验，而且在那里也密集地对发动机及其零部件进行冬季测试。在亚热带气候带区中或在附近，例如圣奥利瓦（Santa Oliva，西班牙）、纳尔多奥（Nardò，意大利）或美国亚利桑那（Arizona）州的众多试验路段，在相当大的程度上用于发动机的夏季测试。除了温度载荷外，那里还有很多落灰。对于运动型车辆，在纽伯格林（Nürburgring）这样的赛道上进行发动机测试是很常见的。道路交通主要用于主观驾驶行为的测试，包括发动机在内。

鉴于在实际条件下测量排放的要求，也越来越多地在道路交通中实施排放测量（详见第7章7.8节）。在道路上进行测量时，必须将在试验台架上可以装满几个19in⊖机柜的测量设备缩小到可以随车携带的程度。实际上，移动式废气测量技术目前具有相当重要的意义。

4.4　零部件试验台

除发动机外，还必须测试发动机的零部件和燃料。在许多情况下，这些测试工作都是直接在发动机台架上完成的。在其他情况下，发动机台架可以扩展到进行材料测试（例如螺栓的强度或曲轴的强度），但这超出了本书的讨论范围。这里参考了大量的材料科学文献，例如［Czichos07］。有些复杂的发动机零部件部分在发动机中进行试验，部分进行独立试验。在单独的零部件试验台中进行此类零部件试验研究，以及使用专用的试验室设备进行燃料的试验研究，绝不是使发动机台架变得多余的、节省成本的解决方案，而更多可能是专用设备经常可以更直接地获取在发动机中并不总是可获得的相关参数。

4.4.1　流动试验台

确定气缸中的流动特性并不总是需要完整的发动机。仅研究流经感兴趣的局部几何形状（例如气缸入口），以及后面在不同的章节介绍的对发动机工作过程的流动进行可视化的研究是非常有意义的。一方面，这需要使用风机来产生气流并设置后置的气罐以使气流平稳，另一方面，需要有目的的可变性和流动性测量（质量流量/体积流量），试件接口处的压力和温度的测量。如何将诸如用于测量涡流的叶轮或更复杂的测量系统引入试件中，见第7章7.10节。

4.4.2　涡轮增压器试验台

涡轮增压器是最复杂的发动机零部件之一，其试验任务也相应地多种多样。图2.5显示了涡轮增压器的基本组件，一个废气涡轮机，一个新鲜空气压气机，以及将这两个部件连接在一起的支承轴。

除了完成试验和测量任务外，与发动机试验台架一样，涡轮增压器试验台还提供了增压器运行的所有基础设施。除了感兴趣的气体流动外，这里首先要提到润滑，对于水冷式增压器，还需要冷却。还有一些用于涡轮增压器润滑的调节装置，可调节润滑介质的压力和温度，以及通过液体冷却来冷却涡轮增压器。

⊖　1in = 25.4mm

　　描述涡轮机的主要参数分别是压力比、流量——体积流量或质量流量、转速、转矩和有效的涡轮横截面（这不仅考虑了涡轮机的已知几何形状，而且还考虑了要在试验台上确定的流动的影响，见［Pucher12］）。这些参数在涡轮增压器试验台上与热力学参数一起确定，有时也可以在通常是稳态的纯涡轮机试验台上确定。废气流是通过风机和天然气燃烧器模拟的，极少情况下是通过电加热、柴油燃烧器、汽油燃烧器、乙醇燃烧器或液化气燃烧器来模拟的，其中温度最高可达 1200℃，质量流量最高可达 1kg/s（少数几个大型船舶涡轮增压器试验台流量基本上更大一些）。一个重要的安全功能是燃烧器的火焰监控，它负责在火焰熄灭时重新进行点火，否则就切断燃料供应。通过压气机侧的节流来定义涡轮机和承受的可测量的机械载荷。或者，可以在涡轮机试验台上通过电能进行加载。可以使用环境空气快速冷却用于热冲击测试的热气流。应在试验台上安装一个用于涡轮机旁通（废气旁通）或调节可变涡轮几何形状（VTG，影响运行时的有效涡轮横截面）的执行器。

　　描述压气机的重要变量同样也是压比、流量——体积流量或质量流量、转速和转矩。这些变量在涡轮增压器试验台或压气机试验台中与温度和湿度一起确定。将新鲜空气过滤，并在必要时进行调节。可以从在压气机试验台上确定的参数来确定压气机的特性场（图 4.4），这是涡轮增压器与发动机匹配的基础。在这个特性场中，流量为横坐标，而压气机前后之间的压力比为纵坐标。在此坐标系中，通常画出增压器等转速线和等压气机效率线。在低流量和高压力比情况下，会进入有害的、不规则的运行状态，还会进入此范围的极限（喘振极限）。

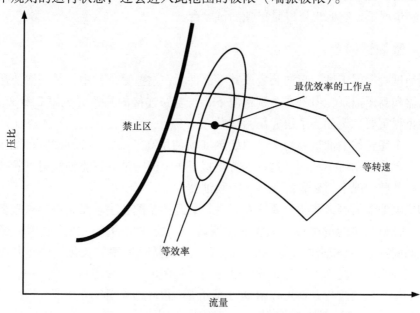

图 4.4　涡轮增压器的压气机特性场（示意图）

对旋转部件（带有连接轴的涡轮机和压气机的旋转部件）的研究，涉及使用寿命、位置偏差、摩擦载荷、润滑油消耗和密封性（图4.5）。

图4.5 涡轮增压器的摩擦功率试验台，用于测量不同油压、油温和轴向推力下的轴承摩擦

通常的试验台结合了涡轮机和压气机试验台的功能，大多还包括转子试验台，但在个别情况下，它们也可以是单独的试验台。

4.4.3 喷油试验台

喷油试验台用于试验喷油装置或其零部件。在这些零部件中，特别需要注意的是喷油器和高压油泵，但是在个别情况下，与管路连接的共轨（见第2章2.1节）的试验也很重要，例如为了研究压力波动。

在一个完整的喷油试验台上，原始泵（喷油用高压油泵和输油用的低压油泵）或试验台泵是电动机驱动的。这些装置模拟了车上的喷油装置将油喷射到管或压力腔中。在某些情况下，装置简化为一个喷油器。

如果喷油器的测量非常重要，在过去很普遍的是配备手动泵，以提供较低的喷油压力。在最简单的情况下，在喷油器测试中只关注喷油量（每次喷射或经过更长的时间间隔）；更先进的试验台（图4.6）是测量喷射率的变化，并将其与喷油器的电气控制联系起来。通过将喷油器喷射到封闭的、充满燃料的管腔中，并测量管腔中的压力变化过程，就可以得到时间分辨率很高的喷射率变化曲线。

喷油试验台使用真实的燃料或在必要时使用温度调节的测试油，其要求在［ISO4113］中进行了定义。

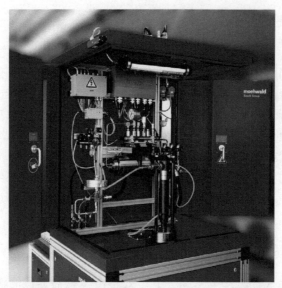

图 4.6　共轨 – 喷油器试验台，前台处有一个大的喷油器

4.4.4　泵试验台

在内燃机中有机械驱动或电驱动的，用于润滑油、燃料和冷却介质的泵。许多发动机还包含用于产生负压的气泵，这对于发动机中的电气执行器，或者对于制动助力器是必须的。

需测试的基本参数是流量、泵的扬程（压力）、不同运行条件下的使用寿命（输送曲线、温度、振动、输送介质的特性），对于电动泵而言，还需要测试驱动器的电气参数，包括电磁兼容性（EMV），还可以进行声学测量。对于在实车中不是电驱动的泵，在泵试验台上，由于电驱动的可调节性强，也使用电驱动。泵驱动侧的测量参数是转速和转矩。

4.4.5　凸轮轴试验台

在最简单的情况下，凸轮轴试验台应理解为带有千分表的凸轮轴的电动驱动装置，该千分表用于接收由凸轮提供的轮廓，而无须配气机构的其他零部件参与工作。

然而，开发中最常见的任务是确定转矩（或由此得出的摩擦功率）与转速的关系，以及进行配气机构中零部件的动态测试。这两种应用都需要一套完整组装的配气机构、可调节的润滑油供给和电动驱动器。试验台可以配备振动传感器或拾音器以进行 NVH 试验研究。如有必要，凸轮轴试验台也可以在规定的气候条件下工作。

如果仅对配气机构的单个零部件（例如弹簧）进行测试，则应预先将试验研究的大部分放在一个针对这个零部件的专用试验台上进行［Mahle13］。

4.4.6　轴承试验台

在内燃机中，在曲轴（主轴承和连杆轴承）、连杆与活塞之间，以及在凸轮轴、平衡轴和外部附件上有许多轴承。大多数轴承是滑动轴承，但也轴承使用滚动轴承。轴承使用寿命可以在发动机试验台架的耐久性测试中进行试验研究，但是事先对轴承单独进行试验研究通常是有意义的。在轴承试验台上单独评估轴承摩擦状态比在发动机试验台架上评估效果更好（另见4.5.2节润滑油试验研究）。其他研究目的可以是减振或振动传递。

轴承试验台的主要零部件是外部轴承支架、在测试对象外部摩擦力特别低的支承的轴（例如空气轴承）、轴驱动装置，以及取决于试验台确切用途的测量技术（例如测试角度/转速、转矩、温度和振动的传感器）。

4.4.7　控制器试验台

发动机控制器（详见第2章2.7节）处理由传感器提供的输入端数据，并在其输出端生成控制执行器的信号。为此，应对输入进行监控以确保输入信号在定义的范围内，并且监控输出是否中断或短路等。虽然仅在开发的早期阶段对控制器的功能进行仿真，但是在后续的开发过程中，有必要使用硬件和软件来运行控制器。通常使用电位器模拟输入端上的输入电压，必须在输出端连接等效负载，其阻抗与原始执行器相似（如果有的话，通常还会连接原始执行器）。此外，控制器还有其他可能需要信号的接口，这里特别指外部总线（例如CAN、FlexRay）以及在开发中特别成问题的防盗锁。为了在这些总线上产生运行控制器所需的通信，可以连接其他控制器，或者在PC机上使用适当的软件和总线接口对其他控制器的贡献进行仿真（其余总线仿真方面的内容见［Borgeest20］）。一旦开发了封闭的控制回路，控制器的大部分静态仪器就不再足够，在试验室中必须使用外部受控系统，也就是说，控制器的输出通向仿真器，仿真器又可以实际地计算发送到传感器输入的信号。这种仿真器称为硬件在环仿真器（Hardware – in – the – Loop，HiL），详见［Borgeest20］。只有这样，才可以与在发动机试验台架上或车辆中的发动机一起运行控制器。

在生产中对控制器试验台的要求与在开发中的要求有些不同。乍一看，用于生产的控制器试验台类似于HiL系统，部分地使用相同的硬件组件，而不必对受控系统进行复杂的仿真。取而代之的是，生产中的控制器试验台通常具有自动化的故障模拟器（出于某些特定目的，在开发中也使用了这些模拟器），这些模拟器会将控制器的接口置于不允许的操作状态，以便检查控制器对错误的识别，以及对错误的反应。

4.5　运行材料试验台

燃料、润滑介质和冷却介质在发动机试验台架和特殊试验台上进行试验。

4.5.1　燃料试验研究

各种燃料和燃料成分已在第 2 章 2.1 节中做了介绍。一些燃料（例如氢、甲烷或液化石油气）定义明确，天然气和沼气的组成可能有所不同，尽管甲烷是其主要成分。汽油和柴油的成分差异很大，相关的欧洲标准（汽油［EN228］、柴油［EN590］和其他船用柴油标准）和非欧洲标准（例如美国的 ASTM D439），在一定范围和测试方法内定义了特性，但没有确切的组分。在一些生物燃料中，成分甚至可以有很大的变化。

过早的自燃（爆燃）在汽油机中是不希望的，与此相反，在柴油机中是期望高的着火性能的，而抗爆性与着火性能是相对立的特性。因此，除了基本的物理参数外，还必须进行汽油的抗爆性和柴油的着火性能的试验。抗爆性以辛烷值给出，即所讨论燃料的抗爆性以易燃的正庚烷与抗爆的 2，2，4 - 三甲基戊烷（异辛烷）以什么样的混合比例来表征。例如，辛烷值为 98 的燃料的抗爆性，由 2%（质量分数，后同）正庚烷和 98% 异辛烷组成的混合物一致。取决于确定方法，辛烷值以研究辛烷值 ROZ 或马达辛烷值 MOZ 的形式给出，此外还有其他定义。最重要的辛烷值是 ROZ，欧盟的加油站也给出了 ROZ。对于不同的温度和转速，辛烷值是有差异的。确定方法使用 SAE 的合作燃料研究委员会（CFR）定义的试验发动机。该发动机是将近 100 年前设计的、具有可变压缩和燃油调节功能的单缸试验发动机。依据［ISO5165］，该发动机还可用于确定十六烷值。十六烷值由易燃的正十六烷（十六烷）和难以着火的 1 - 甲基萘的不同比例来定义。

其他试验涉及与燃料系统中所使用的塑料和金属以及润滑材料的相容性。

4.5.2　润滑油试验研究

由减少摩擦以最小化磨损和摩擦损失以及传递热量的两个主要任务，引出了润滑油最重要的特性，即黏度和散热能力。另外，润滑油还可以起到防腐蚀作用。

黏度表示在流速梯度中出现怎样的剪切应力，黏度明显代表流体的黏性。黏度太高会使润滑性能和散热性变差；如果黏度太低，则诸如轴承表面等处不一定能可靠地润滑，活塞环与气缸之间的密封功能降低，润滑油越来越多地通过最小的间隙被推出润滑油回路，并且润滑油压力可能过低。黏度还会影响滑动轴承中的阻尼。

黏度可通过简单的黏度计进行测量。例如，将通过毛细管的时间或润滑油中的球的下落时间用作测量标准；或通过流变仪，其依据是以两个通过薄的油膜隔开的、旋转的、不同形状的样品体之间定义的角速度引起的剪切，并从测得的扭矩中获得力的数据。

与流变仪不同的是，摩擦计也施加一个垂直于润滑油油膜的确定的力，因此摩擦系数和磨损可以直接由合适的材料和试样表面来确定。

润滑油散热能力取决于黏度，但主要取决于容易确定的热容量。

很难将腐蚀防护能力作为物理上可测量的参数来定义，因为它是润滑油、金属材料和运行条件相互作用的结果。另一个润滑油标准主要是它与密封件和铜件的材料兼容性。

活塞环和气缸壁之间的润滑油暴露于 200℃ 以上的最高热负荷下，但在其他地方，其温度也远高于 100℃。温度稳定性不是独立的标准，而是说明其他标准如何随温度可逆或不可逆地变化。通常，可逆变化区域中黏度对温度的依赖性由无因次数表示，即黏度指数 VI，该指数是基于 40°C 和 100°C 下的黏度测量结果。具有较低温度依赖性的发动机润滑油的 VI 几乎达到 200，而温度依赖性较高的发动机润滑油（单级润滑油）的 VI 可以低于 100。在高温下散热能力也很重要，因为润滑油还负责冷却发动机最热的区域。

老化稳定性也不是独立的标准。短时间后，发动机中的润滑介质不再是纯的润滑油，它包含水、燃烧残留物和微磨损物。此外，润滑油本身也会发生变化。长链碳氢化合物会被切断，并且氧化会导致醇和酸的形成。添加剂在运行过程中也会降解。所需的化学分析范围包括简单的光谱方法和质谱仪法。

标准［ACEA16］概述了润滑油物理的和化学的性质，包括相关的测试方法。除了物理的和化学的测试方法外，还可以将带完整发动机或不点火的部分发动机与可摆动试验台架（第 3 章 3.2 节）一起使用，以进行实际测试。同时对润滑油进行了反复分析，有时会在道路上进行测试。

4.5.3 冷却介质试验研究

冷却介质由矿物质含量低（30% ~ 70%，体积分数）的水和主要用于防冻和防腐蚀的附加液体（在行业中称为防冻液）所组成。防冻液的首要成分是乙二醇，主要是 1，2 - 乙二醇（单乙二醇，Monoethylenglykol，MEG），或其他单一的或多种的醇。此外，添加剂还可以防止腐蚀、氧化和起泡，并缓冲 pH 值。基本上与测试相关的，部分相关的特征是降低凝固点，提高沸点，防腐保护，与塑料（容器、软管）的兼容性，温度稳定性（即使在冷却液工作温度为 90℃ 的情况下，在气缸套界面处局部也可能出现更高的温度，其中乙二醇会分解为羧酸［Andersohn13］），通过可能出现的氧化而限制冷却液的使用寿命，引起沉淀和 pH 值改变。除化学腐蚀外，还必须考虑空泡化侵蚀。

在发动机或车辆制造商批准特定发动机或特定车辆的代理商之前，在试验台或车辆中对发动机进行的试验是最后的试验。在此之前，代理商必须首先通过 ASTM（以前的美国测试与材料学会，American Society for Testing and Materials）的许多特殊的标准化测试程序。在［ASTM］中可以找到有近 100 种标准的概述。

由于在发动机内部和发动机上的材料和材料组合种类繁多，因此研究腐蚀防护似乎是最困难的任务。内燃机研究协会（FVV）也发布了有关腐蚀 R530［FVV530］的指导方针。

第5章　试验台架机械学

在对机械学进行介绍时，再回忆一下图3.2的基本结构。在基础底板上安装有内燃机和测功机，二者用一根轴连接。尤其是内燃机，不仅在车辆中，而且在试验台架上也会导入干扰性振动（在本章5.1节中介绍），如果不加以考虑，这可能会导致试件或试验台架的损坏，并且干扰试验台架的环境。在本章5.2节中将简要地介绍一下基础底板。在本章5.1节的振动技术分析中，已经介绍了发动机的支承，在本章5.3节中将再次讨论试件的快速更换的话题。在本章5.4节中，将非常详细地考察一个看似简单的零部件，即试件与测功机之间的连接轴。当在本章5.1节中考察线性定向振动时，还必须考虑轴的扭转振动和弯曲振动。对于本章5.1节和本章5.3节中考虑的振动问题的深化，读者可以参照有关机械动力学方面的大量的参考文献，例如，详细的解释性著作［DreHol16］和明确的、可供参考的专业著作［Jürgler04］。与发动机相比，测功机的支承就显得微不足道了（本章5.5节）。诸如传动机构（本章5.6节）或离合器（本章5.7节）等其他部件，很少集成在轴系上。

5.1　试验台架振动

不希望的振动以扭转振动的形式出现在轴上，会在本章5.4节中做介绍。这里首先考虑发动机传递到基础底板，并可能进入建筑基础的振动。振动的主要原因是在止点时，发动机活塞运动方向改变时的惯性作用，关于力的计算已经如式（2.14）以及其随后的公式所示，并罗列在表2.1中。在气缸垂直的直列式发动机的情况下，这些惯性力方向垂直，仅仅由于轻微的偏转运动，例如发动机轴承，可能会产生一个小的水平方向力的分量。如果力在发动机中没有被平衡，则曲轴上更小的旋转惯性力会在止点之间的垂直方向和刚好止点之间的水平位置，改变其当前的作用方向。气缸倾斜或水平设置的发动机以及V形发动机的水平方向力的分量更大。在这种情况下，应当注意的是完全不同的参数可以适用于水平导入力的分量。作为一个极端的例子，想象一下在基板下方承受垂直载荷的垂直螺旋弹簧，在水平载荷下变得非常柔顺，而且还是非线性的方式。尽管在某些情况下，垂直分量和可能具有不同参数的水平分量，可以用相同的方式单独计算，但这是一种其中不再可能进行独立观察的情况，因为垂直挠度也影响水平弹性，反之亦然。因此，在多轴中振动的情况下，首要考虑因素始终应该是关于振动分量是否在任何位置耦合的检查。如果存在不可忽略的耦合，则从振动方程中产生一个耦合的、通常甚至是非线性微分方程的系统，如果要计算这些振动，则仿真作为求解微分方程比分析计算更有意义。

此外，应该记住的是，分布在发动机纵向的惯性力即使其矢量和为零，也可产生转矩。除非由于故障导致不平衡超过通常的水平，否则可以忽略旋转的测功机施加的力。

如果从基础底板和发动机来看系统，它是一个双质量振动器（图 5.1）。实际上，两个振动器都充分地解耦，所以它们可以近似为两个独立的单质量振动器。因此，在 5.1.1 小节中，首先考虑"相对于建筑结构的基础底板"的振动器，然后在 5.1.2 小节中考虑另一个"相对于基础底板的发动机"的振动器。与作为整体的底板的振动相比，基础底板的变形振动是可以忽略的，因此将底板看作刚性体是有意义的。

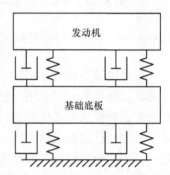

图 5.1　在试验台架上的垂直振动显示为双质量振动器

5.1.1　基础底板的支承

设计中要避免的主要是基础底板的振动耦合到建筑物。在个别情况下，例如，相邻的试验台架运行时，反过来还需要避免建筑物的振动耦合到试样上。

放大函数 V，也称为振幅频率响应，是输出参数（作用在建筑结构上的力）与激励参数（作用在底板上的力）之间的归一化比率，可表示为

$$V(\eta) = \frac{\sqrt{1 + (2D\eta)^2}}{\sqrt{(1 - \eta^2)^2 + (2D\eta)^2}} \tag{5.1}$$

式中　D——衰减度，频率比（调节比）可表示为

$$\eta = \frac{f}{f_0} = \frac{\omega}{\omega_0} \tag{5.2}$$

f_0 和 ω_0 是无阻尼共振频率（无阻尼强迫振荡的共振频率等于无阻尼自由振荡的固有频率）和无阻尼共振环路频率 $2\pi f_0$，公式的推导可以查阅［Magnus16］（对于不平衡激励的解决方案，在施加余弦形力的情况下导致相同的放大功能。）放大功能的图形显示如图 5.2 所示。

放大功能包含三个区域。在左侧区域（$V \approx 1$，亚临界区域）中，力直接从基础底板传递到基础上，就好像它牢固地连接到基础上一样。在中间区域（临界区域）出现共振，也就是不希望发生的放大。在右侧区域（超临界区域），达到所需

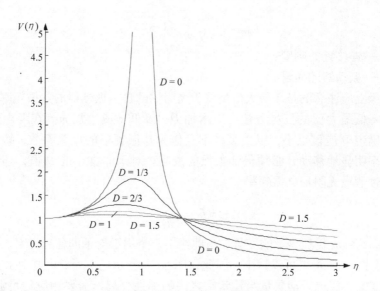

图 5.2 按照式（5.1）用于通过不同阻尼的
基础底板的振动向建筑物传递力的放大功能

的衰减。因此，共振频率应设计得尽可能低（10Hz 以下），以便于在正确的范围内工作。使用无阻尼系统（$D=0$）可以令人惊讶地实现最强的衰减。在这种情况下，如基础底板下方的弹簧能完全吸收冲击力。实际上，一方面完全放弃阻尼几乎是不可能的，因为弹簧或弹性材料即使没有额外的阻尼措施也具有自阻尼。另一方面，太小的阻尼也是很危险的，因为在高速运行或当试验台架停机时会通过共振区域。由于高的成本和故障的可能性，到目前为止，几乎不会使用在共振期间临时性地改变其特性，以及由此改变放大功能的可切换或自适应的支承。

衰减度 D 根据［Lehr30］可表示为

$$D = \frac{b}{2\sqrt{c/m}} \tag{5.3}$$

式中　c——弹簧的刚度；

　　　m——包含基础的基础底板的质量。

难以确定的是阻尼系数 b，它代表弹簧或附加阻尼元件的自阻尼。在设计时，将其提供给弹簧或阻尼器的制造商，在后续计算时，数据表可以提供帮助。通常，用现有的、带衰减试验研究的试验台架进行 D 或 b 的试验确定是非常昂贵的，因为必须生成确定的垂直振荡，并且必须测量振荡的衰减。不应该忘记的是：衰减值并不总是恒定的，而是可能受到温度的影响，在与频率相关的或非线性的情况下，在高振幅时甚至受振动自身的影响。一个弱衰减（$D<1$）的线性质量—弹簧—振动器的最大放大功能在以下频率处

$$f_{max} = \frac{1}{2\pi} \sqrt{\frac{c}{m}} \sqrt{1 - 2\,D^2} \tag{5.4}$$

式中　c——连接处的刚度；

　　　m——振动器的质量。

在边缘上应注意的是该最大值略低于受阻尼的自由振动器的共振频率。该方程式显示了降低最大值的三种方法，即增加 D，降低 c 或增加 m。在考虑放大功能时，已经确定 D 应该很小，以使衰减不是作为共振频率的设置参数，特别是为了使共振频率明显地移动，必须保证很强的衰减。对于非常小的 D 值，还可以以良好的近似性假设无阻尼共振频率

$$f_{max} = f_0 = \frac{1}{2\pi} \sqrt{\frac{c}{m}} \tag{5.5}$$

因此，c 和 m 仍然是影响变量。由此给出三个用于支承的备选方案。弹性越软（也即 c 越小），质量也可以越小。因此，图 5.3a 所示的支承，其中通过相对较薄的膜（大的 c）实现振动质量与建筑物之间的弹性分离，需要相应的足够的质量，使得共振频率不会变得太高。实际上，这个较大的质量可以通过将基础底板嵌入到一个大型的混凝土块中来实现。另一种变型是：如果这种混凝土块在合适的特性下具有所需的弹性和阻尼时，则可以将混凝土块直接放置在压实的底层地板上而无须一个基础。

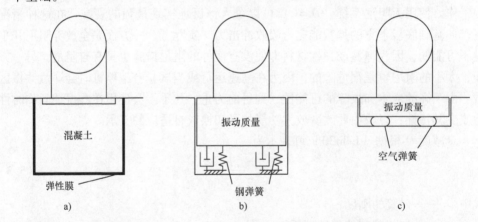

图 5.3　基础底板的支承，只显示了至少四个（多数为六个）弹簧/气囊中的两个

如图 5.3b 所示，当支承在钢弹簧上时，振动质量可以更小。而当支承在软的空气弹簧上时，如图 5.3c 所示，振动质量还会更小。因此，图 5.3c 给出的解决方案使得试验台架基础的最紧凑的结构形式成为可能。此外，还可以通过空气弹簧实现高度的补偿，其精度约为 0.1mm。通常力求基础底板的表面保持与周围区域相同的高度，这可以避免绊脚的风险，可以创造舒适的工作环境。但从技术角度来看，仅当用专用车更换试件（本章 5.3 节）时才需要这样做。空气弹簧的缺点是

其需要供应所要求质量的压缩空气。出于维护的目的，空气弹簧必须是开放式的。同时，为了在停机状态下降低运行成本，最好能够在运行时间之外切断供气，为此，弹性支撑元件有意识地放置在底座下方，底座允许沉降。

5.1.2　发动机的支承

在最不理想的情况下，发动机在基础底板上的振动可能累积到非常高的强度，从而损坏发动机、其附件、试验台架。基础底板与发动机之间的振动的灵敏模型，可以将发动机视为一个振动质量，它通过弹簧和阻尼的连接放置在假定为刚性体的基础底板上。

放大功能 V，即输出参数（发动机的垂直偏差）与激励参数（发动机上的垂直力）之间的归一化比率如下

$$V(\eta) = \frac{1}{\sqrt{(1 - \eta^2)^2 + (2D\eta)^2}} \tag{5.6}$$

与衰减度 D 和频率比 η［式（5.2）］相关。此公式的推导可以在［Magnus16］中找到，图 5.4 为放大功能的图示。

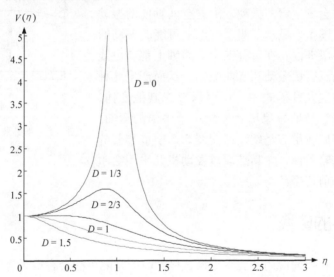

图 5.4　根据式（5.6）得到的基础底板上发动机的振动的放大功能

尽管放大功能与适用于基础底板和地面之间的力传递［式（5.1）］计算有差异，但是这里也可以再区分三个区域，其中只有右侧一个区域是有意义的运行范围。与图 5.2 中的放大功能相反的是，这里更高的衰减肯定会导致更低的振荡幅度，因此这里可以用较强的衰减工作。这里也应注意的是，在发动机的起动和停机时，将穿过共振区域。

通常，使用原始的发动机支承，即将发动机/变速器单元悬置在车辆中。由于

发动机通常在不带变速器的情况下安装在试验台架上，所以变速器上的支承点必须由发动机上的附加支承点来代替。应该注意的是，因为在车辆上的支承与相对弹性的车身结构相连接，而在试验台架上没有其他的弹性结构与基础底板相连接，所以，在车辆上的最佳支承在试验台架上并不总是最佳的。在本章5.3节中将考虑这种连接，因为结构设计方案取决于如何更换试件（发动机）。

5.2 基础底板

基础底板是铸铁板，允许带支撑件的发动机和测功机在基础底板上尽可能灵活地安装。乘用车内燃机试验台架长度为3m或以上，宽度为1~2m，典型的高度值为30cm，质量为几吨。图3.2中底板下并联的、切换式的弹簧和阻尼器标志着与建筑物振动技术上的解耦。作为灵活的安装系统，根据［DIN650］，底板顶部采用T形槽（T slots），对结构很有好处。

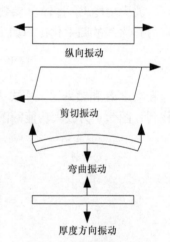

图5.5 基础底板最主要的理论上可能的振动模式

基础底板会发生弯曲振动、沿着空间轴向的振动和剪切振动。图5.5显示了四个理论上可能的振动的一种选择。一般来说，在所有三个空间轴上都有可能出现纵向振动、剪切振动和弯曲振动，从而产生九种振动模式。在这九种模式中，还可以形成其他变体，因此，这可以容易地想象出会导致一个多倍的弯曲。实际上，基础底板足够坚硬，即使图5.5中最重要的模式也可以忽略不计，尤其是通过发动机几乎不会激发纵向振动和剪切振动。

5.3 试件的更换

根据试验台架的应用情况，更换试样的时间间隔可能会有很明显的差异，如大学里的试验台架可以使用相同的发动机运行多年，研究用的试验台架可能持续数月，开发用的试验台架可能持续数天，而产品试验台架的更换间隔是几分钟的数量级。因此，如何来更换试件，相应地可以找到不同的解决方案。原则上可以确定，样件更换越频繁，更换速度就应越快。而更换速度必须越快，则支持快速更换的技术方案的投资也就会越高。

经典的变体是发动机支承于支柱上，支柱可以自由地放置在基础底板上的T形槽中。在这些支柱上放置本章5.1节所述的隔振的支承和发动机（图5.6），支柱与发动机支承的接口通常是内螺纹，典型的是M12~M16，可能的话带有适配器组件。

在发动机频繁更换的情况下，建议尽可能在试验台架以外准备构建支承系统，一个常见的解决方案是：上述这个带发动机和所有支持发动机运行的所需附件（如控制器、轴的适配器法兰）的系统，安装在试验台架外的金属架上。在试验台中，只需更换与底板螺纹连接的金属架，同时连接发动机用的介质管路。

如果采用手推车或甚至支撑在气垫上的框架，放置在基础底板上来替代需要拧紧的底板，则可以更快地进行更换。

除了发动机支承外，在这个系统中为了快速对接，介质的供给设计也必须支持快速更换。对此，所有对接点在空间上应捆绑在一起，并使用快速接头（参见 3.1.5 小节）。

另外，为了轴的机械连接提供支座系统，该系统采用闩锁插头连接方式以代替螺钉连接的法兰。这类系统参见参考文献［Tectos］。

图 5.6　支柱之上为发动机支承，支柱安装在
交叉构件上，这也允许在基础底板
的横向方向上进行调节

5.4　轴

轴将内燃机的转矩传递给测功机，如果测功机是电机，可以反过来产生倒拖转矩，从轴传递给内燃机。在测功机上使用测量法兰来测量转矩，在发动机侧，轴通过适配器法兰连接，适配器法兰带轴的一周圆孔，发动机飞轮上有一周圆孔。如果由于特殊的测量任务而去掉发动机的飞轮，则必须使用曲轴法兰上的一周圆孔。适配器法兰必须动平衡。

为了补偿内燃机与测功机之间的距离，轴在小范围内在其长度方向是可以适配的。在设计方面，拉出能力一般是通过楔形或齿形轴来实现的，其中外部部分的轴的内部轮廓和内部部分的轴的外部轮廓，以闭锁的方式彼此抓紧，在纵向方向上具有自由的可移动性。轴通常与所属的联轴器预先装配，因此两侧可以用法兰连接（图 5.7）。联轴器可以包含弹性的阻尼元件，以及用于补偿小角度偏差的同步万向联轴器。尽管有机械方面的自由度，但是要避免明显的偏移或角度，所允许的尺寸值由轴的制造商来确定。通常，允许几毫米的偏移和允许的角度可达 1°。允许的角度和偏移量的规格也可以取决于所需的运行寿命。通常要说明短期所允许的过载。安装后要使用千分表和适当的量规或使用激光测量工具来检查准确的定位。轴的不精确安装不仅危及轴本身及其联轴器，而且还会损坏测功机和发动机的轴承。另外，为了保护轴承，带联轴器和法兰的轴的重量，还应与测功机和发动机的制造商的规格相匹配。在乘用车试验台架中，带有附件的普通轴的质量约为 20 ~ 30kg 数量级。

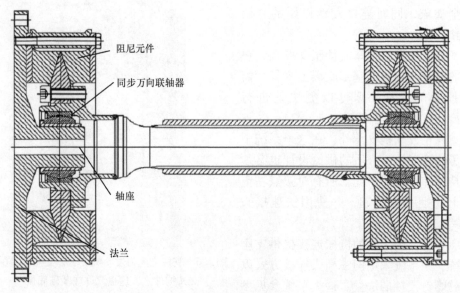

图 5.7 带联轴器的轴

轴的一个重要的选择准则是要传输的转矩。其中，不仅应注意最大的允许转矩，首先重要的是要关注明显更低的、持续的、允许的交变负荷。如果分别提供轴和联轴器，则必须检查所有部件的这些参数。

如果轴引导装置中的角度或者大的偏移是不可避免的，则相应地可根据［DIN 808］设计，此时很少使用轴的端部各自带有一个万向联轴器的轴。然而，明显的缺点是随着弯曲角度 α 的增加，万向联轴器的传递转速更加不均匀。如果 ω_2 是万向联轴器后的角速度，而 ω_1 是在万向联轴器前面的角速度，则两个角速度的比值在以下限值内周期性地变化

$$\cos\alpha \leqslant \frac{\omega_2}{\omega_1} \leqslant \frac{1}{\cos\alpha} \tag{5.7}$$

可以在［SeThScAu02］中找到带有推导的理论基础。仅当轴的两个万向联轴器都精确对准（相同的弯曲角度，中间轴的两个轴颈在一个平面上，以及驱动轴、中间轴和输出轴在一个平面上）才能补偿不均匀性。即使对两个万向联轴器进行完美的补偿，两个万向联轴器之间的轴也会不均匀地运行，因此它的质量应尽可

能小。

此外，带有内燃机和测功机的轴是一个容易振动的系统。太高的振动幅度会导致轴的疲劳或断裂，通常没有通过噪声预先报警。尽管有轴的保护，断轴时可能会导致财产损失和人身伤害，因此必须可靠地避免。轴可能出现两种类型的振动，即弯曲振动和转动振动（扭转振动）。内燃机（主要是柴油机）由于其转矩相当不均匀而容易激励有危险性的扭转振动；正确的安装（避免不平衡）和避免超速时，弯曲振动不太重要。

包含在弹性轴中的阻尼元件必须免受运行物质和化学品的侵害。此外，应该记住的是，在阻尼过程中动能会转化为热能，在此，必须遵守制造商关于允许温度或允许功率损耗的规范。硅树脂可以承受比橡胶更高的热负荷。

5.4.1　轴的扭振

在试验台架上，轴断裂是经常发生的现象，这必须要预料到。弯曲振动或一次性弯曲几乎从来不是原因，试验台架的轴几乎总是由于扭转而失效，扭转振动也会影响动态测量。应通过适当的选择或设计，来确保试验台架的轴和发动机曲轴的疲劳强度。在出现更大振幅的扭转振动的情况下，振幅及其出现的频度都会决定试验台架的轴是否失效。不能排除由于圆角或油孔导致的曲轴故障，尤其是在未经测试的样件型中。如果设计正好在共振频率中，则会出现不允许的高振幅。因此，重要的是能够计算共振频率。由于很难精确确定阻尼，因此估计出现的振幅仍然很困难。测量技术的方法不包括对共振危险的预测。

5.4.1.1　扭振的激励

内燃机主要是由其旋转的不均匀性而激发转动振动（扭转振动），其他的振动源头可能是在试验台架上与发动机一起运行的辅助单元，这些辅助单元不均匀地加载到发动机上。由电动执行器自身引起的转矩变化也会激励振动。发动机及其控制器的控制电路可能进入不稳定状态，特别是所采用的发动机控制器尚未达到量产化的数据状态时。此外，还有在发动机的实际运行中由于失火（不点火工作）而激励的振动。如果发动机在起动过程中不点火地旋转，则不正常压缩过程会影响转矩的变化。

最重要的原因是作用在活塞上的气体力，按照式（2.13），它以不均匀状态产生转矩传递到曲轴。图 5.8 为曲轴上的转矩变化过程，其变化过程可以根据发动机的运行状态（转速、燃烧过程）而变化。它与所产生的气体力的变化相似，但由于通过曲柄传动机构的不均匀传递，定性地看变化过程不是相同的（参见图 2.12 和 2.3.2 小节，在略低于 90°和略高于 270°曲轴转角时切向力最大，在 0°和 180°曲轴转角时为零）。在四个行程中，气缸的最大转矩每曲轴旋转两圈就会周期性地出现一次，在多个气缸中，这些转矩曲线叠加。

惯性力也作用在曲柄连杆机构上。根据方程式（2.14），它随速度的平方增

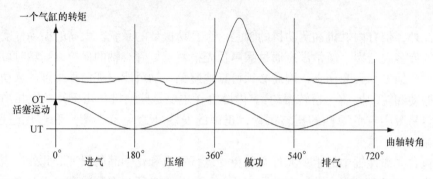

图5.8　一个气缸转矩产生的过程，UT：下止点，OT：上止点

加。在高速下，它不可忽略，但是在低速下又往往会引发共振。一阶惯性力以一个转数运行一个循环，即在二冲程发动机中，它的频率与气体力的基本频率相同，而二阶惯性力的频率为该频率的两倍。当曲轴上的杠杆臂为零（或在偏斜的情况下，即当曲轴稍微偏离气缸轴线的情况下几乎为零）时，一阶惯性力在上、下止点处达到最大值，[HafnMaas85] 中详细地显示了它对曲轴扭转的影响作用。惯性力不会导致频谱中出现附加的频率分量，但会通过叠加来增强现有的频谱分量。表2.1表明，在许多常见的气缸布置中，惯性力矢量叠加成零。但是，由于它们作用在曲轴上的不同位置，因此它们仍会产生弯矩。

转矩的变化过程与正弦曲线几乎不再有共同点，但仍然是周期性的。在计算方面，可以通过傅里叶分析将任意形状的信号（如果是周期性的）分解成不同频率的、加法叠加的纯正弦振动。除了周期为 4π（720°，曲轴旋转两圈）的基本振动外（这是在一个完整的正弦信号中唯一的振动），在信号失真的情况下会出现额外的振动，其频率刚好是基频的整数倍。这些称之为谐波。在很多情况下，如在本例中，也可以假设基波具有最高的振幅，而随着频率的增加，谐波的振幅变弱，所以在实际中，只考虑基波和有限数量的低频率谐波已经足够，尽管所有谐波的总数可以达到无穷大。除了每个频率分量的幅度外，信号的傅里叶分析还为每个频率分量提供了一个相位，但由于缺乏实用性，此处未予考虑。

从上述的考虑可以看出，通过一个气缸的基本振动的频率 f_1 与转速 n 成比例，即一台四冲程发动机，在每两圈时达到最大转矩

$$f_1 = \frac{\frac{n}{2}}{\min^{-1}}/60s \tag{5.8}$$

对于一台二冲程发动机，每一圈达到最大转矩

$$f_1 = \frac{n}{\min^{-1}}/60s \tag{5.9}$$

对于一台多缸发动机，该频率应该乘以气缸数

$$f_1 = \frac{Zn}{120s/\min}(四冲程)$$

$$f_1 = \frac{Zn}{60s/\min}(二冲程) \tag{5.10}$$

例如：一台四冲程 4 缸发动机，探究其在不同运行状态下的频率：

起动转速：300r/min，$f_1 = 10Hz$，谐波：$f_2 = 20Hz$，$f_3 = 30Hz$，等。

怠速：800r/min，$f_1 = 27Hz$，谐波：$f_2 = 54Hz$，$f_3 = 81Hz$，等。

最高转速：6000r/min，$f_1 = 200Hz$，谐波：$f_2 = 400Hz$，$f_3 = 600Hz$，等。

如果振动系统的共振频率约为 15Hz（一个实际值），则这种情况如图 5.9 所示。

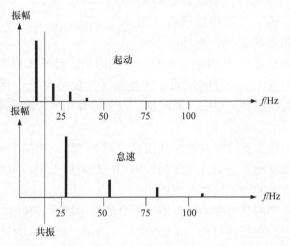

图 5.9　起动和怠速时的激励频谱。当发动机本身产生转矩时会出现较高的频谱，
但是在被动起动过程中，转矩会通过压缩进行调制。

在该示例中，可以发现两个问题，即起动的扭转振动的共振位于基波和下一个谐波之间，并且在转速升高期间基频必须通过共振区。这就要求通过共振区的快速穿透和通过阻尼来保护。在怠速或更高的转速运行时，共振并不重要。

只要发动机在起动时不自行点火，电机就会提供均匀的转矩，除了大型发动机通过气动起动外。但此力矩通过气缸中的压缩调制，该压缩在曲轴每旋转两圈时达到最大值，因而与点火运行中出现的频率相同，因为转矩曲线"更圆"，但频谱中的谐波更弱。

5.4.1.2　简单的计算模型

轴的扭转振动可以通过图 5.10 所示的模型来近似地计算。扭转角 $\theta(x, t)$ 叠加在轴的旋转上；旋转完全抗扭的轴时，沿轴的每个位置 x 以及在任何时间 t 处，扭转角准确地为 0。内燃机（主要是飞轮）、法兰、可能的带驱动的平衡轴，由发动机驱动的附件和发动机侧轴联轴器的振动质量，会增加发动机侧的惯性矩 J_M。

测功机、测量法兰（如果存在）和测功机侧联轴器的振动质量会增加测功机侧的惯性矩 J_B。由于发动机侧发动机的合成惯性矩和测功机侧测功机的惯性矩占主导地位，所以经常忽略法兰和离合器的惯性矩，这导致惯性矩被低估了大约10%。另一个近似是，两个惯性矩都与轴的起始端（$x = 0$）以及轴的末端（$x = 1$）有关，尽管不仅发动机的曲轴，而且测功机在 x 方向都有一个几何尺寸上的延伸，而这种延伸甚至可能大于轴的长度。尽管可以通过自阻尼、支承摩擦、随动的附件、测功机（空

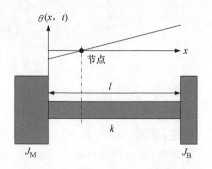

图 5.10 轴的扭转振动的简单模型

x—位置坐标 t—时间 $\theta(x, t)$—扭转角
l—长度 k—轴的扭转刚度
J_M—发动机侧的惯性矩 J_B—测功机侧的惯性矩

气摩擦、涡流或鼠笼式），以及通过联轴器中的阻尼元件来形成阻尼，但仍可以假设该系统是无阻尼的。由于轴的形状非常复杂（比较图5.7），因此在整个长度上具有恒定刚度的假设也是近似的。同时也可以忽略叠加的弯曲或弯曲振动对扭转振动的影响。

在试验台架上很少安装具有特别高惯量的附加飞轮以模拟车辆的惯量，而是根据安装位置，布置发动机侧惯性或测功机侧惯性的附加飞轮。如果附加飞轮的两侧都有轴，则这种简单的计算模型不再适用。

乍一看，有一个两自由度的扭振器，所合成的振动沿着轴的方向有一个振动节点，在这个节点上，在任何时间点 t 有 $\theta(x, t) = 0$。如果认为轴在该处固定，那么，在左侧将有一个旋转的单质量振动器，并且右侧也有一个旋转的单质量振动器。可以根据方程式（5.6）和图5.4，用类似于一个弹簧质量的线性振动来观察两个振动器。然而，由于有扭转角的持续变化过程及其沿 x 坐标的引导，所以两个振动质量以总的共振频率相互振动。无阻尼固有频率和谐振频率 f_0 为

$$f_0 = \frac{1}{2\pi} \sqrt{\frac{k}{J_\text{ges}}} \tag{5.11}$$

所合成的惯性矩

$$J_\text{ges} = \frac{J_M J_B}{J_M + J_B} \tag{5.12}$$

可以通过极限传递 $J_B \to \infty$，进而通过 $J_\text{ges} \to J_M$ 在数学上通过测功机对右侧的约束整合到方程中。

共振频率随着阻尼的增加而转移到较小的值。在这种情况下雷尔（Lehr）阻尼为

$$D = \frac{b}{2 \sqrt{k J_\text{ges}}} \tag{5.13}$$

式中　b——振动微分方程的阻尼项，这个值实际上是未知的。

在共振频率时，强迫振动的振幅最大

$$f_{max} = f_0 \sqrt{1 - 2D^2} \tag{5.14}$$

与以上考虑的线性发动机振动相反，这里也可能诱发短时激励引起的、在激励结束后持续的自由振动的情况。短暂的激励会引起连续的自由振动，其最大值会随着阻尼的减小而减小

$$f_{max} = f_0 \sqrt{1 - D^2} \tag{5.15}$$

5.4.1.3　刚度的计算

刚度 k 就是为了引起扭转角 θ 所需的力矩 M，即

$$k = \frac{M}{\theta} \tag{5.16}$$

通常情况下，轴的刚度由制造商给出，计算是多余的。如果没有给定，就需要自行进行计算。轴的刚度取决于材料（剪切模量 G）和几何尺寸（极惯性矩 I_P 和长度 l）

$$k = \frac{GI_P}{l} \tag{5.17}$$

剪切模量是材料常数，例如钢的 G 为 80GPa，铝的 G 为 26GPa。如果不知道剪切模量，可以由弹性模量 E 和横向收缩数 ν 来计算 [也称为横向伸长数或泊松比（泊松——Siméon Denis Poisson，1781—1840，在多个领域有贡献的法国物理学家和数学家）]

$$G = \frac{E}{2(1 + \nu)} \tag{5.18}$$

弹性模量和横向收缩数可以用许多公式集合 [Hütte12] 查找。对于许多金属，横向收缩数可以假定约为 1/3。

通常，极惯性矩是由轴的截面几何形状引起的

$$I_P = \int r^2 \mathrm{d}A \tag{5.19}$$

式中　r——集成的半径。

通常，轴有一个如图 5.11 所示的横截面，则

$$I_P = \frac{\pi}{32}(D^4 - d^4) \tag{5.20}$$

对于实心轴，取 $d = 0$。

到目前为止，假设截面不沿 x 坐标方向变化。另一方面，如果轴有不同的横截面几何尺寸，则刚度必须以分段的方式来计算，根据部分刚度 k_i 计算 n 段的总刚度

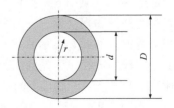

图 5.11　用于计算极惯性矩的轴截面中的几何参数

$$k = \cfrac{1}{\sum_{i=1}^{n} \cfrac{1}{k_i}} \tag{5.21}$$

从方程式可以看出，具有最小刚度的轴段主导着轴的整体刚度，而另外的刚性段（例如，集成到轴线上的用于转矩测量的测量法兰）几乎不会影响整体刚度。如果在 n 个轴段之间的几何形状不是突然变化，而是连续变化的，则轴段总和变为整数。

5.4.1.4　详细分析

更精确的分析要求不能将发动机视为一个单独的振动质量，而是将其作为耦合振动质量的系统（图 5.12）。部分振动质量作为圆柱形来计算，考虑到飞轮以及与飞轮相对的发动机侧可能的振动质量，必须计算曲轴中间部分的刚度。基于曲轴曲柄的结构，这里的刚度计算比具有圆形横截面的轴要复杂得多，对此，其公式由〔Carter28，Wilson35〕给出，这两个公式都基于式（5.21），其中插入了轴承轴颈、曲柄轴颈和曲拐的惯性矩。

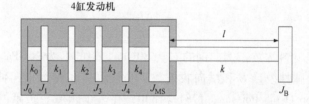

图 5.12　相对于图 5.10 扩展了的模型

k_i—曲轴轴段的扭转刚度　J_0—带附件的轴的剩余部分的惯性矩

J_i—各个气缸的惯性矩　J_{MS}—发动机飞轮的惯性矩

参照〔Carter28〕，扭转刚度为

$$k = \cfrac{G\pi}{32\left[\cfrac{l_j + 0.8\,l_w}{D_j^4 - d_j^4} + \cfrac{0.75\,l_c}{D_c^4 - d_c^4} + \cfrac{1.5r}{l_w\,W^3}\right]} \tag{5.22}$$

其中，左侧分母项与轴承轴颈（索引 j，表示 "journal"）有关，中间分母项与曲轴轴颈（索引 c，表示 "crank pin"）有关，而右侧分母项与曲柄轴颈与轴承轴颈之间的曲拐（索引 w，表示 "web"）有关。l 表示各段的长度。由于曲拐是镜像对称的，因此 l_w 表示曲拐的长度（不考虑其精确设计）。D 表示其外径，d 表示其中空段的内径。W 是曲拐的宽度，r 是曲轴轴颈的中心与轴承轴颈的中心之间的距离（图 5.13）。曲轴上的平衡重不会增加刚度。

参照〔Wilson35〕，扭转刚度为

$$k = \cfrac{G\pi}{32\left[\cfrac{l_j + 0.4D_j}{D_j^4 - d_j^4} + \cfrac{l_c + 0.4D_c}{D_c^4 - d_c^4} + \cfrac{r - 0.2(D_j + D_c)}{l_w\,W^3}\right]} \tag{5.23}$$

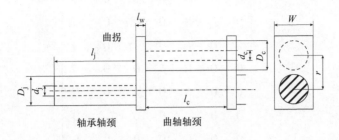

图 5.13　曲轴上的尺寸

虽然纯粹的惯性矩几何计算和对于非承载曲轴部分的刚度，必须提供清晰的计算结果，但是这两个公式在经验上考虑了以不同方式的形状变化的偏差，因此两个公式的结果也有一些不同。[Carter28] 的公式主要考虑船用曲轴，而 [Wilson35] 的公式可能更适用于乘用车曲轴。

在 [Nestro58] 中可以找到更精确的公式，有时此公式被称为前英国内燃机研究协会（B. I. C. E. R. A）公式。它甚至考虑了孔和中空的圆角，但是相对复杂。在原始版本中，它不是直接计算刚度，而是计算刚度相同的圆轴截面的虚拟长度。根据 [HafnMaas85]，计算结果仅与测量结果相差几个百分点。

耦合的多振动器系统不是通过易于求解的、一个振动的单一微分方程来描述的，而是通过微分方程系统的形式来描述

$$K\theta + D\dot{\theta} + J\ddot{\theta} = M \tag{5.24}$$

其中，矢量 θ 汇总了沿着曲轴和试验台架轴在旋转块的位置出现的所有扭转。K 是刚度矩阵，这是一个包含轴段刚度的三对角矩阵，在具体示例中

$$K = \begin{pmatrix} k_0 & -k_1 & 0 & 0 & 0 & 0 & 0 \\ -k_1 & k_0 + k_1 & -k_2 & 0 & 0 & 0 & 0 \\ 0 & -k_2 & k_1 + k_2 & -k_3 & 0 & 0 & 0 \\ 0 & 0 & -k_3 & k_2 + k_3 & -k_4 & 0 & 0 \\ 0 & 0 & 0 & -k_4 & k_3 + k_4 & -k_5 & 0 \\ 0 & 0 & 0 & 0 & -k_5 & k_4 + k & -k \\ 0 & 0 & 0 & 0 & 0 & -k & k \end{pmatrix} \tag{5.25}$$

D 是带有所有阻尼项的，对于计算共振频率可能可以忽略不计的阻尼矩阵。除了扭曲曲轴的内部阻尼之外，相对于在轴承中的静止环境而言，外部阻尼也相对较小，在曲轴的滑动轴承中，该阻尼取决于润滑剂的摩擦学特性。在背侧，曲轴上还存在带轮阻尼。J 是惯性矩阵或质量矩阵，其中所有惯性矩在主对角线上，在上述示例中

$$J = \begin{pmatrix} J_0 & 0 & 0 & 0 & 0 & 0 & 0 \\ 0 & J_1 & 0 & 0 & 0 & 0 & 0 \\ 0 & 0 & J_2 & 0 & 0 & 0 & 0 \\ 0 & 0 & 0 & J_3 & 0 & 0 & 0 \\ 0 & 0 & 0 & 0 & J_4 & 0 & 0 \\ 0 & 0 & 0 & 0 & 0 & J_{MS} & 0 \\ 0 & 0 & 0 & 0 & 0 & 0 & J_B \end{pmatrix} \qquad (5.26)$$

M 是所有激励转矩的矢量。如果不能模拟时域或频域范围内对激励的转矩的反应，而是在自由振动中计算出固有频率和振动形式，则可以采用齐次的微分方程系统，然后对于 M，则向右插入零矢量。该解不会给出单个共振频率，而是具有不同的、叠加的、可变固有频率的振动形式。处理这种微分方程系统对于手动求解来说太复杂了，通常使用一个软件，在软件中输入各个惯性、刚度以及（如果不是忽略不计）阻尼。然后，该软件以数值方式求解方程系统。有关更深一步的内容，推荐阅读参考文献［DreHol16］和［NeNeHo05］。

上述微分方程系统的直接解提供了 n 个扭转角 θ_i 作为时间的函数。原则上，可以通过时域中的各种激励来确定频域中的特性，即振动模式及其共振，但这很昂贵。

较早的迭代算法是 Holzer 方法［Holzer21］，它刚出现时还是在纸上完成的，后来才在数字计算机上实施。如今程序中经常使用的更现代的方法是传递矩阵的方法［Magnus16］。两种方法都不需要时域解。

［HafnMaas85］通过将扭转角添加为以下形式的复矢量来简化式（5.24）

$$\theta(t) = \hat{\theta} e^{j\omega t} \qquad (5.27)$$

用振幅 $\hat{\theta}$ 以及激励的力矩来表示。扭转角的前两个导数

$$\dot{\theta}(t) = j\omega\, \hat{\theta}\, e^{j\omega t} = j\omega\theta(t)$$

$$\ddot{\theta}(t) = j^2\, \omega^2\, \hat{\theta}\, e^{j\omega t} = -\omega^2\theta(t) \qquad (5.28)$$

如果使用正确的表达式来替代方程式（5.24）的导数，三个矩阵 K、D 和 J 可以组合成一个独立的系数矩阵 A，对于每个相关频率要求解的方程系统可简化为

$$A\hat{\theta} = \hat{M} \qquad (5.29)$$

所使用的软件可以是算法单独实现的，此外，它还有可能为商业或免费可供的多体仿真程序开发一个相应的模型。FEM 程序（有限元方法，Finite – Elemente – Methode）非常适合于强度研究，但对于与试验台架相关的振动分析而言则相当复杂。

软件支持的一个示例是在 FEV 虚拟发动机中包含的"曲柄概念方案分析"（Crank Concept Analysis），它不仅支持扭转振动和弯曲振动的分析，而且还支持抗疲劳的设计。上述方法已集成到多体仿真 Adams 的舒适的用户环境中。它根据几何数据和材料数据计算出曲轴的所有相关参数，即惯性、刚度（在 FEM 支持下）和阻尼，这些参数可用于进一步分析。由此可以建立一个模型，该模型与连接轴和

测功机一起进行仿真（图 5.14）。

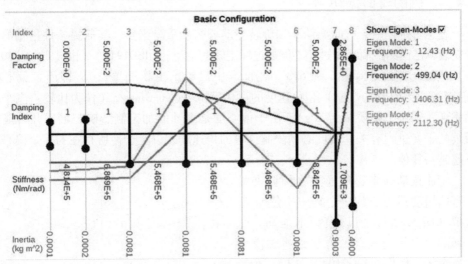

图 5.14　用虚拟发动机模拟的振动模式的示例。四个发动机气缸分配惯量 3 到 6，惯量 7 是
发动机飞轮，惯量 8 是测功机。惯量 1 和 2 是曲轴上未使用的轴的其余部分。例如，在该部分
上面可以布置一个阻尼器。在这种情况下，飞轮屏蔽了发动机的内部模式，然而，在发动机
飞轮和测功机之间存在一个固有频率为 12Hz 的模态

　　即使是本节中提出的复杂的模型，自身也可以进行物理学的简化，使得各个刚
度 k_i 和振动质量 J_i 被假定为空间上是集中的。实际上，系统不是离散的而是连续
的。因此，对于理论上精确的解，系统的每个极小部分都必须分配一个与长度相关
的刚度和惯性，作为在整个长度上位置坐标的连续函数。但是，从实际的角度来
看，这不是必需的。

　　除了曲轴轴颈之外，连杆和活塞也具有惯性。这里出现另一个问题：很明显，
曲柄轴颈、连杆和活塞的布置的几何形状取决于曲轴转角，因此，尽管它们通常被
视为恒定的平均值，但精确地观察的话，那么各自的 J_i 是曲轴转角的周期性的函
数。因此，从经验上可以看出，带活塞但不带试验台架的隔离曲轴的固有频率，会
有周期性地高达 ±1% 的波动［Wilson35］。尽管这样做的优点是可以长时间精确地
保持在固有频率上，从而防止引发共振灾难，但它也具有缺点：碰到几赫兹宽的固
有频率区，比一个单一的固有频率更容易。通过计算不同曲轴转角的惯性，然后求
解微分方程，可以通过这种计算方式解决该问题，使用仿真程序作为时间的函数来
计算，可以轻松实现仿真。

　　另一个简化方法是将所有零部件的未变形几何形状用于振动分析，尽管肯定会
出现轻微变形。已经在经验公式（5.22）和式（5.23）中对此进行了部分考虑。
原则上，可以使用 FEM 完全模拟动力学和变形之间的相互影响作用，但是需要大
量的计算时间。实际上，这没有什么意义。

5.4.2　轴的弯曲振动

在运行过程中，弯曲振动不如旋转振动那么严重。当然，其前提条件是轴的正确安装、已由制造商平衡过、不能超过标定转速运行。［ISO1940］（由［ISO21940 - 11］代替）建议平衡值 G 为 6.3（在标准中没有给出物理单位），即质量偏心度（忽略离心力引起的弯曲）和角速度的乘积不得超过 6.3mm/s（作为比较：汽车传动系通常假定平衡质量为 40g）。由于偏心度是由轴的加工制造确定的，并可能与后续的平衡过程有关，因此必须限制许可的角速度，以至于使所存在的残余偏心度不超越平衡值。

弯曲振动通常喜欢通过在两侧夹紧的弯曲振动器中心的一个集中质量 m 来模拟（图 5.15），但该模型不准确。而实际的，也是更复杂的方法是将轴模化为连续体。根据［ISO21940 - 12］，在考虑弹性特性的情况下进行不平衡计算。如果迫切需要处理弯曲振动，读者可以在参考文献［GaNoPf02］中找到更深层次的信息。

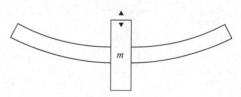

图 5.15　弯曲振动。假设质量集中在中心，这是一种最简单的弯曲模态，其前提是这里的支承允许在轴的端部与水平面之间有过分夸张的角度

5.4.3　轴护套

轴由轴护套覆盖，在轴护套打开时，安全电路应防止试验台架运行。轴护套主要防止轴的断裂所造成的损害。此外还要防止旋转轴的无意接触，但是，如图 5.16所示的轴与发动机之间，或者轴与测功机之间的旋转部件是可碰触的。例如，可以在此处适配器法兰。

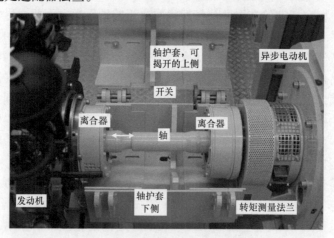

图 5.16　在打开的轴护套中带两个弹性联轴器元件的轴

5.5 测功机的支承

在无故障运行中，通常测功机几乎不产生惯性力，因此可放置在扭转刚性的过渡框架上作为支撑，该框架直接用螺栓连接到基础底板，并且通常由测功机制造商提供。过渡框架也可用来固定轴护套。

当测功机与发动机的原始排气系统在位置上发生干涉时，支承便出现了问题。在这种情况下，可以通过托架的调整使得测功机更高，然而，可能在发动机与测功机之间需要一个传动机构以补偿高度差。

如果要通过测功机的反转矩来测量轴上的转矩，则测功机的支承是可摆动的，即它必须能够围绕其自身的轴线旋转，因此只有支承可以拧紧，而测功机则不可以拧紧。然后，测功机只能通过带测量反转矩的测力传感器的杠杆臂来防止转动（第 6 章和第 7 章）。

5.6 传动机构

发动机在发动机试验台架上运行时无须车辆传动机构（变速器）。如果这是有要求的，例如为了研究发动机和传动机构之间的协调性，出于这样的目的，需要安装一个专用的驱动机构试验台架（参见第 4 章 4.1 节），在这个试验台架上，传动机构有选择性地由原有的发动机或一个模拟发动机的高动态的电机驱动。

然而，在有些情况下，在发动机试验台架上需要一个特殊的传动机构，如出现发动机的规格与测功机不匹配的情况。一个典型的例子是赛车发动机的试验研究，许多测功机不能覆盖其高转速。

由于传动机构大大扭曲了发动机输出的动态特性，因此，这只能是权宜之计，如果可能的话，应该试图获得合适的测功机。试验台架传动机构的另一个应用是：当必须使用原始的排气系统，并且测功机又出现在排气系统的布置位置上。在这种情况下，传动比为 1 的传动机构可以向侧面或向上产生偏移。

单级齿轮传动机构可以用作为试验台架传动机构，几乎不用链条传动机构或摩擦传动机构。

作为传动机构的替代方案，可以使用万向轴，因为它们的转矩传递的不均匀形式，也难以通过双万向联轴器来补偿，所以许多试验台架不考虑采用这种解决方案。

5.7 发动机离合器

在试验台架上，通常发动机运行是不带离合器的。特别是在低惯性和低摩擦的测功机的情况下，发动机的输出可以通过测功机的消耗是无转矩地切换，而不需要一个离合器。一些电力测功机能够实现转矩补偿，其在测量法兰上设定为 0 的转矩，从而还可以有效地补偿测功机自身的摩擦。如果脱开运行时这些近似特别是由于测功机的惯性不够充足的话，则可以考虑使用离合器。

此外，还可能有进一步的论据赞成使用离合器，最重要的原因是当发动机要像车辆中的结构那样与原始离合器一起进行测试时。因此，如果在尽可能接近现实条件下将离合器安装在发动机上，那么发动机试验台架也可以用作离合器试验台架。相比之下，为这个目的而专门设计建造的离合器试验台架［AlbOttMe12］，每个电力测功机不仅可以作为输入，而且也可以作为输出。

离合器可以抑制振动，但这也导致测量转矩的变形。如果离合器打滑，转速测量也可能不准确。有时，离合器也用于限制可通过离合器传递的转矩量中的转矩峰值。在试验台架上，可以预期会出现比行驶运行时更快的磨损。

第6章 测 功 机

如果在汽车上没有脱档或离合器没有分离，则发动机在行驶过程中会受到反转矩的作用。发动机的一些试验研究也可以在试验台架上无须任何负载地进行。通常需要与行驶驱动相似的载荷。

首先，观察施加在整个车辆上的力，随后再换算成作用在发动机上的力矩。行驶阻力 F_W 由摩擦阻力 F_R、爬坡阻力 F_H 和空气阻力 F_L 组成。车辆加速时的惯性力 F_T 也作用在同一方向，但惯性力通常分开来处理。首先，这些应该以力的形式给定，其作用方向与进行方向相反。车辆沿着坡度为 α 的斜坡向上行驶。摩擦阻力，很大程度上是滚动阻力，可由以下方程式所得

$$F_R = \mu mg \cdot \cos(\alpha) \tag{6.1}$$

式中　mg——重力；

　　　μ——摩擦系数，考虑到轮胎变形，通常大约是 0.02。

采用恒定的摩擦系数大大地简化了车轮与道路之间非常复杂的交变的影响作用。为了精确观察，则必须引入轮胎模型［Adamski14］，该模型考虑到车轮和轮胎的精确的尺寸、橡胶混合物和许多其他影响因素，首要的是曲线行驶时的倾斜角度。然而在实际中，对于考察动力总成以及发动机，采用恒定的摩擦系数已经足够。由于在非常高的速度下，与空气阻力相比，摩擦阻力所占的比例可以忽略，因此，可以通过考虑上升力或扰流作用力来代替对重力的校正。爬坡阻力

$$F_H = mg \cdot \sin(\alpha) \tag{6.2}$$

空气阻力

$$F_L = \frac{c_W A \rho v^2}{2} \tag{6.3}$$

式中　c_W——迎风阻力系数（通常也称作 c_W 值，即是众所周知的英语的升力系数，*drag coeffcient*，典型值约为 0.25）；

　　　A——车辆的横截面积；

　　　ρ——空气密度（在标准大气条件下约为 1.2kg/m^3）；

　　　v——车速。

因此，不加速行驶时的行驶阻力

$$F_W = mg[\mu\cos(\alpha) + \sin)\alpha)] + \frac{c_W A \rho v^2}{2} \tag{6.4}$$

该力可以转换成发动机上的一个转矩。如果是无滑动的、传递完整的力，则传动机构传递的力矩为行驶阻力 F_W 和车轮半径 r 的乘积。传动机构后的阻力曲线 $M(n)$ 如图 6.1 中的灰色部分所示，与阻力曲线 $F_W(v)$ 之间相差一个转换因子。考虑到传动比 $\ddot{u}$ 以及无需单独考虑动力总成的摩擦损失，则发动机所受的转矩 M

$$M = \frac{r}{\ddot{u}} F_W \tag{6.5}$$

该方程式与驱动轮的数量无关，虽然行驶阻力首先分散到所有车轮上，但是在动力总成中，它们的转矩再次叠加。这里不考虑可能的车轮打滑。车速可以用同样的方法换算成发动机的角速度 ω。

$$\omega = \frac{\ddot{u}}{r} v \tag{6.6}$$

那么发动机转速 n

$$n = \frac{\ddot{u}}{2\pi r} v \tag{6.7}$$

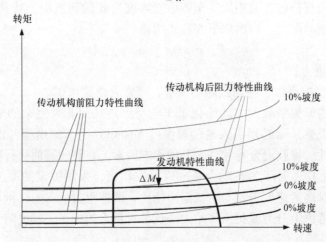

图 6.1　带有阻力特性曲线的发动机转速/转矩特性曲线，以及试验台架接口处的
转化的特性曲线，ΔM 是发动机的加速储备

图 6.1 中的黑色部分展示的，由式（6.5）算出的阻力矩 M 必须通过测功机来模拟。发动机特性曲线与阻力特性曲线之间的转矩差值 ΔM 用来加速。

除了图 6.1 所示的、由式（6.5）转化的阻力特性曲线外，在汽车技术中，通常采用图 6.2 的形式来描述。图中阻力特性曲线不是通过传动机构传递到发动机上的阻力特性曲线，相反是从发动机特性曲线 $M = f(n)$，依据方程式

$$F_{Antrieb} = \frac{\ddot{u}}{r} M \tag{6.8}$$

转化成传动机构后的驱动力 $F_{Antrieb}$。这种描述是等价的，主要是在车辆动力总成设计方面很有帮助。从中可以明白：传动机构是如何将发动机的转矩"带到道路上"。例如，考察 10% 坡度时的阻力曲线，可以知道，在直接档（传动比为 1，在大多数的变速器上是四档或五档）车辆无法克服坡度，只有通过大于 1 的传动比才能提供加速余量 ΔF。在无级变速器中（机械或在量产的混合动力中），传动比可以顺着功率双曲线连续调整和优化。

　　由于这里感兴趣的不是在实际车辆中发动机运行，而是在试验台架上，有意义的是：负荷特性曲线像在图 6.1 中那样传递到发动机法兰上，因为发动机法兰盘是样件与试验台架之间的接口。

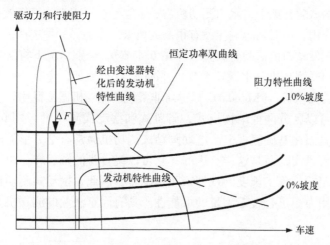

图 6.2　含有阻力特性曲线的发动机转速/转矩特性曲线以及转化到驱动轮上的发动机特性曲线。ΔF 是车辆加速余量

　　已有不同的技术来产生负载力矩。最古老的达到该目标的设备是普罗尼（盖斯帕·德·普罗尼，Gaspard de Prony，1766—1839，法国工程师，他发明了普罗尼测功机）的测功机（图 6.3），一根借助于对置的、大多是水冷式的木钳口压在轴上的载荷杠杆。除了重量以外，压力还使转矩

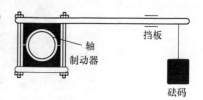

图 6.3　普罗尼测功机

"微调"成为可能。普罗尼测功机很难投入使用，只是依然有着历史意义。

　　一种显而易见的想法是使用类似于车辆上鼓式或盘式制动器的摩擦制动器。然而，制动力矩的准确计量是很难的，并且在车辆上常用的尺寸规格的摩擦制动器，在试验台架条件下会迅速发热和毁坏。自然也有一些例外，如爱好者们使用的乘用车制动器作为最小型发动机的测功机。主要针对大转矩、低转速的工业用途（例如大型的包装机械）将会由汽车行业里不出名的企业，像伊顿（Eaton）来生产水冷摩擦制动器。少数情况下可能会成为某个企业的试验台架专门设备。

　　在19世纪，威廉·弗劳德（William Froude，1819—1879，英国工程师，为流体动力学做出了重大的贡献）为了给船用动力加上负载而开发了水力测功机。这种测功机后来适用于船用功力、蒸汽机车以及内燃机的试验台架。由于水力测功机相对而言比较迟滞，后来引进了电涡流测功机（详见本章6.2节）。但是由于水力测功机具有高功率密度的突出优势，而没有被完全取代。随着电力电子技术的进步，多数用户也能买得起具有非常好的可调节性、高动态的电力测功机（本章6.3节）。此外，这种电力测功机不仅可以用作测功机，而且也可以当驱动装置使用。如今电力测功机在乘用车试验台架上得到了最广泛的应用。在无法利用电力测功机优势的试验台架上，仍然安装电涡流测功机和水力测功机作为更具成本效益的替代方案。在大型发动机的试验台架上，水力测功机占据主导地位，因为这里仍然是高不可攀的功率密度发挥作用，但对动态响应没有很高的要求。作为另一种选择，磁滞测功机广泛应用于最小型发动机的试验台架上（本章6.4节）。个别情况下将两种不同的测功机组合成一个串联测功机（本章6.5节）。除了这些类型外，还有一些原理性的，而没有实践意义的测功机，[Killedar12]也对非常规的测功机做了概述。

　　此外，还可以区分两种结构形式，脚踏式和摆动式测功机（图6.4）。脚踏式测功机用螺栓紧固在基础底板上。电动脚踏式测功机通常有个方形的外壳。摆动式测功机不用螺栓紧固，而是这样支承的：它可以绕自身的轴旋转。由于只能通过测力传感器上固定的、确定长度的杠杆来防止旋转，因此，摆动式测功机提供了使用测功机的反作用力矩进行转矩测量的可能性。具有固定法兰的测功机是一种罕见的特殊形式。

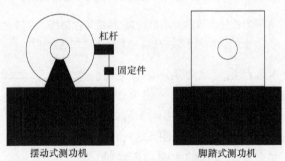

图6.4　测功机的结构形式

6.1　水力测功机

6.1.1　原理

　　力传递的一个长期以来广为熟知的原理是流体动力传递（图6.5）。一个泵驱动流体（油或者水）运动，流体在别处驱动涡轮机。泵将驱动轴上的功率转换为液力功率，涡轮机将液力功率转换回其轴上的机械功率。

首先，当把泵和涡轮机作为无损耗的转换器时，有

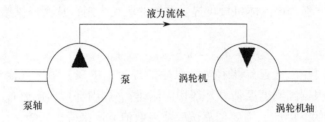

图 6.5 理想的流体动力传递

$$M_{an}\omega_{an} = \Delta p \dot{V} = M_{ab}\omega_{ab} \tag{6.9}$$

液力功率是压力差 Δp 和体积流量 $\dot{V}$ 的乘积。假设泵前面的流体处于环境压力下，则 Δp 是比环境压力高的部分。而在泵轴和涡轮机轴上的功率就是转矩 M 和角速度 ω 的乘积。泵和涡轮机可以通过管道彼此连接，但是也可以将泵和涡轮机安装在共用的壳体中。这种液力传动机构在诸如柴油机机车中应用，并且与连接自动变速器变矩器的结构设计相似 ［LechNaun07］。

当涡轮机叶轮是不可旋转的，而是如图 6.6 所示那样固定时，这种布置会发生什么？ω_{ab} 为 0，因此输出功率也是 0。如果维持无损耗的转换器的假设，那么泵上的功率也为 0，这样的测功机将不适用于试验台架。

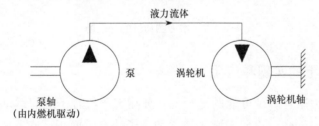

图 6.6 水力测功机原理：带有固定涡轮轴的流体动力传递

事实上，具有固定涡轮机的液力传动机构不会以这种方式制动。为了理解这种布置的真实行为，必须放弃无损耗转换器的假设。在这种情况下，泵（以下称为转子）不是将整个轴功率传递给流体，而是将一部分转换为在流体边界层处的热量。此外，流体不能将其剩余的液力功率输送到下游的涡轮机（以下称为定子），因此液力功率也同样地转换成热量。物理上已经观测到转子与流体之间以及流体与定子之间有巨大的摩擦力。将驱动功率转换为热量正是试验台架上测功机的任务。因此，该布置适合作为试验台架上的测功机，进一步的实际应用是用于商用车和柴油机轨道车辆的缓速器 ［LechNaun07］。虽然缓速器主要使用润滑油作为流体，但试验台架的测功机上则注入了水，因此称之为水力测功机。与试验台架上的测功机

相比，缓速器使用封闭的润滑油或水回路。

欧拉的泵方程或者泵的基本方程不仅可由能量守恒方程推导得到，而且也可以从角动量方程推导得到，反过来也适用于涡轮机，因此，也被广泛地称之为流动机械的欧拉基本方程。该流体机械可提供泵侧的驱动力矩，从而提供给内燃机以负载力矩

$$M_{an} = \dot{m}(r_2 c_{u2} - r_1 c_{u1}) \tag{6.10}$$

当给出结构并由此已知半径 r_2（泵轮的外径，出口）和 r_1（泵轮的内径，入口）时，可以根据圆周速度估算外部切向流速 c_{u2} 和内部切向流速 c_{u1}。精确的质量流量 $\dot{m}$ 是未知的。因此，需要依靠试验或者数值方法来确定转矩。

转速与转矩之间的二次相关性如图6.7a所示。对于功率而言则是三次相关性。图6.7显示了水力测功机的特性场。右边特性场（图6.7b）中的功率是由左边特性场（图6.7a）中的转矩和转速的乘积得到的，这两种表达是等效的。

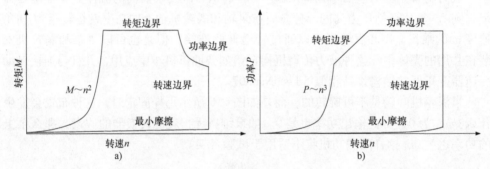

图6.7　水力测功机的特性场

6.1.2　技术上的实现和应用

调节制动力矩有两种可能的途径：一种在定子与转子之间运动的覆盖层（俗称闸门，Sluice Gate），以此来减小转子和定子的有效面积，或者调节在装置中的水的流量。因为闸门的移动非常缓慢，在许多测功机上通过手轮来实现，所以现在常见的是对填充水流量的调节。

图6.7a所示的抛物线 $M \sim n^2$ 适用于具有最大填充量的测功机。通过部分填充（或者通过闸门部分地覆盖），几乎可以控制每个转矩都在抛物线以下。如图6.8所示，在部分填充时，由于离心力作用，水处于涡轮机的外部区域中。在非常小的转速下，离心力不再足以维持该水环直立，转子从水坑里像斗轮一样运转时，测功机的特性发生变化，在图6.7中不考虑这种影响。

如上所述，几乎所有的转矩都可以控制在抛物线之下。但是由于机械摩擦和空气摩擦，所以还存在一个不可超过的下边界。这个摩擦曲线可以近似地通过上升的直线来表示，该直线不会完全精确地穿过原点，因为在静态也存在摩擦。更高阶的

幂指数部分没有显示，主要是二阶分量，以及克服起动摩擦。许多制造商规定了水的最小填充量。在这种情况下，图6.7a的下限曲线同样也是抛物线。

其他的限制是最大允许转矩、最大允许转速和最大允许功率。超过最大转矩或最大转速可能会直接导致机械损坏。功率限制旨在避免测功机过热，因为通常情况下给出了持续功率，在这个持续功率下设置稳定状态时的最大允许温度。更精确地考察，这还取决于水温、环境温度和过载的持续时间，短时间超过允许的损失功率，不会必然会导致过热。随温度增加的另一个运行风险是由于

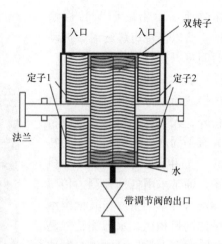

图6.8 具有两个水室的水力测功机结构

局部负压而形成的气泡，气泡破裂会产生冲击波，冲击波会侵蚀材料（气蚀）。制造商可以酌情确定功率限制，还可以精确地将上述影响因素作为功率限制的函数。

对于可控水量的测功机，入口的上方保持恒定，而底部出口通过一个阀门进行控制。该出口具有大的横截面，使得当阀门完全打开时，测功机可以快速地、无转矩地切换。一些测功机也通过入口进行控制。更老的测功机有时通过开放的喇叭口，用手动操作"水龙头"来控制。具有恒定排水的入口调节测功机避免了下部区域的积水。用自来水运行具有有效散热的优点，可以实现这些测功机的高的功率密度，但对耐蚀性要求较高。使用时必须遵守制造商对允许的入口压力、最小水流量和清洁度的说明，可能还需要一个减压器、一个除垢系统和一个预过滤器。如果停机时间较长，则应遵守制造商建议的腐蚀防护措施，对于具有开放式进水口的测功机，腐蚀防护可以完全排水，并且还可以填充与废水相容的保护性添加剂。在高负荷下，排水温度最高可以比新鲜水温度高出约40℃，在运行过程中，必须遵守制造商的温度规格，并在必要时进行监控。

制动装置典型的设计是成对的，包含内部旋转的双转子和位于端部的两个定子盘，其结构等同于或类似于转子盘。图6.9所示的制动盘是通过叶片的不对称倾斜，在给定的旋转方向（发动机的旋转方向，参见2.3.2小节）优化这种制动装置。此外，由于是直的叶片，制动装置在两个旋转方向上的特性是相同的。对于可逆转式大型发动机，制动装置必须是双向的。对于极高转速的热机（例如燃气轮机），还提供了具有光滑的、无叶片制动盘的双向制动装置，其中水中的剪切力对于功率转换是决定性的。

水力测功机适用的功率从小型发动机的千瓦级范围开始，直到船用柴油机的兆瓦级范围。对于高转速机械（赛车发动机、电动机、燃气轮机），它可以提供特殊的类型。价格和功率密度是它的主要优点。它的缺点是当通过填充量来调节制动力

矩时所显示出的调节特性惰性。所以在转矩跳转时，波动时间可以持续几秒钟。

表6.1列出了水力测功机的供应商。除了量产可供的规格外，大多数供应商也可以将具有不同规格的测功机作为特殊产品生产。在水力测功机中，通常采用杠杆和测力传感器进行转矩测量。与其他类型的测功机相比，水力测功机高的功率令人震惊。在许多制造商那里，随着功率的提高，最大转速会下降。制造商通常还提供附件，特别是控制单元。

图6.9 带优选逆时针方向相关的转子的小型水力测功机定子制动盘

表6.1 一些水力测功机的供应商。也考虑其他测功机，这些测功机主要是用于燃气轮机。部分非圆整值是考虑到在欧洲大陆以外通常以 **HP** 而不是 **kW** 来表示功率

名称	网址	系列	功率/kW	最高转速/(r/min)
AVL	www. avl. com	Omega	550 ~ 12000	1500 ~ 7000
		DynoSpecial	14500 ~ 140000	150 ~ 800
Froude	froudedyno. com	(R) F	750 ~ 29840	2000 ~ 16000
		HS	900 ~ 56000	6500 ~ 30000
		LS	8950 ~ 75000	130 ~ 650
Fuchino	www. fuchino. co. jp	CF	300 ~ 59000	240 ~ 8000
		CFT	1600 ~ 74000	4000 ~ 25000
		CFW	75000 ~ 150000	200 ~ 240
Horiba	www. horiba. com	DT	700 ~ 4500	2700 ~ 7500
Kahn	www. kahn. com	100	51 ~ 58840	4500 ~ 15000
		300	1985 ~ 19850	1600 ~ 4000
Powertest	http：//www. pwrtst. com	H 36	1194 ~ 7457	2500
		X	373 ~ 3344	2500 ~ 6000
		Z	373	0 ~ 6000
Piper	www. piper – ltd. co. uk	P2400	750	2500
SAJ	www. sajdyno. com	AWM	44. 1 ~ 1470	2750 ~ 10000
		SH	300 ~ 6700	2500 ~ 10500

（续）

名称	网址	系列	功率/kW	最高转速/（r/min）
Superflow	www.superflow.com		1119	15000
Taylor	www.taylordyno.com	DH	201～600	4500～5500
		DL	410～7457	1800～2550
		DS	1584～3169	4000
		DX	186～2237	4000/6000
		M2	37	6000

除了固定的水力测功机外，还有一些移动式水力测功机，它们在车辆中由法兰连接或由车辆牵引。这些设备特别适合放置在比较接近动力总成的地方，例如在农用机械的输出轴上。

静液力测功机是一种奇特的变体。这些测功机与带有油液活塞泵的流体动力学水力测功机的工作方式不同，活塞泵针对一个可变的背压工作。这些制动器没有什么实际意义。它们很难在市场上买到，但可以用液力部件自行构建。尽管它们的重要性不大，但它们的原理值得一提。

同时，另一种类似的奇特变型是油压测功机，例如由力控（Force Control）公司所提供的测功机。这些测功机由多盘离合器所组成，其中薄片组件的一部分与轴一起旋转，一部分固定。通过薄片的挤压来调节制动。油管的布置使得油液离心地通过薄板对向外挤压，并在那里释放热量。油压测功机适用于转矩高、转速小的特殊应用场合。

6.2 电涡流测功机

相对于磁体运动或变化的磁场导致电荷载体在金属盘中的运动，从而导致通过感应电压产生电流。由于该电流在载体内形成闭合的回路，所以称之为电涡流。像任何电流一样，它会引起电阻损失，因此，间接的动能（磁盘的旋转）转换为热量，这个过程由测功机来完成。首先，理论上应考虑两种情况：旋转磁盘和可变磁场，然后讨论测功机的技术上的实现。

6.2.1 原理：旋转磁盘中的电涡流

通过磁盘的旋转形成的电涡流可以用图6.10来解释。磁盘的旋转导致磁盘上的位置以垂直于磁场 B 的圆周速度 v 通过磁场运动。

$$F = qvB \qquad (6.11)$$

此时，一定量的径向力（向外或向内）施加在该处存在的电子上，式（6.11）。如图6.10所示，通过场方向和旋转方向可知该力指向外部，就像借助于物理学的右手规则（考虑到电子的负电荷）所描述的那样。式（6.11）中 q 是一个电子的电荷，其值为 $1.602 \cdot 10^{-19}$ As，B 为磁通密度。如图 6.10a 所示，在给定的旋转方向上，力作用在电子上，并使电子向外加速。电子技术定义了电流方向与电子的物理运动方向相反，因此，电流在磁场内部的流动是从外部流到内部。在磁场外，电流回路闭合，因此构成电涡流，如图 6.10b 所示。由于磁盘的阻力，这里通过这个电涡流可以有意识地产生能量损耗。

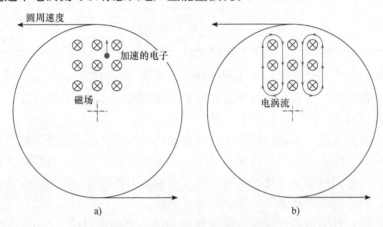

图 6.10 在一个旋转的磁盘上产生电涡流。交叉的圆圈表示穿过图平面的磁力线

从方程式（6.11）可以推断出，除了作用在电子上的力之外，还有由此产生的电场和感应电压，与圆周速度 v 成比例，也与角速度 ω 成比例。损失功率 P 与感应电压的平方成比例，因此与转速的平方成比例。根据式（6.12）

$$M = \frac{P}{\omega} = \frac{P}{2\pi n} \tag{6.12}$$

可知，转矩不是二次方增长，而是仅与转速 n 线性相关。

6.2.2 原理：可变磁场导致的电涡流

图 6.11 所示是由可变磁场形成的电涡流。由于感应定律，直线上升的磁场产生电场，该电场周期性地围绕磁力线。电场又产生沿着电场线的电流。这又是电涡流，然而与图 6.10 相反的是，它完全环绕磁场线。

感应定律可以写成如下通用形式

$$\oint E \mathrm{d}s = \dot{\Phi} \tag{6.13}$$

左边圆积分描述了图 6.11a 所示的效应，即感应电压作为闭合的环绕电场 E 沿着无穷小的距离段 ds 的效应。另一方面，方程式的右侧显示了原因，即磁通量 $\dot{\Phi}$ 的变化。磁通量在均匀分布的磁通密度中通过面积 A 定义为

$$\Phi = AB \tag{6.14}$$

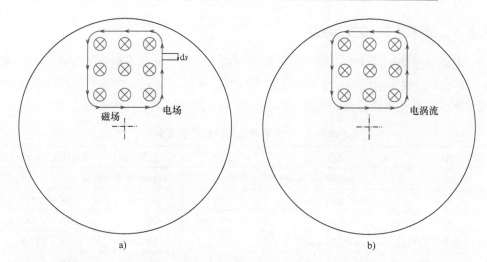

图 6.11　通过时间上变化的磁场形成的电涡流。交叉的圆圈表示磁力线，垂直指向磁盘里面。
　　　　由于磁场是可变的，这是一个瞬间的图像，半个周期后，磁力线垂直指向磁盘外部

在表面上磁通密度分布不均匀的情况下，计算表面上磁通密度的积分而取代简单的相乘，但这里并不是必须的。

因此，感应定律针对恒定表面的可变磁场的特殊情况有

$$\oint E\mathrm{d}s = A\dot{B} \tag{6.15}$$

根据罗茨规则，环形场的方向是如此确定的：使得所产生的电流（图 6.11b）抵消原始磁场的变化。

方程式（6.15）表明，感应电压与磁通密度的变化成比例。因此，就像旋转的磁盘一样，功率与通量密度变化的平方成比例（图 6.12）。

图 6.12 所示为电涡流测功机的特性场。右边的特性场（图 6.12b）中的功率是由左边的特性场（图 6.12a）中转矩和转速的乘积得到的，这两种表达方式是等效的。

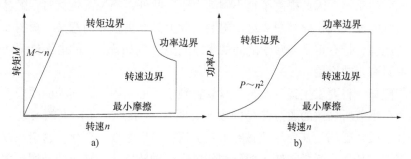

图 6.12　电涡流测功机特性场

6.2.3 技术上的实现和应用

电涡流最简单的实现可能性是直接通过两个磁极之间的导电盘的旋转，来实现 6.2.1 小节中的理论原理。由于空气是不良的热导体，所以，在通常的功率和结构尺寸下该磁盘将迅速过热和翘曲。因此只有几种测功机是这样构建的（表 6.2）。

表 6.2 一些电涡流测功机的供应商

名称	网址	系列	功率/kW	最高转速/(r/min)
A&D	www. aanddtech. com	与 API 的 FR 系列相同		
API	www. api – com. it	FR	5~3200	2500~15000
AVL	www. avl. com	DynoPerform	20~500	8000~17000
D2T（被 FEV 收购）	www. fev. com	DE	80~900	4000~12000
Fuchino	www. fuchino. co. jp	ESF（H/HA）	22~3000	2000~10000
Horiba	www. horiba. com	WT	190~470	4000~10000
Meiden	www. meidensha. co. jp	EWD	220~1000	9000~13000
		TWD	55~750	4000~11000
SAJ	www. sajdyno. com	SE	5~720	3750~14000
Sierra CP Engineering	www. sierrainstruments. com	与 API 的 FR 系列相同		
Taylor	www. taylordyno. com	DE	20~720	3500~14000
Weka	www. weka – motorenpruefstaende. de	MT（风冷）	7.5~275	3500~6000

一个相近的解决方案是让磁盘在水中而不是在空气中旋转。为了足够的水流量，定子与转子之间需要留有间隙，这对于磁回路的设计而言不是优化的。随着磁场的减弱，制动效果也将减弱。幸运的是，实际上这种弱化很小。由于水的摩擦大于在空气中的摩擦，因此提高了最小制动力矩。此外，当冲洗磁盘时，磁盘的寿命不应该因为腐蚀或沉积而缩短，这个限制实际上具有更重要的意义。根据 6.2.1 小节给出的原理，带有定子与转子之间的水冷间隙（例如 SAJ）的电涡流测功机已经实现，但只有少数应用。

为了冷却，将要发生损耗的金属盘放置到定子中。因此，其功能原理仍然只是根据 6.2.2 小节所描述的通过磁场的改变。图 6.13 展现了实际上的实现。齿形转子周期性地破坏磁场，从而导致磁路中磁通密度发生必要的变化。这会在损耗板中产生电涡流损耗，损耗板在转子两侧的环中围绕轴放置，在转子的外侧是用于散热的、水可渗透的同轴圆环（图 6.14）。

原则上，电涡流测功机本身没有优选的旋转方向，但是根据制造商的说明要检查是否所有的辅助装置，例如冷却设备没有方向限制。通常，测功机必须在 1s 内要对转矩需求做出反应，然而，通过剩余磁力，转矩变化的应对可能需要持续几秒钟。

冷却的中断将非常迅速地导致损耗板的膨胀或翘曲。由于狭窄的空气间隙，这将导致其与转子的碰撞。因此，测功机必须监控水流，在冷却中断时立即切断线圈电流。只监测水的填充状态是不够的，因为静止的水也不会充分地散发热量。与水力测功机类似，它由自来水网供水。此外，也应注意水不能太硬（钙质），且不允许含腐蚀性物质。应偶尔进行检查，如有必要则更换损耗板（典型的乘用车用测功机的损耗板单价约为 1000 欧元），这可以防止由于冷却不足造成的整体损坏。频繁的快速负载变化会导致冷却板上的温度频繁波动。

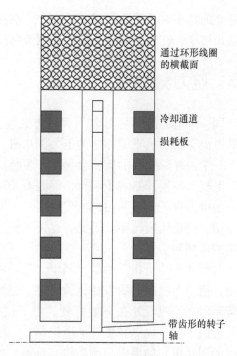

图 6.13　通过带有定子中损耗板的电涡流测功机的半横截面。空气间隙夸张地显示，如果按照实际比例来显示就不可辨识了

图 6.14　具有附加通道的电涡流测功机损耗板的片段

表 6.2 列出了电涡流测功机的供应商。在许多制造商那里，最大转速也随着功率的提高而降低。已经解释了水冷却的目的，所以由于更低的功率密度，风冷电涡流测功机只是少数。然而，风冷电涡流测功机成本更加合适，操作更加简便，因为它不需要供水。由于风冷电涡流测功机冷却能力较弱，所以对功率要非常谨慎地进行细分，根据供应商的说明可以短时间超限。测功机通常只配备有一个转子，而用

于更高的功率时转子数可以高达四个。然而，具有多个转子的测功机用一个控制装置就足够了，在其内部含有单独的调节回路和监控回路。

6.3 电力测功机

同一个电力测功机可以用两种方式使用，即作为发电机，也作为电动机（上述的电涡流测功机不能称之为电力测功机，尽管它也是以电工作的）。

一个由外部强制的旋转会导致产生感应电压，此时测功机作为发电机工作。如果发电机不使用开路端子运行，而是具有一定欧姆电阻的连接负载（或模拟欧姆电阻的电力电子设备），则会产生电流。机械驱动的测功机会产生一个与随着电流不断增大的反作用转矩。因此，也可以使用电力测功机作为类似于水力或电涡流测功机的可调测功机。

与前述测功机相反的是，当电力测功机被施加电压时也可以反过来作为电动机使用，拖动内燃机。所以在试验台架上也可以用推力方式运行，就像车辆挂档缓慢滑行到停车，或者处在下坡行驶。由于这些优点和更好的可调节性，尽管成本更高，但由于这个优点和更好的可控制性，电力测功机已经成为发动机试验台架上最常用的测功机。如果电力测功机允许两个旋转方向，则在转速/转矩图中可以在所有四个象限中运行（四象限运行），具体见表6.3。

表 6.3 测功机的四个运行象限

转速	转矩	测功机的运行模式
正	正	发动机驱动
正	负	制动/发电机驱动
负	正	制动/发电机倒拖
负	负	发动机倒拖

发动机试验台架上测功机的负载比许多工业驱动装置更不规则。电力测功机的制造商根据［IEC60034-1］规定了额定工作模式S1～S10。最低要求，即稳定持续运行（S1）可以作为试验台架的例外情况，最常见的运行模式一般为S5（周期性的断续运行）和S8（不间断的周期性运行，负载和转速随起动过程和电力制动的影响而变化）。如果测功机作为试验台架的一部分来购置，试验台架的供应商将选择相匹配的运行模式。如果测功机单独采购，则必须根据任务和试验台架的运行模式，来确定相匹配的额定运行模式。

图6.15显示了电力测功机的类型。长期以来，常见的只有直流测功机，因为使用三相电流运行需要昂贵且不可靠的变换器，来提供具有可变频率和幅值的三相电压，尽管三相测功机本身更加鲁棒，且价格比直流测功机更合适。由于电力电子技术的进步，这些变换器如今是可靠的且价格合适，三相测功机与变换器装在一起

的几乎不比直流测功机更贵。由于在 6.3.3 小节中讨论的其他优点，因此，现在三相测功机是标准的解决方案。在大多数情况下使用异步测功机，但是最近也越来越多地使用同步测功机。

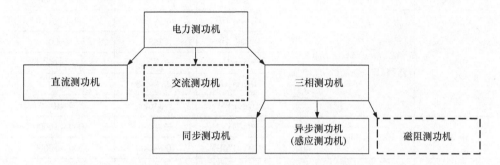

图 6.15 电力测功机的系统图。单相交流测功机和磁阻测功机
对于试验台架而言没有实际意义

电力测功机内部的温度很容易超过 100℃，因此，对于更大的电力测功机，通过通风槽和在壳体中同步旋转的叶轮实现自身冷却是不够的。测功机的冷却通常通过辅助鼓风机来进行。在声学试验台架上，为了降噪，也可以采用水冷却电力测功机。冷却必须在间歇运行模式下运行，并遵循制造商的规定，而且在测功机停止后必须继续冷却（表 6.4）。

表 6.4 电力测功机的一些供应商。他们所提供的测功机通常从其他制造商（例如 Oswald、Schorch 或 ELIN）那里购买。应该注意的是，满转矩可提供的额定转速可能会明显低于最大转速。发动机功率通常略低于测功机功率。此外，必要时可以根据客户要求提供其他规格

名称	网址	系列	功率（制动运行）/kW	最高转速/（r/min）
A&D	www. aanddtech. com	ADT	150 ~ 600	6000 ~ 15000
AVL	www. avl. com	DynoExact	100 ~ 1000	3500 ~ 22000
		DynoForce	按用户要求	按用户要求
		DynoSpirit	170 ~ 700	6000 ~ 10000
		DynoUltra	按用户要求	按用户要求
Dasym	http：//www. dasym. de	H	64 ~ 470	9000 ~ 15000
		L	235 ~ 1180	3500 ~ 5005
		M	265 ~ 580	8074 ~ 9000
D2T（被 FEV 收购）	www. fev. com	MDA	160 ~ 630	4500 ~ 10000
		MDC	280 ~ 800	3500 ~ 4000
FEV	www. fev. com	Dynacraft	66 ~ 700	4500 ~ 10000[①]

（续）

名称	网址	系列	功率（制动运行）/kW	最高转速/（r/min）
Froude	froudedno. com	AC	140 ~ 690	3500 ~ 10000
Horiba	www. horiba. com（新型 HP – 测功机功率更高）	Dynas₃ HD	460 ~ 800	4500 ~ 5010
		Dynas₃ HP	265	10000
		Dynas₃ HT	250 ~ 460	8000 ~ 10000[①]
		Dynas₃ LI	145 ~ 460	10000
		Dynas PM	346	8010
Meiden	www. meidensha. co. jp	FCDY	55 ~ 450	5000 ~ 10000
		PCDY/PMDY	100 ~ 500	3000 ~ 10000
Taylor	www. taylordyno. com	DA	12 ~ 746	3000 ~ 11000

① 原表格中数据错误。

6.3.1　直流测功机

　　直流测功机的原理如图 6.16 所示。它至少有两个（通常为四个或更多）产生磁场的电磁体分布在圆周上。圆周上缠绕着线圈的转子（电枢）置于该磁场中。为了简单起见，在图 6.16 中仅画出了一个转子绕组。电枢电流 I_A 流向顶部的观察者，相同的电流从底部的观察者离开。力 F 施加在每个导体上，转矩作用在转子

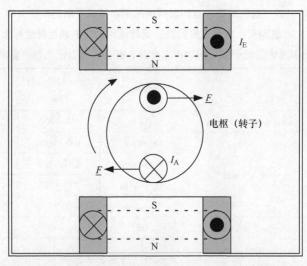

图 6.16　直流测功机原理（简化）。借助于激励电流 I_E，电磁体产生磁场，转子在其中旋转。展现了有电枢电流 I_A 通过的转子的两个导体（在图的上方，电流方向是从图中出来，在图的下方，电流流入图面层）。原理图中未考虑换向极和补偿绕组

上，使其运动。大型电力测功机在所显示的极之间有附加的换向极，这些均未在图
6.16 中显示。同样，极上的补偿绕组也未示出，补偿绕组补偿由电枢电流引起的
磁场失真。

对于连续旋转，力矢量必须总是指向相同的方向。这就要求：在转子和绕组经
历半圈后，在上方，电流必须流向观察者，而在下方离开观察者。通过转子绕组的
电流方向必须在四分之一圈后互换（对于具有更高极数的测功机，换向相应地将
更频繁）。这种转换是由换向器来实现的。换向器由分布在圆周上的、随动旋转的
接触片所组成，接触片与固定的电刷相接触。这些是需要维护的磨损件。在换向器
与电刷之间可能产生电弧，加速其磨损，并且出现宽带电磁干扰源，从而影响试验
台架上的测量。

励磁绕组和电枢绕组可以并联（分流）或串联（串接）连接，一分为二的励
磁绕组也可以同时一部分串联连接，另一部分并联（双连接）。在小型电动机中，
励磁绕组通常由永磁体来代替。最后，两个绕组也可以完全独立供电（外部励
磁），这是在试验台架测功机上来完成。

在电机（测功机）运行中，转速与转子电压成比例，通过磁场削弱可以进一
步提高转速（同时减小转矩）。在制动运行时，转矩与电流成比例。在这两种情况
下，都可能借助于电阻进行调节，但很容易想象，这关系到实际中不可接受的功率
损耗。此外，现今以较少的损失但高额成本来实现控制的可能性，是使用一个旋转
变换器。在变换器中，两台与一台三相测功机耦合的直流测功机可实现对实际的试
验台架测功机供给和加载（伦纳德 - 定理）。

因此，直流电机只能通过电力电子控制才具有吸引力。对于试验台架运行，六
脉冲桥式电路适用于作为电机和制动［Fischer17］。使得直流测功机具有实用性的
电力电子技术的发展，也延缓了它被三相测功机取代的趋势。仍然有一些测试台架
采用直流测功机运行，对于较高的试件功率，既没有足够的额定功率连接转换器，
也没有用在水力或电涡流测功机上的自来水连接管的情况，在带风冷电阻器的纯制
动运行情况下，也可以采用直流测功机作为特殊的解决方案。对于新设备，其他情
况下将使用三相测功机。

6.3.2 交流测功机

单相交流测功机要么从直流串联电机派生出来，要么就是内部多相的电机，其
中一个外部电路产生另一个辅助相位，或者把定子侧的磁路设计成使辅助电极在单
相电源下产生具有滞后相位的附加磁场分量。

这种交流电机与直流电机的主要不同，是通过层压定子来避免电涡流损耗
（转子在任何情况下都与直流电机一样层压），但它与直流电机相比并没有优势。
它被用作电动车辆中的牵引电机，以及家用电器中的小型电机，并且将会被三相电
机所取代。

有许多电路技术方面的变型，用于从一个单相电源产生一个辅助相，以及许多部分相当原始的结构设计变型，例如用于从交变磁场产生一个旋转磁场的分割磁极（和短路转子的）电机。这些变型导致效率变差和不合适的转速—转矩变化曲线，因此，它们仅适用于小型电机［StöKalAm11］。

没有理由将任何类型的单相交流电机作为发动机试验台架上的测功机，并且作者也不了解任何此类试验台架。

6.3.3　三相测功机

所有三相测功机的共同之处在于，测功机中通过三相电流（图 6.17）产生一个旋转的磁场。应避免使用从英文导出的名称 AC 电机（交流，Alternating Current），因为它没有指明是单相还是多相电机。

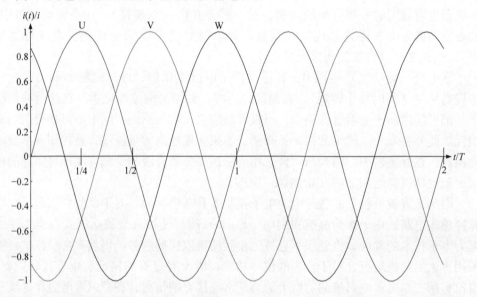

图 6.17　三相电流：电流 $i(t)$ 相对于周期为 T 的三相 U、V 和 W 的峰值电流 i 的变化过程

图 6.18 展示了具有定子绕组和一个永磁体作为转子的同步电机的范例。三相绕组 U、V 和 W 分布在定子圆周上。如果这三个绕组连接到三相电源上，则流经它们的相位之间偏移 120°的三相电流如图 6.17 所示。所以，由三个绕组产生的磁场也相移 120°。因此，磁场在电机中旋转，所以，三相测功机也称之为旋转磁场测功机。如图 6.18 所示，如果在该电机中有一个可旋转的磁铁，则磁铁在磁场中随同旋转。因为在这种情况下，它以与磁场相同的转速旋转，所以该电机称之为同步电机（见 6.3.3.1 小节）。从原理上讲，这是最简单的三相电机。其他的三相电机，在原理上比较复杂，但结构上同样简单的三相电机是异步电机（见 6.3.3.2 小节）。它目前发动机试验台架用的标准测功机。6.3.3.3 小节中讨论的磁阻电机从广义上来看也属于三相电机。

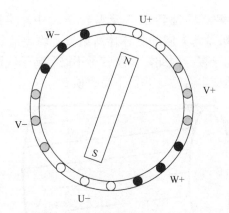

图 6.18　双极同步电机原理（简化）。所示的绕组沿着电机的纵向方向分布在电机圆周上的
定子槽中。在电机的两端，导体通过图中没有展现的绕组体而被封闭。但是由于在试验台架
测功机中的磁场失真并不普遍，除了所示的绕组外还有类似于图 6.16 中的直流电机所用的绕组，
以单独缠绕电极（齿形电极绕组）形式的定子绕组实现节省空间也是可能的

6.3.3.1　同步电机

同步电机的特征在于转子以与磁场相同的转速旋转。实现这种转子的最简单的
方式是使用如图 6.18 所示的永磁体。当在制动运行状态下，电磁转子由内燃机驱
动时，相反地定子产生一个同步的三相电压。转子也可以通过直流电磁体来替代永
磁体，例如像车辆上内燃机所用的发电机。不过试验台架上用的同步电机均采用永
磁体。

通常用的是具有两个以上电极的电机，这可以由两个或更多转子极对来完成。
然后，定子绕组也必须根据转子极对 p 的数量再重新分布在圆周上。例如，在定子
上具有一个四极转子（$p = 2$）的电机，将在半个圆周上分配绕组序列 U + /V + /
W + /U - /V - /W - ，并且在另一半上再以相同的顺序分配绕组序列。

在试验台架上使用的同步电机仍然是相当新颖的，因此与异步电机相比并不常
见。永磁激励的同步电机相对于异步电机一个明显的优点是惯性力矩减少了一半多
（例如，对于 346kW 测功机为 $0.15\mathrm{kgf} \cdot \mathrm{m}^2$），因此，这使得更加动态的运行成为
可能，同步电机可以和比较小的内燃机一起工作，而具有相同功率的异步电机显得
过大。因此，单个同步电机比用一个异步电机在相同的情况下可以承载更大的功率
范围。如果要使用原始排气系统进行测量，同步电机对排气系统支持并不少见。永
磁激励的同步电机结构更紧凑，更容易在两条包含催化器和消声器的排气管之间找
到空间。它的转速范围也比异步电机宽一些。特别强的永磁体所必需的、昂贵和有
时难以获得的稀土材料是个不利因素。其通量密度在更高温度下也会不可逆地
降低。

6.3.3.2　异步电机

异步电机是目前最常用的测功机。其定子与同步电机的定子相同。转子有两种

可能的实现方式（即集电环型转子与笼型转子）中，实际上仅使用笼型转子（图 6.19）。转子由电机纵向方向的导体棒所组成，均匀地分布在圆周上，并在两端通过端环都彼此导电连接。因此，笼型转子不需要转子绕组的任何外部连接，所以，笼型转子电机制造成本合适，并且不易磨损。

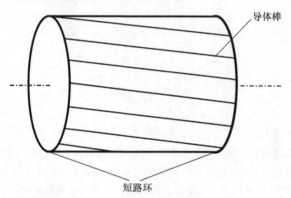

图 6.19　笼型转子的结构（简化）。导体棒倾斜地焊接在短路环之间，这对作为电机时的起动
　　　　特性有利。其在更大的电机上由铜制成并插入铁磁材料中

　　尽管笼型转子没有连接，为了能使电流在转子中流动，转子必须通过空气间隙由定子绕组提供感应能量。因此，这种电机也称之为感应电机。电机的等效电路图对应于具有定子作为初级绕组和转子作为次级绕组的变压器。如果转子与定子中的旋转场精确旋转，则磁场从转子的角度来看是恒定的，因此在同步转速下不存在感应，因而电机自身不能产生任何转矩。然而，当测功机在电机运行时以负载力矩进行工作，转子相对于定子旋转场而言起制动作用。反过来，在制动运行状态，转子通过相对于定子磁场的外部转矩加速。在这种异步运行状态中，旋转磁场的转速与转子之间的转速偏差由转差率来表示

$$s = \frac{n_s - n}{n_s} \qquad (6.16)$$

式中　n——实际转速；

　　　n_s——由旋转场定义的同步转速。

　　这个转差率通常大约在 -0.1（发电机/制动运行状态）与 0.1（电机运转状态）之间。磁场通过转差率相对于转子发生改变，产生感应，电机产生一个转矩，作为电动机起作用，如图 6.20 左上方的特性曲线所示。如果一个外部转矩导致转速高于同步转速，则转子与定子旋转场之间同样会发生相对运动，因此，就会产生感应，在这种情况下，电机作为发电机运行，即在试验台架上作为制动器，这种工作模式如图 6.20 右下方所示。因此，转子电流的转差率依赖性在等效电路图 [Fischer17] 中表示：假定用在同步速度时接近无穷大的，与转差率相关的等效电阻，来代替变压器二次侧绕组恒定的负载电阻。

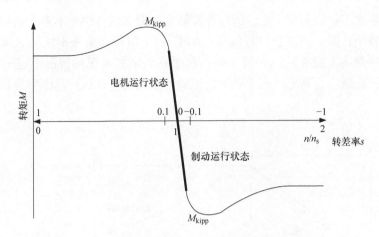

图 6.20 异步电机的特性曲线：实际使用了同步转速 n_s 附近的、
加粗的直线段，失步转距主要与电机起动有关。

特性曲线显示：一台固定不变的，在电网上运行的异步电机的转速范围非常有限。因此，使用可变转速的变换器，这个变换器可以在一个宽广的范围内将控制频率以及同步频率和工作线路向左或向右移动，使得在规格内的转速和转矩任意组合成为可能。

6.3.3.3 磁阻电机

磁阻电机有一个不带绕组的铁磁转子。其使用的原理是：将铁心拉入磁场并使储存在气隙中磁场能量最小化。为了封闭磁场，转子必须在可切换的、旋转的外部磁场下，类似于同步电机一样在其中旋转。感兴趣的读者可以在［Krishnan01］中加深对其结构变型和工作原理的了解。低转速时的高转矩、转子转动惯量小以及鲁棒结构，使得磁阻电机作为电机具有吸引力，然而在试验台架上制动或者发电运行尤为重要，尽管进行了深入研究，将其用作发电机，原则上来说还是很困难的。

6.3.3.4 用于三相测功机的变换器

如上所述，三相测功机的旋转定子磁场由三相电压产生。因为转速不仅在同步电机，而且在异步电机中取决于三相电压的频率，因此必须是可变的。不仅对于异步电机，而且对于同步电机，可以推导出［Fischer17］：频率和转速增加导致转矩的减小。可以通过随频率增加而增加电压来抵消这种弱化，这意味着变换器除了可变频率之外还必须产生可变电压。

图 6.21 所示的转矩曲线是通过对于变换器的每个频率，根据图 6.20 输入曲线变化过程并标记最大转矩而获得的。M_{kipp} 可以定义为最大转矩，或更常见的是，表示为图 6.20 中的加粗线所示的正常工作范围的上限值。图 6.20 所示的转矩通常是电机短时间可以达到的峰值转矩，而长期允许的转矩要更低一些，且在额定频率以下也不再恒定不变。因此，制造商应该为不同的负载持续时间规定几种相应的特性曲线。另外，曲线横坐标也可以指定速度而不是频率。由于在电机运行中差不多

在同步频率之下达到最大转矩，而在外源激励的制动运行中差不多在同步频率之上达到最大转矩，因此该图会稍有偏移。如图 6.21 所示，电压不能随意增加，而是在某个点（称为定型点）达到最大值。如果在不增加电压的情况下进一步增加频率，则转矩将减小，其原因在于磁场的减弱，这就是将该运行范围称为磁场减弱范围的原因。

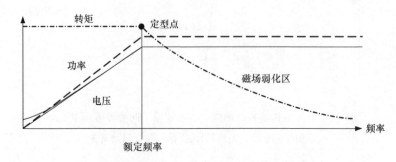

图 6.21　变频运行的异步电动机频率特性

　　图 6.22 显示了变换器的电路，中间电路与电机之间的右侧部分在图 6.23 中以照片的形式所示。在电机运行状态，整流器将电网侧 400V 和 50Hz 电流转换为通过电容器缓冲的直流电压（中间电路）。带有电容器的所显示的电压中间电路是常见的，但也有电感支持的电流中间电路和组合的中间电路。由晶体管实现的六个开关产生带所需的电压和频率的电机的三相控制。在发电机/制动模式下，六个晶体管作为整流器进行控制，并对中间电路充电。从中，电网变换器产生 400V 和 50Hz

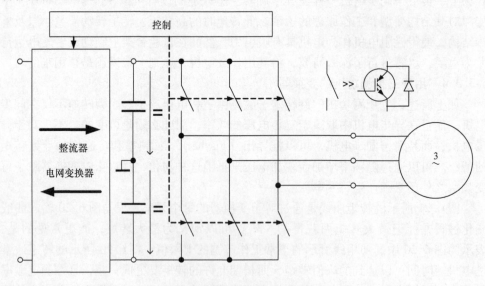

图 6.22　变换器的电路和功能

的三相电压。如果整流器/电网变换器的构建类似于由六个晶体管构成的电机侧的分变换器，则只需设计一个电路，根据控制要求，该电路作为整流器或电网变换器来运行。变换器的冷却通常通过鼓风机来实施（在照片中位于机柜上方）。

图 6.23　变换器机械部分的结构。机柜中左后方的电网部分（整流器/电网变换器）看起来类似，在那里使用电网电抗器来取代机械连接。右前方是带控制的机箱

图 6.21 所示为变频运行的异步电机或同步电机的转矩、功率和所需的电压的变化过程。如果有必要，可以在非常低的频率下稍微增加电压。没有显示可能的附加功率极限，该极限通常刚好在最高转速之下。

变换器的关键点在于它们的电磁兼容性（EMV）。除了耦合到测量设备线路或控制线路，以及由此导致错误的测量或功能干扰的辐射外，从电网获取的电流（谐波）的失真也是关键因素。特别关键的是三倍于电网频率（150Hz）的谐波，

因为这些谐波在一个三相系统中会引起的一个共模干扰电流（相同干扰电流作用在所有三相上），从而导致工厂或能源供给者的中压/低压变压器产生相应的电压波动，这可能会损害试验台架外部的设备。谐波需要一个电网侧的滤波器。至少要满足［EN61800-3］对EMV要求。具有基频的谐波的共模干扰也会传递到测功机中，在测功机中，它们会通过接地电容形成闭合电路。

6.3.4　故障和诊断

原则上，电力测功机的特点是可靠性高。由于它们属于试验台架的核心组件，维修是昂贵的或者是不可能的，测功机的损坏可能会导致高昂的开销。电气系统（定子/转子）或机械装置中可能会出现故障。

定子故障包括罕见的绕组中断或者常见的短路，短路通常只是在绕组中的一部分中出现，因此并不总是能立即识别出来。典型的原因是老化或高压下部分放电引起的绝缘损坏。

在绕组转子中（在典型的试验台架测功机中几乎不会发生），其损坏可与定子的损坏相媲美，此外，转子绕组还会受到离心力的作用。在同步电机中，永磁体是转子潜在的薄弱点，其磁通密度会随着时间的流逝而下降，温度过高时，这种情况会很快发生。在带笼型转子的异步电机中，转子棒很少会断裂或从两侧的短路环脱离。

在机械损坏的情况下，有必要考虑一下挠度，挠度会由于由此产生的不平衡而加强，或者在不利条件下长时间停止时，由于承受不允许的质量（轴）、轴承电流（非绝缘陶瓷轴承）或腐蚀而导致轴承损坏。在许多测功机中，在运行过程中由传感器监控轴承的温度。测试台架的安装人员可以通过变换器的设计、变换器与测功机之间的滤波器，以及测功机及其轴承的设计来减少轴承电流。轴承随后可以通过电气桥接。

在运行过程中，通常可以通过转子电流来诊断。这通常显示的是典型的故障代码，但是需要广泛的专业知识才能进行评估，且一般来说还不能自动地执行。因此，许多电机变换器尚未集成高度复杂的监控功能，只有严重的故障会被可靠地辨识。［Henao14］给出了未来可能出现在变换器软件中的诊断过程的概述。

有时可能会听到机械损坏的声音，对此，建议使用振动测量装置。由电气故障导致的磁场的粗糙不对称性，也可以在声学上显现出来。

6.4　磁滞测功机

铁磁材料的反转磁化会导致损耗，这个损耗也可以用来作为制动效果。图6.24显示了一个典型的磁滞回线。该回路在一个反转磁化循环中，完整地运行一次。磁滞这个概念描述一种现象：不仅是一条特性曲线清楚地描述磁通密度与磁场强度之间的关系，而且依据方向存在共同形成封闭回路的两条特征曲线。该封闭回路围成的面积，对应于在一个循环中单位体积所转换的能量。

制造商已经找到各种技术解决方案，使用这一原理来产生负载力矩。图 6.25a 显示了一个非常简单的原理，即磁滞回线如何通过磁极反转持续不断地运行的。带有需要制动的轴旋转的铁磁盘位于两个盘形磁体之间。磁回路沿着圆周（图 6.25a 中的上、右箭头）通过转子闭合。如果转子上的任意点继续旋转 90°，则磁场在圆周上以相反方向闭合，因此图像中的箭头方向反过来。通过更多的电极数目，转子可以在旋转期间更频繁地反复磁化，从而获得所希望的损耗。

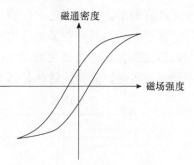

图 6.24　铁磁材料的磁滞回线
（磁通密度作为磁场强度的函数）

为了将制动力矩调节到最大值以下，有两种可能性。一方面，可以通过电气产生磁场（必须使用带交变极销钉的线圈代替平磁盘），然后通过激励电流来确定磁场。另一方面，如图 6.25b 所示，其中的一个磁体可以旋转一个极间距（这里为90°）。然后磁场垂直地穿过转子，如此变化的磁路导致磁盘中的磁场弱化，从而产生更少的损耗和更小的制动转矩。磁滞测功机适用于最高可达几千瓦的小功率发动机。

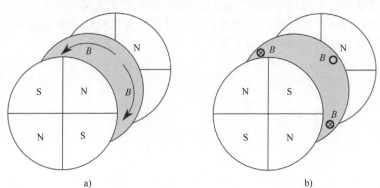

a)　　　　　　　　　　　　　　　　b)

图 6.25　在两个四极磁盘之间具有一个转子盘的磁滞测功机的功能原理
a）最大制动效果：沿转子圆周的磁通密度 B　b）最小制动效果：磁通密度 B 与转子垂直相交

6.5　串联测功机

在一些情况下，将用于高功率的被动测功机（电涡流测功机或水力测功机）与主动测功机组合在一起是有意义的（图 6.26）。这类情况包括：高的制动功率与小的倒拖功率相结合，或者高的持续制动功率与短期的动态需求相结合。原则上，这类要求可以通过设计用于最高的、最大可能功率的电力测功机来满足。然而，可能更经济的是，换而言之，例如在制动运行状态，使用大的水力测功机，而在倒拖运行状态，采用具有明显更低功率的电力测功机。在这种情况下，主动和被动的测功机刚性耦合。因为被动测功机可以承载更大的转矩，所以更接近试件放置。使用串联测功机时，需要注意的是试验台架调节器必须能够处理此类串联的测功机。

内燃机　　　　　　　　　被动测功机　　　　主动测功机

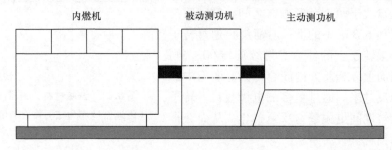

图 6.26　串联测功机的结构

6.6　发动机的起动

对于不能自行驱动的制动器，一个带有机械或气动离合器的小型的、多为电气的辅助驱动装置，可以用来起动发动机，该辅助驱动装置安装在测功机附近。电力测功机可以自行执行这个任务。此外，还可以使用发动机自带的起动机。应该注意的是要快速通过共振区（详见第 5 章）。

第7章 测量技术

如前所述，一个发动机试验台架本质上是一套复杂的测量设备。在本章中会针对发动机内部的测试接口进行讨论（图7.1）。从发动机的外部输入参数、燃料消耗量和空气消耗量开始（本章7.1节）。在这个相互关系中会介绍在发动机上流量测量的其他应用，即使是在没有输入参数的时候也可以运行。外部的输出参数主要是机械参数：转速、当前转角（本章7.2节）和转矩（本章7.4节），以及由此推导出来的功率（本章7.5节）。力和推导出来的参数，比如压力和张力不是典型的输出参数，而是发动机内部的参数；因为转矩测量技术是以力的测量技术为基础的，因此可以将其他机械参数的测量技术与力测量技术并在一起处理（本章7.3节）。除了所希望的机械输出参数外，也存在着不希望的发动机特性，这些特性同

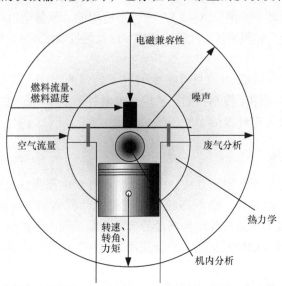

图7.1 试验台架上测量技术的概况。外圈代表在发动机接口上的测量技术：左边的输入参数是7.1节的内容，机械输出参数是7.2~7.5节的内容，噪声是7.6节的内容、电磁兼容性EMV是7.7节的内容、废气分析是7.8节的内容。中圈代表在发动机上和在发动机内的热力学参数（7.9节），内圈代表燃烧室内的分析（7.10节）

样地通过发动机与外界的接口而被测量到，即噪声（本章 7.6 节）、电磁辐射、应对辐射的灵敏度（本章 7.7 节），以及废气（本章 7.8 节）。

当进一步进入到发动机内部时，首先感兴趣的主要是热力学上的状态参数：压力和温度（本章 7.9 节）。容积也是一个重要的热力学状态参数，但气缸内的实时容积不是测量的，而是通过曲轴转角计算得到的。发动机中其他不变的容积（例如进气歧管的容积）可以通过设计参数计算得到。除了容积外，体积流量和质量流量也很重要。这些将会在本章 7.1 节中处理，因为这些参数对发动机的接口设计很有用处。

最后一级是发动机机内最终的变化过程：气缸内的流量、混合气形成以及燃烧。本章 7.10 节的内容就是为此而使用的测量技术。

连接到外部设备以进行信号处理的各个传感器，越来越多地通过"电子数据表"（TEDS）进行自我识别，以在测量技术中实现"即插即用"（Plug & Play）的思想。否则，在连接传感器之后，可能需要手动配置设备。

7.1　流量测量

经常被测量的流量有燃料消耗量、空气消耗量，个别情况还包括废气量和漏气量，也称之为 Blow – By 气体。很少试验测量其他运行流体（冷却介质、SCR 的尿素溶液）的流量，对此一些用于燃料的方法也是适用的。流量会以体积流量或者质量流量的方式来测量。体积测量方法确定流速 c 以及通过横截面 A，根据方程式（7.1）

$$\dot{V} = cA \qquad (7.1)$$

导出体积流量 $\dot{V}$。一个简单的只有很少的电子处理的方法，是带有悬浮体的流量测量，该悬浮体可以用于控制目的。感应式流量计通常不用于试验台架，因为它们只能有效地用于高导电性液体。

7.1.1　燃料消耗

表 7.1 对比了可能的测量方法。由于通常不需要动态测量润滑油消耗，因此不连续方法也适用于此目的。燃料消耗可以通过发动机的 CO_2 排放测量结果间接测量，或者直接地以体积流量或质量流量的方式连续或间断地测量。欧盟的法定消耗测量将间接方法与 WLTC 测量循环结合使用。CO_2 排放的测量技术将在本章 7.8 节中讨论。

表 7.1　燃料测量方法（不考虑 CO_2 排放的间接测量）

	质量、质量流量	体积流量
间断的	流出重量、燃料称重	燃料箱的液位
连续的	科里奥利（Coriolis）流量计	挤压式、液力桥回路、涡轮机、有效压力

间断的测量方法，诸如流出测量法包括一些液面或燃料称重测量方法，它对于具有优势的连续的测量方法而言已失去了意义。这里特别应提及现今流行的科里奥利流量计，它可以使高精度地、在适当的时间分辨率下的测量成为可能，并且对燃料流量影响极小。同样也常用挤压式测量方法。

液力桥回路由四个液力阻力器（遮挡物或者节流阀）所组成，类似于在惠斯通电桥中的电路连接。当一个油泵经过一条桥路对角线产生流动时，需要测量的流量流经另一个对角线。流量通过两个液力阻力器相加，通过其他两个阻力器时相减，从而在回路中产生不同的压力，这个回路可以通过不同的方法测量。因为这个原理早些时候还是比较罕见的，在本书中将不会详细讨论，如想了解详情可参见[Baker02]。对于测量涡轮机，由于它对黏度的依赖性和液体流动的复杂机制，同样几乎不在试验台架上用作燃料量测量方法，对它的讨论请参考同一本参考书。

有效压力方法由于其压力损失，同样几乎不能用作燃料量测量，然而，由于它常用于试验台架上的漏气量测量，相关原理会在后面的 7.1.4 小节中介绍。

7.1.1.1 流出测量法

用光学方法或者通过其他的方法，例如通过容量测量，可以监测用于供给燃料的容器的液位。因此，可以在一个较长的时间间隔内测量平均体积流量。这种方法不适用于动态测量，因为随着测量间隔的缩短，对于确定液位的精确度的要求会轻易地上升到不现实的数量级。

这种测量方法（流出重量）的一种重量测量的变型，是通过监控带有已知密度流体的二级容器的液位，并加以推导得到的，在这里需要与燃料容器实现压力平衡。换而言之，更直接的是通过燃料秤测量燃料的重量。

7.1.1.2 燃料称重

人们设想，为了确定燃料消耗量，持续地称量一辆车的燃料箱的质量。这个原理适用于通过更长的时间间隔精确地确定燃料的消耗量，而对于瞬时消耗量的测量，这个原理是不适合的。在试验台架上的燃料秤不是称车辆油箱的重量，而是对设备内部的测量容器称重。这个测量容器精确地再现带有燃料回流和通风换气的车辆油箱的状态。它的尺寸参数应该是如此设计的：其容积足以满足最少的、无间断的行驶试验的要求。在耐久性试验测量中，由于高的消耗量不一定总能满足这个条件，在这种情况下，需要两台燃料秤平行工作。当一台燃料秤快用空时，就切换到第二台燃料秤，而第一个燃料秤再次灌注，在第二台燃料秤快要用空时相应地切换到第一台燃料秤。

7.1.1.3 科里奥利 – 流量仪

这个基于科里奥利效应（Gaspard Gustave de Coriolis，加斯帕德·古斯塔夫·德·科里奥利，1792—1843，法国数学家和物理学家，主要从事机械学研究）的流量计最早是借助一个质量体来描述的，该质量体在一个以角速度 ω 旋转的圆盘上从中心向边缘移动（图7.2）。这个圆盘的圆周速度 v 可以由与中心距离 r 计算得到

$$v = \omega r \tag{7.2}$$

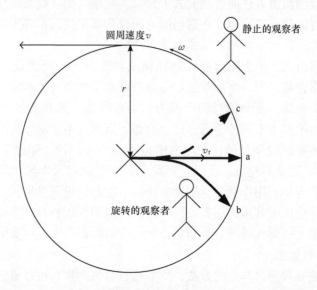

图 7.2　科里奥利效应的示意

a—从静止的观察者角度来看是一条笔直的轨迹　b—相同的轨迹似乎向旋转的观察者弯曲
c—因此如果质量体基于科里奥利力的作用与圆盘一起随动时，在静止观察者看来该质量体的运动轨迹

从一个外部观测点的角度来看，质量体 m 沿着图 7.2 中的路径 a 以径向速度 v_r 从圆盘中心笔直前进。所以，质量体的速度（即径向速度）和圆周速度彼此垂直。路径 b 表明了从一个跟随圆盘转动的观测者的角度看到的运动。

与之相反，从跟随圆盘转动的观测者角度来看期待质量体的轨迹是一条直线，因此，除了从圆心向前的径向速度外，一定还有一个不断增加的切向速度分量，即圆周速度。一个静止的观测者观察到该切向加速度以轨迹 c 的形式弯曲。不变的切向加速度则要求圆盘对在质量体上沿 v 方向施加一个力。例如可以这么来实现：使质量体不再自由地在圆盘上运动，而是通过与圆盘连接的、且笔直的从中心到边缘的圆管引导。这个引导力即是科里奥利力 F_c。它可由式 (7.3) [Gerthsen]

$$F_c = 2m\omega v_r \tag{7.3}$$

计算得到，并且指向圆周速度 v 的方向，也即垂直于径向速度 v_r。

科里奥利流量计包含例如一个如图 7.3 中所示的 U 形管（也有数目众多的带单管或双管的其他几何形式），该管路通过一个电磁驱动系统相对于一个固定的夹紧点周期性地上下运动。圆管的端点短时间内可以描述成圆弧状。不同于上述的科里奥利原理的解释，没有出现持续不断的旋转，而是圆管端点只是偏移一个很小的转角。该管路没有铰链，而是在其弹性的框架中运动。由于所产生的科里奥利力而导致的管脚扭转可以通过光学测量装置测量。

它的优点是：可以忽略传感器对流动和流过的介质的影响，可以达到高的精度

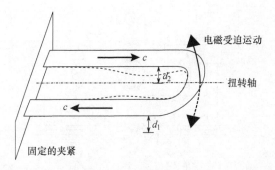

图 7.3   在一个 U 形管上应用科里奥利 – 原理，c 是流动速度、d_1，d_2 是确定扭曲的光学测量距离

（也可作为其他消耗量测量设备的校准仪器），以及高的动态响应，而这种动态响应通过管路的电—机运动而受到限制。它的缺点是：所产生的力变形都非常小，因此，无法测量小的质量流量。同样，即使这主要涉及气体，即使使用非常少量的燃料，也可能会有百分之几的偏差，因此，应使用数据表检查适用于指定精度的最小流量。

7.1.1.4   挤压式流量仪

挤压式流量仪结构上相应于一个挤压泵，参照 PLU（Pierburg Luftfahrt Union）。此类流量仪上大多数用的是齿轮泵（图 7.4）。它使得一个连续的体积流量的测量成为可能，并且在大多数情况有足够的动态性能，但会产生压力损失。通过测量进出测量仪（齿轮副）的压力和测量仪中的伺服驱动装置平衡压力损失来进行补偿；测量仪也可作为泵来驱动，但只能补偿自身的压力损失。市场上可提供根据该原理制成的设备，它们是如此小巧，以至于不仅在试验台架上，而且也可以放置在车辆的发动机舱里。

经常在加油塔上使用的螺旋挤压装置代表着这种原理的一种进一步变型。其他的挤压形式，诸如柱塞式也有可能被采用。它的精度可以达到 1%。

7.1.2   空气消耗

发动机的空气消耗量可以在废气再循环前和涡轮增压器前测量，但也可以在进气门前直接测量（图 7.5）。在第一种情况下，在试验室内空气滤清器后安装传感器，在这里它也不会受来自曲轴箱通风中油雾的影响（这对串联在发动机中的空气质量流量传感器是一个明显的问题）。在第二种情况下，测得的空气消耗量与发动机的空气消耗相对应（参见 2.1.1 小节）。当然，空气的消耗应该不包括增压和废气再循环部分，否则的话空气质量流量在这个位置要经受通过废气回流而产生很高的温度和化学负载。废气再循环和增压的特性已经被连接有附加软管的传感器明显地篡改了。

空气消耗量通常以重力方式测量。机械式的空气质量流量计，例如测量通过空

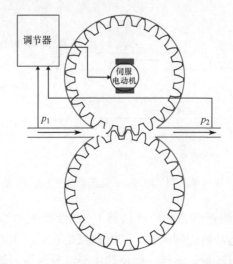

图 7.4　基于齿轮泵的挤压式流量仪。如果只有两个齿轮通过流动而转动，则会产生压力损失。
这可以通过测量压力 p_1 和 p_2，以及通过伺服电动机的平衡以补偿压力损失

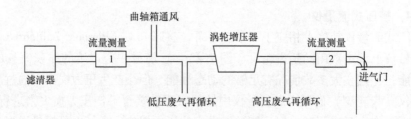

图 7.5　空气质量测量可能的地点
1—常见的位置　2—直接测量空气消耗

气流的阀门（挡板）的位置，如今因为缺乏动态响应性能和必要的机械装置而被弃用了。一个可以通过流经障碍物时产生的压差来测量流速（有效压力法）的传感器，在所要求的分辨率下覆盖不了足够大的测量范围。现今，热量测量法（热线式流量仪）和超声波测量法都很普遍。依据科里奥利原理设计的燃料消耗量测量方法在这里是不适用的，因为气体只有在很高的流速下才能达到所要求的质量流量，并且进气系统中较大的流动截面会大大地增加科里奥利传感器的成本。

　　在一些情况下，发动机自身的传感器就已足够，然而要想进行分析就要调用发动机控制单元数据。其缺点是由于结构设计的妥协、发动机运行时传感器交变的温度载荷，以及车辆内部缺少结构空间导致的经常性不合适的安装，使得发动机自带的传感器的精度更低。在理想的状态下，传感器应该测量层流的流体，因此，试验台架侧的空气质量流量仪应位于一段稳定流体管道的后方。通常管道的长度的数量级是直径的 10 倍，例如在乘用车用发动机上，内径 100mm（DN100），长度应该差不多 1000mm。更短的管路不足以稳定流体，更长的管路会干扰试验台架，并导

致压力损失，尽管这种损失很小。此外，如在车辆中置入传感器一样，格栅也能用来稳定流动。

7.1.2.1　热线式流量仪

热线式流量仪借助于电加热线在流体中冷却来测量空气质量流量。采用铂丝，可以在两个陶瓷夹具之间笔直地绷紧，也可以是多个夹具中以复杂的几何结构绷紧，或者作为陶瓷基底（偶尔也用石英）的表面层，这样会赋予金属丝一定的强度，但在其他方面，在太高的热容量下，测量的惯性会增大。金属丝上的污染物会在短时间内达到大约1000℃的温度下被燃尽。

［King14］描述了流经热线的热流量 dQ_{ab}/dt 的经验方程式

$$\frac{dQ_{ab}}{dt} = \left[A + B(\rho c)^{\frac{1}{n}} \right] (T_{Draht} - T_{Luft}) \tag{7.4}$$

式中　　ρ——空气密度；

c——要测量的流速；

T_{Draht}——热线的温度；

T_{Luft}——传感器前的气流的温度；

A、B 和 n——根据经验取得的参数。

近似地

$$\frac{dQ_{ab}}{dt} \approx \left[A + B\sqrt{\rho c} \right] (T_{Draht} - T_{Luft}) \tag{7.5}$$

热量散发和流速之间的联系是明显非线性的，即灵敏度随着流速的增加而降低。热线与测量 T_{Luft} 的温度传感器一起集成在一个壳体中（图7.6）。空气的密度可由大气压来确定。

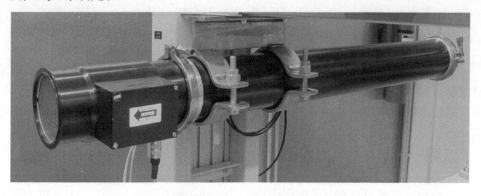

图7.6　固定在测量支架上的带管路的空气质量流量仪

处理信号的电子设备通常放在观察室的一个分离式设备中（例如 ABB 公司的仪器），也可以直接安置在传感器上（例如 FEV 公司的仪器）。原则上，可以将热式流量仪分为三种测量方法：恒流式方法，这种方法是依据方程式（7.4），测量散热流导致金属丝温度的变化；恒温式方法，这种方法是通过电功率损耗的变化来补偿散热量；还有就是托马斯（Thomas）测量仪。

1. 恒流式流量仪

在恒流式流量仪（CCA，Constant Current Anemometry）中，提供带有恒定电流的惠斯通电桥测量电路（图 7.7）。这个电桥是如此确定的：流经带有热线 R_x 的右边支路的电流，是左边支路的约 10 倍〔Eckelm97〕。空气流起冷却作用，因为铂丝是正温度系数的半导体元件，其电阻值下降并且 B 点的电压下降。电压 U_{AB} 的大小是空气流量的一个量度。

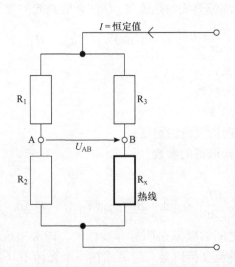

图 7.7　在恒流式流量仪中，惠斯通电桥用以提供恒值电流 I，电桥对角线的电压 U_{AB} 作为
与温度相关的输出电压来使用。R_1、R_2 和 R_3 是电阻，其中的一个电阻器可用于
冷平衡目的而是可变的，R_x 是在气流中电阻可变的热线电阻

由于在 CCA 中热线的温度根据流速而变化，因此金属丝的热惯性限制了测量速度。流速与电阻值的内在联系是非线性的，在高的流速下，对于实际应用而言，其灵敏度不再足够实用，这需要通过更高的电流来补偿，但是在低的流速时，高电流又容易导致传感器烧穿。这个矛盾诱发了一个想法：动态地跟踪电流，因而出现了传感器中常用的恒温式流量仪。

2. 恒温式流量仪

在恒温式流量仪（CTA，Constant Temperature Anemometry）中，不是恒定电流通过电桥，而是热线的温度保持恒定。根据方程式（7.4），这需要电损失功率与散热量相等，也就是

$$\underbrace{I_x^2 R_x}_{\text{电功率热功率}} = \underbrace{\left[A + B(\rho c)^{\frac{1}{n}} \cdot (T_{\text{Draht}} - T_{\text{Luft}})\right]}_{} \tag{7.6}$$

式中 I_x——通过热线的电流；

R_x——其电阻（区别于正体写法的 R_x，在图 7.7 和图 7.8 中将金属丝标记为部件）。

根据图 7.8，这将通过自平衡的电桥来实现。如果金属丝 R_x 通过空气流动冷却，则 R_x 的电阻值下降，导致 B 点的电压下降。电桥对角线电压 U_{AB} 上升、放大，通过一个放大器一方面提供可测量的输出信号 U_{aus}，另一方面提供更高的处理电压以及加热电流。

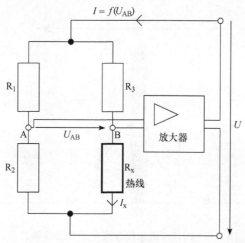

图 7.8 在恒温式流量仪中，带有一个与失谐相关的电流 I 的惠斯通电桥，它是这样来工作的：热线 R_x 的温度恒定。R_1、R_2 和 R_3 是固定电阻。放大器后的调整电压 U_{aus} 同时也是输出参数。根据设计，I_x 处在 I 的 50% ~ 95% 之间。

这里考虑的调节技术是热线温度的比例调节。比例调节不能完全平衡，多余的偏差会反馈。细小的偏差必定存在，这是易于理解的，因为如果金属丝温度完全恒定，意味着其电阻值 R_x 也是恒定的，电桥也总是平衡的，就没有输出信号可提供。恒温式流量仪的概念也可以这么来理解：热线的温度只是在一个非常窄的范围内围绕设定值变动，但它并不是严格恒定的。放大倍数选择得越高，出现的偏差就越小。因此，可以获得比相对更简单的恒流式方法更好的精确度的测量范围。特别地，在没有待测流体流动的情况下可靠地防止烧穿。然而，流速与输出电压的内在关系依旧是非线性的。

这种类似的方法现今可以用数字模拟，对此，通过附加的温度传感器测定热线，而微型控制器调节流经热线的电流。非线性可通过存放在软件中的特性场来来校正。

3. 托马斯测量法

在托马斯流量仪中，在热线前方的气流方向上有一个温度传感器，在热线后方同样距离上有第二个温度传感器。在经典的设计中不仅热线，而且这两个温度传感器也都是铂丝。如今托马斯流量仪的一个变型通过微系统技术实现了，这种类型流量仪不仅加热管路，而且温度传感器都位于半导体芯片上。

没有气流流动时，两个温度传感器有着同样的温度。通过气流流动，使得前方的传感器得到冷却，相反地，后方的传感器被加热过的空气扫过（图 7.9）。因此，在两个温度传感器之间存在一个梯度，这个梯度作为流速的一个测量量度。这个原理在诸如车辆中集成的空气流量仪上（博世的 HFM，热膜式空气质量流量计）是常见的 [Borgeest20]。这个传感器也可以检测流动方向。

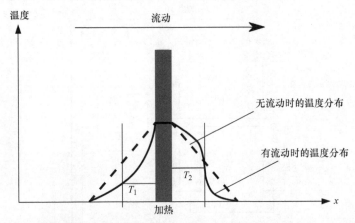

图 7.9　托马斯流量仪原理是基于半导体芯片
x—沿流动方向的位置坐标　T_1 和 T_2—气流流过时的两个不同的温度

7.1.2.2　超声波测量法

此外，FEV 公司提供了一种空气流量测量仪，它是一种基于超声波的测量方法。超声波发射器产生在空气流动的管道中交叉的波包。这个波包会被气流"携带上"（因此，增加了流动速度和流动方向上的传播速度）。由此，相对于无流动的状态缩短了超声波的传播时间，这提供了流速的一个测量量度。声速 c 取决于介质的密度和压缩模量。可以通过对流动方向进行进一步测量，来消除对流速测量的这种影响，如图 7.10 所示，使用另一对发射器/接收器，或者使用在两个方向上交替运行的独立的超声转换器对。逆流测量时，在与顺流的相同尺寸下，传播时间要延长，如同它在顺流测量时缩短那样。体积流量为

$$\frac{\mathrm{d}V}{\mathrm{d}t} = \frac{Al}{2\cos\varphi}\left(\frac{1}{t_v} - \frac{1}{t_r}\right) \tag{7.7}$$

式中　t_v 和 t_r——分别是顺流和逆流时测得的传播时间。

为了使得对流体的干扰不那么敏感，需要多次将测量装置安装在管道上，结果取平均值。

其他的超声波测量方法是利用多普勒（Doppler）效应代替传播时间。因为这种方法需要有能随流体运动的微粒存在，它并不适合测量进气空气量。

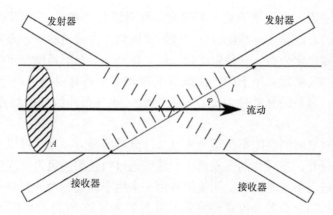

图 7.10　超声波流动测量的原理

A—横截面积　φ—发射方向与流动方向的夹角　l—超声波转换器之间的距离

7.1.2.3　电晕测量

预加载了 10kV 或更高电压的金属丝沿测量管的长度方向延伸，围绕该金属丝发生局部放电。金属丝被两个环形的对电极围绕，空气彼此相继流过。如果没有空气流过，则两个环形电极在对称结构中相同地被电晕（Corona）放电检测到，随着空气流速的增加，离子电流向后面的电极偏移。电子电路比较两个环形电极上的电流，得出测量值。

该方法测量两个方向上的流动，响应时间在 ms 范围内，精度可以达到 1%。

7.1.3　废气量

大多数用于测量废气容积流量的测量设备是基于 7.1.2 小节中的超声波测量法，此外，文丘里管和皮托管（压力探头）也投入使用。由于排气温度高达600℃，需要冷却温度敏感型的压电式超声波转换器，这自然使得结构尺寸明显要大于其他流量仪。在测量设备中集成了其他传感器，测量压力和温度。

7.1.4　漏气量

在发动机运行过程中，来自燃烧室的可燃气体会经过活塞环，并且通过活塞环开口扫入曲轴箱。这些气体称之为漏气（Blow - By）。漏气体积的测量对于活塞环、活塞和气缸壁上的试验研究是重要的。同样，在耐久性试验中也会一起测量漏气量，这里它充当早期磨损指标。如果这样一种测量设备出现在试验台架上，经常在其他任务下，也会被联机作为预警系统。漏气流量可以达到几十升/分。特别有趣的是赛车发动机的漏气量的测量，一方面人们更多的还是关心让量产的发动机减少摩擦，例如通过舍弃第三道活塞环；另一方面正是这些措施也会通过漏气产生更大的功率损失，所以在这个矛盾中必须通过大量的试验和模拟来进行优化。当漏气量的测量在几乎每一个试验台架上都是一个标准方法时，在个别情况下也可以对气溶胶的组成，主要是小油滴的成分感兴趣。针对该目的的特定的测量技术并不存在。一种可能的方法是在冷冻的容器中收集冷凝物作为流量测量，必要的时候冷凝物也可以用来做化学分析。一种粗略的，但是在许多情况下足以测定冷凝物的方法是光学上的混浊度测定。用于废气测试的现有技术只是有限地应用于在 Blow – By 中的粒子测量，强烈的脉动性流动，以及颗粒尺寸分布和组分的特点需要相匹配〔BischTuo03〕。

活塞与气缸之间的空隙不是适合测量气体流动的地方。除了可以忽略的、溶解进润滑油的部分外，在现今的发动机中，漏气通过曲轴箱通风再一次引入到进气管道，可在该处进行漏气量测量。测量设备由一个用于缓冲脉动的容器所组成，必要的情况下还包括油分离器和流量传感器。因为 Blow – By 气体随后回流到发动机的进气管道，因此，另一个缓冲容器位于传感器的后面。许多公司提供了漩涡流量计来测量 Blow – By 的流量，这些流量计的精度可以优于 1%。AVL 公司提供根据有效压力测量原理制成的 Blow – By 测量仪。

7.1.4.1　有效压力测量

有效压力测量法使用源自能量守恒定律的伯努利（Bernoulli）方程

$$p_1 + \frac{\rho \, c_1^2}{2} = p_2 + \frac{\rho \, c_2^2}{2} \tag{7.8}$$

其中在全等式的两边出现的大气压力，由于可以忽略不计的高度差而假定为常数，且可以忽略不计。忽略气体的压缩，所以密度 ρ 也可以作为常数。压差测量提供了有效压力

$$p_1 - p_2 = \frac{\rho}{2}(c_2^2 - c_1^2) \tag{7.9}$$

因为喷嘴处的气体体积保持不变，即

$$\frac{\mathrm{d}V}{\mathrm{d}t} = c_1 A_1 = c_2 A_2 \tag{7.10}$$

由此推导出所要测量的体积流量的方程式

$$\frac{\mathrm{d}V}{\mathrm{d}t} = \sqrt{\frac{2(p_1 - p_2)}{\rho\left(\frac{1}{A_2^2} - \frac{1}{A_1^2}\right)}} \tag{7.11}$$

因为所测得的压差的算术平方根，随着体积流量的增大而增大，因而可以如此描述的测量范围是有限制的，一种实际的解决方案是设计针对各自测量范围的可变的管路。

事实上，经常用其他的几何形式代替图 7.11 中的喷嘴结构而插入到管道中，特别是依据〔ISO 5167 – 2〕设计的挡板，这是带有一个孔的薄圆板，在挡板上的涡流引导流体的流动，类似于一个喷嘴（射流收缩），在挡板前后微小的距离内测量压力 p_1 和 p_2（图 7.12）。挡板有一个短的结构形式，却要求一个直的入口并且有

高的总压损失，压力差的形式在一个长距离内也保持不变。由于在图 7.11 中挡板附近的横截面和在强烈的压缩气体的情况下，密度也不是直接已知的，因此，标准提供了用于实际计算流量的表格和公式。除了挡板外，其他的标准喷嘴、标准文丘里喷嘴〔ISO 5167-3〕、文丘里管〔ISO 5167-4〕、锥形颈缩（Cones）〔ISO 5167-5〕和楔形颈缩（Wedges）〔ISO 5167-6〕也是适合于作为其他标准的节流测量装置。

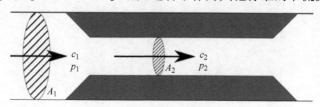

图 7.11　有效压力测量原理

A_1，A_2—横截面积　p_1，p_2—压力　c_1，c_2—流速

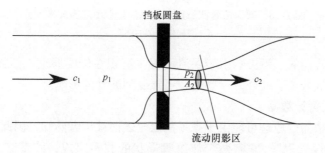

图 7.12　带挡板的有效压力测量原理

A_2—最小的流动横截面积　c_1，c_2—流速

7.1.4.2　漩涡-流量测量

漩涡-流量测量，也称涡流-流量测量。它利用的是漩涡发生体后涡流的形成（图 7.13）来测量。

为了实现漩涡分离，发生体要有锐利的棱边。由交替出现的、对向流动的涡流形成漩涡，该漩涡的分离频率 f，以及由此在发生体后流体中漩涡的出现频率取决于来流的速度 c（卡门涡街〔Sigloch14〕。Theodore von Kármán，蒂奥多尔·冯·卡门，1881—1973，匈牙利出生的物理学家，对空气动力学领域有很大的贡献）。其关系式

$$f = S \frac{c}{d} \tag{7.12}$$

式中　S——恒定的假定参数，即斯特劳哈尔数（Vincent Strouhal，文森特·斯特劳哈尔，1850—1922，捷克物理学家，活跃于流体力学领域）。

斯特劳哈尔数不是严格不变的，它非线性地取决于雷诺（Reynolds）数，而雷诺数又取决于所测得的流速；如图 7.13 所示的漩涡发生体的形式提供了一个拓宽

的设计范围，在这个范围里，斯特劳哈尔数的值是几乎恒定的，在实际中也利用了此范围。漩涡的计数可以借助于超声波或一种机电传感器来完成。

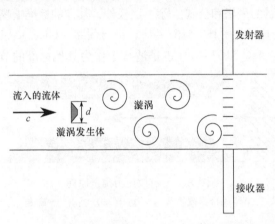

图 7.13　漩涡流量测量原理：漩涡计数由超声波来完成
d—漩涡发生体的宽度

　　传感器是鲁棒的，污染物由于涡流而很少沉积在传感器上，而在 Blow – By 中又恰好需要油气分离。此外，流动过程可能受到波动的影响。

7.1.4.3　波纹管计数器

　　波纹管计数器的原理可能由于家里的煤气表而被读者熟知，因此，这种测量仪也经常称为"煤气表"。它有两个波纹管形状的腔室组成，腔室交替地灌满和排空。两个腔室的膨胀和收缩通过驱动装置控制计数器，就像阀门一样，控制着两个腔室每次的灌满和排空。煤气表的精确度可以达到 1% 量级以内，且覆盖了相当大的测量范围，其最小的测量值从 1L/min 以下开始。它的缺点是抵抗污染物的能力弱且灵敏度低。

7.2　转速和曲轴转角的测量

　　在车辆中，用发动机转速 n 与变速器的传动比相结合来确定车速，因此，转速是发动机上最重要的测量参数之一。在车辆以外的发动机上，转速和转矩共同确定了输出功率，转速在这里也是一个重要的测量参数。因为转速的正确单位是 s^{-1}，或 r/min，标准化团体提议用转动频率的概念代替转动数的概念。虽然这个建议是有依据的，但考虑易读性，在本书中通常还是采用转动数（转速）这个概念。

　　与转速紧密相连的是角速度 ω，它指明了单位时间内转轴或者其他部分转动了多少角度，算式为

$$\omega = 2\pi n \tag{7.13}$$

其单位是 rad/s，角速度应该用 (°)/s 来衡量，可以考虑附带的转换方程式

$$\frac{\omega}{(°)} = \frac{180}{\pi}\omega \tag{7.14}$$

角速度是曲轴转角关于时间的导数

$$\omega = \frac{\mathrm{d}\varphi}{\mathrm{d}t} \tag{7.15}$$

它也可以直接测得或者通过转角测量的求导来确定。相反地，曲轴转角也可以通过角速度关于时间 t 的积分来确定，即

$$\varphi = \int_0^t \omega\mathrm{d}\tau + \varphi_0 \tag{7.16}$$

其中，τ 只是作为该积分的时间辅助变量，并且 φ_0 是开始积分时的起始转角。因此，曲轴转角可以直接测得或者通过角速度或转速的积分来确定。由角速度或转速确定曲轴转角时有一个实际的问题，即积分只是提供了转角差值，为了确定绝对的转角，就必须要知道曲轴上哪个位置 φ_0 是积分起始点。

曲轴转角在对于诸如控制器的应用或者热力学参数的测量是很重要的，热力学参数通常是作为当前曲轴转角的函数而被测量。可以通过曲轴转角直接计算得到某一气缸当前的体积。

所要求的分辨率取决于使用的目的，当在耐久性或产品试验台架上时，使用粗略的转角和转速分辨率已经足够，而与排放相关的数值在控制器中应用时需要 1° 以内的分辨率。通过插值法在传感器上的使用，相比于物理学上的可供传感器使用的分辨率，其分辨率可以提高。对于转速，人们感兴趣的不仅是所测得的数值的分辨率，而且包括随时间变化的分辨率，也就是提供与转角相关的分辨率的测量值。这在诸如对于燃烧过程的优化方面是不可或缺的，因为这样能够分辨在一个单独的工作行程中转速的变化过程。

转速传感器通常是作为附件集成到测功机中的。因为踏脚式测功机上也集成了转矩传感器，转速传感器经常是位于从发动机侧看过去后方一侧的测功机上。也有组合的转速/转矩传感器。

现今最流行的测量方法是光学或者电磁的绝对式和增量式角度传感器（7.2.1 和 7.2.2 小节），此外还有不常见的解码器（7.2.3 小节）或者测速发电机（7.2.4 小节）投入使用。在工业界经常作为角度传感器使用的旋转式差动变压器 [Webster14]，由于其有限的角度范围和在其测量范围端部的非线性在测功机上并不适用。另一个可用的信息源是带有发动机控制器的电子器件（7.2.5 小节）。测量原理的确定表明，通过差动提供转速的角度传感器，相对于直接通过积分算得转角的转速传感器而言占据了主导地位。

许多现代的传感器会连接到常用的数据总线系统。简化的串口接口像 EnDAT [Heidenhn17] 或者 SSI（串行同步界面，Serial Synchronous Interface）也已投入使用。其他的传感器提供附加的或唯一的相应的信号。在绝对式或增量式角度传感器

上，这些信号大多数是可读出的编码或者可计数的脉冲，以数字信号的形式与流行的 TTL – 电平［TieSchGa19］或者特殊的抗干扰 HTL – 电平（高位电平可到 30 V）、正弦电压信号（1V 端对端）或者电流信号一起使用。在编码器或者测速发电机上，这些信号是内部的，模拟的原始信号，或者是过滤后的模拟信号。连接方式是 12 极 M23 圆插头连接器。信号经常是正反双线发出。接口虽然不是标准化的，但是尽可能相似或相同，商家之间的不同之处主要在于参考信号的输出。商家的小册子［Heidenhn13］是示范性的，必要的时候可以询问其他商家的输出规格。

在机械结构方面，传感器之间是有差异的，传感器在转子与定子之间有各自的轴承，其中转子不是在内部支承的，则定子必须在外部校准，使得轴能绕中心运动。对于一些没有轴承的传感器，转轴不会完全被定子包围着。

7.2.1　绝对式角度传感器

绝对式角度传感器在接入时不受先期发生的事情和转速的影响，立即提供对应每一个时刻 t 的相应角度 $\varphi(t)$。转速可以通过差动来确定。绝对式角度传感器通过光学措施读取与转角相关的编码。它们也可以称为转速传感器或编码器（Encoder），因为这些概念有时也用于增量式角度传感器，此外它不仅用于角度也适应于线性位移传感器，不过还是偏向于绝对式角度传感器。

它的原理首先可用三字节二进制编码（表 7.2）来进行阐述，图 7.14 显示了一个编码盘，其中黑色描绘的区域代表二进制码 1，白色描绘的区域代表逻辑 0。外环显示对应每个角度的最低有效位（LSB，Least Signifcant Bit）的字节，内环表明最高有效位（MSB，most Signifcant Bit）的字节。

表 7.2　角度的三字节二进制编码的分类

二进制编码	最高有效位		最低有效位	十进制扇区	角度值
000				0	$0° \leqslant \varphi < 45°$
001				1	$45° \leqslant \varphi < 90°$
010				2	$90° \leqslant \varphi < 135°$
011				3	$135° \leqslant \varphi < 180°$
100				4	$180° \leqslant \varphi < 225°$
101				5	$125° \leqslant \varphi < 270°$
110				6	$270° \leqslant \varphi < 315°$
111				7	$315° \leqslant \varphi < 360°$

如当传感器位于 180°时，由于误差使得以下情况成为可能，即光敏器件通过双外圈侦测到一个 1（扇区 3）时，内部传感器却已经识别到扇区 4 的黑色区域。在这个边界位置上，在 3 的二进制描述和 4 的二进制描述之间，短时间内可能出现 7 的二进制描述。这是涉及角度的一种严重的错误信息。

这类问题解决办法是：当从一个角度扇区向下一个角度扇区变化时，每次只能刚好一个扇区。人们称这样的编码为格雷编码（Frank Gray，弗兰克·格雷，1887—1979，美国物理学家，主要贡献是电信的开发）。步幅，也即两个相邻编码之间字节变化的数目，称为汉明距离（Richard Wesley Hamming，理查德·卫斯理·汉明，美国数学家，主要成就在于编码领域）。带有格雷编码的误差在最不利的情况下也只是导致：相邻角度已经指明，测得的角度范围的边界也是不准确的，而不会像简单二进制编码那样，短时间内识别出的完全不同的角度。图7.15和表7.3显示了一个带有常用的汉明距离1的格雷码。

图7.14　带二进制码的三字节二进制编码盘

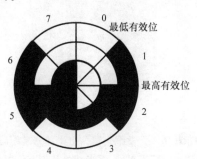

图7.15　带格雷编码的三字节编码盘

表7.3　角度的三字节格雷二进制码的分类

格雷码	最高有效位		最低有效位		十进制扇区	角度值
000					0	$0 \leqslant \varphi < 45°$
001					1	$45° \leqslant \varphi < 90°$
011					2	$90° \leqslant \varphi < 135°$
010					3	$135° \leqslant \varphi < 180°$
110					4	$180° \leqslant \varphi < 225°$
111					5	$225° \leqslant \varphi < 270°$
101					6	$270° \leqslant \varphi < 315°$
100					7	$315° \leqslant \varphi < 360°$

因为最低有效位 LSB 的更改频率比最高有效位 MSB 的更改频率更高，且圆盘的外围有着更大的圆周，通常外圈表示最低有效位 LSB，以及字节的位向内圈增长。二进制和格雷编码的一种较罕见的替代方法是 Nonius 编码，它如从游标卡尺获知的那样，用两个偏移量表工作［Basler16］。

除了光学编码器（图7.16）外，还有通过机械触点读取转角编码的机电编码器（图7.17），可是它有易磨损的缺点。编码的磁性或电容读取方式是可能的，但是不常用。

传感器芯片

图7.16　光学编码器，上半部分是编码盘
（在损坏状态），下半部分是带有传感器
芯片的电子器件

图7.17　机电编码器：一个带有滑动触点
（不在图中）的旋转的指钉在所有
确定的轨道上运动

7.2.2　增量式角度传感器

增量式角度传感器提供的不是绝对角度，而是在转动期间角度划分的计数。在最简单的情况下，增量式传感器用光学方法探测一个旋转的条纹图并且计算条纹数。这大多通过反射来实现，因此，光源和传感器位于条纹盘的同一侧，而开槽的圆盘是非常昂贵的，或采用具有透明和不透明部分交替的圆盘，其中光源和传感器不在开槽的圆盘的同一侧。一种其他的实现可能性是电磁式传感器，例如用铁磁材料制成的齿轮，它通过磁性传感器来探测，发动机上的转速传感器就是这么工作的[Borgeest20]。

带有均匀分割线的增量式传感器只能表明角度的变化和由此得到的角速度。如果对绝对角度有兴趣，传感器必须有附加的基准标记来显示定义好了的位置。基准标记可以是条纹标尺的修改（例如，在定义的位置缺失条纹），或者是一个集成的、附加的传感器（例如，二个条纹标尺中一个只有在定义位置有一个条纹）。在乘用车发动机内的集成传感器大部分使用的是带有60个齿的齿轮作为角度分配，在定义的位置缺失两个相连的齿作为基准标记。

增量式传感器经常是双通道结构，配有两个错开了四分之一条纹周期的增量盘（图7.18）。这样使得在四分之一条纹周期上的分辨率加倍，并且也使得方向辨识成为可能。如果传感器没有内部的信号处理，通常两个错开的信号和一个额外的基准信号会在接口处给出。

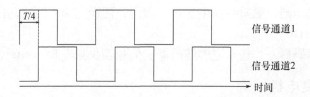

图 7.18 带错开四分之一周期 T 的双通道增量式传感器的信号

7.2.3 解码器

解码器是一种感应式旋转传感器，由两个错开 90°的定子线圈和一个可在其磁场中旋转的转子线圈所组成，转子线圈通过集电环，或通常通过感应线圈连接到外部电子器件。

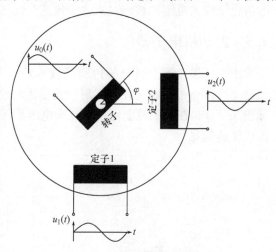

图 7.19 带有可转动的转子线圈和两个固定的定子线圈的解码器原理

例如，如果在图 7.19 中提供交变电压 $u_0(t)$ 的转子线圈是水平的，则定子线圈 1 会产生具有相同相位和最大振幅的交变电压 $u_1(t)$，与之垂直的定子线圈 2 没有感应电压。如果转子是垂直的，则定子线圈 2 会产生具有相同相位和最大振幅的交变电压 $u_2(t)$，而定子线圈 2 不会感应。在 45°位置，两个定子线圈感应出相同振幅的 $u_1(t)$ = $u_2(t)$。通过振幅的比率通常给出关于绝对角度 φ 的信息

$$\varphi = \arctan \frac{u_2(t)}{u_1(t)} \tag{7.17}$$

解码器用信号馈入定子线圈并处理转子电压，也可以反向运行。如果将具有相同幅度和频率而错开 90°的两个交变电压施加到定子线圈，则会在转子中感应出一个与角度相关的相位的交变电压。例如，如果转子线圈是水平的，则它仅与定子线圈 1 共享磁场并接收其相位；如果转子线圈是垂直的，则其信号接收定子线圈 2 的相位，在 45°位置，该相位介于两者之间。因而，这也提供了有关绝对角度的信息。

解码器也可以用多于一对的定子线圈来实现，然后两个线圈之间的角度相应地小于 90°，例如 45°或 22.5°。编码器坚固耐用，分辨率远低于 1°，但现在已被绝对或增量角度编码器所取代。

除上述类型外，还有磁阻解码器，其转子由一个不带绕组的铁磁性材料所制

成。根据角度的不同，磁阻会发生变化，因而，两个定子线圈之间的磁场耦合也会随之改变［Basler16］。

除了磁性解码器外，还有电容解码器，但相当少见［Basler16］。

7.2.4　测速发电机

测速发电机是一种小型的直流发电机，它能产生与转速成比例的、与方向相关的极性电压。典型的输出电压是好几十（mV/r/min）直到好几百（mV/r/min）。速度分辨率取决于下级电子器件对精确电压的测量能力。如果由永磁体产生激励磁场，则测速发电机不需要电源供给。许多测速发电机能覆盖极端的温度范围。测速发电机也正在大范围地被绝对式或增量式角度传感器所取代。

7.2.5　发动机电子器件

除了在试验台架上自身的传感器技术外，发动机的电子器件也能提供转速信息。这个可以通过三条途径来实现：发动机的转速传感器可以通过发动机控制器输出（图7.20），在汽油机上可以将点火电压用于转速测量，最后发电机的涟波也可以提供转速信息。

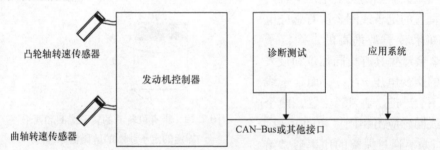

图7.20　发动机控制器的转速和角度信号

这三种方法的最大精度可以通过对发动机控制的转速传感器的处理来获得。发动机控制对于许多其他的参数而言，可以成为一种有用的测量仪器。发动机飞轮附近有一个齿轮，它通过霍尔传感器或者电磁感应式传感器以典型的6°物理分辨率在乘用车上得到应用。控制器内部的分辨率可以通过插值法改善到明显低于1°。由于齿轮上的基准标记（通常是以两个缺失的齿作为基准标记），只要该标记在开始后第一次被探测到，控制器就可以识别绝对角度。

对于大多数四冲程发动机，曲轴转角不能用来清楚地区分活塞是处于点火前一点点还是排气行程结束前一点点。这种歧义性通过凸轮轴上的另一个传感器来解决，因为凸轮轴每四个行程仅旋转一次，而不像曲轴那样每两个行程旋转一次。对于不会每360°点火的发动机（例如三缸发动机），如果还处理角加速度，则可以省去凸轮轴转速传感器。

在控制器中的数据通道可以单方面地通过一个诊断测试仪来实现，一个简单的 EOBD 测试器（依据 [ISO 15031 - 1、2、3、4] 的电子车载诊断器，提供一个标准的小型诊断程序）自身可以调用转速，但是推荐生产厂家的诊断测试器，它的功能远超 EOBD 的规模。人们还能通过一个应用软件（例如 [INCA]）来获取更精确的信息。而查阅控制器所有信息的前提是：控制器是可应用的，并且在应用软件中有控制器的描述文件（例如文件扩展名为 .A2L，或者更老的控制器为 .DAM），该文件仅用于某种情况下准备好的开发控制器。这些文件不仅描述要读取的数据的存储位置，而且还描述其他信息，像为了数值的准确而清楚显示的值域和物理参数。还应注意，一些 A2L 文件，特别是这些提供给客户的，只有一部分控制器数据是公开的。如果成功，人们接收到的不仅是诊断的平均转速信号，而且也有瞬态的高分辨率的转速和角度信息。

维修时，诊断仪使用测电钳或者点火系统上的电容式电压传感器，来确定点火频率，进而确定转速。但是这种方法只能提供一个较低的瞬态分辨率，一个较低的精度，而且还不包括转角信息。

同样，维修时要处理在集成的整流器后的三相发电机的涟波。因为该发电机包括一个 B6 整流电路 [Borgeest20]，因此，三相电压周期会在整流器后面产生六个电压峰值。根据情况，是否选用 12 极或 16 极的发电机，也就是极对数 p 为 6 或者 8，一个三相电压周期相当于 1/6 转或者 1/8 转。此外，发动机与发电机之间的传动比必须是已知的，因此，在给定发动机转速 n 的情况下，整流器后的脉冲频率 f

$$f = 6 \frac{pn}{u} \tag{7.18}$$

虽然瞬态分辨率略好于处理点火信号的方法，但是它不等同于一个传感器的分辨率，这里精度也比较低，并且不能提供绝对转角位置。

7.2.6 涡轮增压器的转速

由于涡轮增压器的高转速和所涉及的温度，因此很难对其进行测量。解决方法是涡流传感器，将其旋入外壳并记录叶片的转动通过情况。它们可以在将近 300℃ 的温度和几十万转/分的转速下工作。

7.2.7 上止点的检测

角度测量的一个非常特殊方面，是要了解什么时候活塞位于上止点（OT）。在通常情况下这些知识是从正常的曲轴转角测量中获得，在对燃烧过程的优化方面，包括燃料喷射、混合气形成、点火和燃烧过程，在上止点附近必须精确地控制，这有别于发动机在其余行程中的要求。在这种情况下，上止点位置的精确探测是很有意义的。电容测量方法已经证实是可行的，该方法是用导电的传感器销穿过气缸盖，气缸盖与活塞底作为对电极。

7.2.8　扭转振动的测量

扭转振动的计算已在第 5 章中讨论过，在第 5 章主要介绍了试验台架上的共振，以及如何保护试验台架和试件免受损坏。另外，曲轴扭转振动的测量及其翘曲也是发动机开发中的常见开发任务。在第 5 章中，使用了计算方法来准备发动机在试验台架上的运行。在发动机开发中的应用超出了对共振的预防性确定范围，因此，除了之前提出的计算方法和数值方法外，此处还可以采用测量方法。

测量技术的振动分析需要在空间上和时间上高分辨率地确定曲轴转角或角速度。先前讨论的用于确定曲轴转角或角速度的方法，并不总是满足这些要求。它们所考虑的仅在轴系中的一个点进行测量，它们的灵活性不足以在不同点进行测量。当时所考虑的传感器的瞬态分辨率，在个别情况下可能足够，但这里，在振动分析的时候通常希望更高的分辨率。

可以应用的技术是非接触式旋转振动仪。它将激光束聚焦在要研究的位置上。参见以后讨论的方程式（7.70），反射的激光束的频率会略有偏差。该偏差通过电子方式来处理，是旋转表面上圆周速度的度量，由此可以计算出角速度和角加速度。双激光光学器件可以可靠地区分旋转运动和叠加的平移运动。

7.3　力的测量

力可以借助于压电效应来测量，通过弹性元件（通常以与力有关的材料膨胀的形式）的位移测量，或者磁弹性测量传感器来实现。

7.3.1　压电式传感器

如果一个压电晶体受到压缩，则在材料中的电荷会发生几何位移，可以在其表面上产生电压［Gerthsen］，该电压与压电元件的力和变形成比例。在一个静态力的情况下，人们期望得到一个稳定的、与所受力成比例的电压，然而这并不会发生，因为由于材料的内阻或测量装置的电阻，电荷在极短时间（远短于 1min）后大部分已基本上趋于平衡。因此，压电传感器的特点在于动态力的测量。除了昂贵的聚合物 PVDF（聚偏二氟乙烯，Polyvinylidenfuorid）外，压电材料都是脆性陶瓷，这使得它们非常适合用作压力传感器，在压力传感器中力垂直作用且变形小。用它来测量静态的力或者转矩是不常见的［Gautschi02］。

7.3.2　通过应变测量来测量力

通过在弹性元件上的位移测量来测量力的方法应用并不广泛。这种原理的一种与之相反的变型是利用现有材料的弹性来计算在力的作用下的应变，这是最常用的方法。由此，人们使用了胡克（Robert Hooke，罗伯特·胡克，1635—1703，英国科学家,为许多科学领域做出贡献)定律,它描述的是在与材料相关的极限范围内,其相对长度变化量(应变)ε 与在材料中的拉应力 σ 成线性函数关系,公式如下

$$\varepsilon = \frac{\sigma}{E} \tag{7.19}$$

式中 E——材料的弹性模量〔Hütte12〕。

从意义上讲,方程式(7.19)也适用于压应力。拉应力又与同方向的作用力成比例。

应变的测量有两种可能的途径:应变片(DMS)和布拉格 – 光栅(Bragg – Gitter)。很少采用 SAW(表面声波,Surface Acoustic Wave)传感器,它是陶瓷式传感器,声波以与应变相关的速度在其表面传播。还有企业开发了电容式应变传感器,例如用于高温应用〔Hoffmann〕的产品,但是它们尚未实用。

7.3.2.1 应变片

金属丝的电阻可由长度 l、横截面积 A、直径 d 和电阻率 ρ 计算得

$$R = \frac{\rho l}{A} = \frac{4\rho l}{\pi d^2} \tag{7.20}$$

金属丝应变时可能会发生两件事:一方面是其电阻率改变了,这个效应称之为压阻效应,并且在半导体上可以观测到,但在金属中是可以忽略不计的。第二个效应是应变引起的几何变形。伸长是直接明了的,因为材料体积在应变时只是少量的改变,随之的是伸长横截面积一起缩小(横向收缩)。因此,对于直径而言,适合以下方程式

$$\frac{\Delta d}{d} = -\nu \frac{\Delta l}{l} \tag{7.21}$$

式中 ν——横向收缩系数(详见 5.4.1 小节),它是一个可以查到的材料常数〔Hütte12、Hoffmann〕,它可以根据方程式(5.18)由其他的材料常数计算得到,也就是

$$\nu = \frac{E}{2G} - 1 \tag{7.22}$$

式中 E——弹性模量;

G——剪切模量。

对于金属,经常近似地假定:在应变时总容积保持恒定,在这种情况下,$\nu = 0.5$。然而,这是个非常粗略的近似,例如对于铜,$E = 110\text{GPa}$ 和 $G = 41.4\text{GPa}$,由此得到 $\nu = 0.33$。在金属中,这种几何尺寸的变化效应占主导地位。压电效应的概念在个别情况下也会用作狭义压电效应和几何尺寸变化效应的总称。

应变所引起的金属丝电阻变化量 ΔR_ε 可借助于总微分,也就是偏导数 $\partial R / \partial \cdots$ 的总和,根据所有的影响因素计算得到

$$\Delta R_\varepsilon = \frac{\partial R}{\partial \rho}\Delta\rho + \frac{\partial R}{\partial l}\Delta l + \frac{\partial R}{\partial d}\Delta d \qquad (7.23)$$

代入偏导数，得到

$$\Delta R_\varepsilon = \frac{4l}{\pi d^2}\Delta\rho + \frac{4\rho}{\pi d^2}\Delta l - \frac{8\rho l}{\pi d^3}\Delta d \qquad (7.24)$$

实际上，感兴趣的是相对电阻值的变化 $\Delta R_\varepsilon/R$，通过计算，可以使得式 (7.24) 简化为

$$\frac{\Delta R_\varepsilon}{R} = \frac{\Delta\rho}{\rho} + \frac{\Delta l}{l} - 2\frac{\Delta d}{d} \qquad (7.25)$$

代入方程式 (7.20)，根据应变的定义

$$\varepsilon = \frac{\Delta l}{l} \qquad (7.26)$$

得到

$$\frac{\Delta R_\varepsilon}{R} = \frac{\Delta\rho}{\rho} + \varepsilon + 2\nu\varepsilon \qquad (7.27)$$

对于金属，如果不考虑比电阻的变化，而是被看作常量

$$k = 1 + 2\nu \qquad (7.28)$$

这一般称为应变片的"k 值"：

$$\frac{\Delta R_\varepsilon}{R} = k_\varepsilon \qquad (7.29)$$

采用泊松（Poisson）数近似为 0.5，对于金属应变片，可得 $k = 2$，要是 $\nu = 0.33$ 则得到 $k = 1.66$。如果也考虑比电阻的变化，则 k 接近 2。

在少数半导体应变片中，与之相反的是相对于变形，比电阻的变化占据主导，这里写作

$$\frac{\Delta R_\varepsilon}{R} = \frac{\Delta\rho(\varepsilon)}{\rho} \qquad (7.30)$$

出于实际原因，并不是采用一根长金属丝测量应变，而是一根曲折的金属丝（图 7.21），它在应变片 DMS 中用塑料套保护。

应变片 DMS 会平行于力的方向粘贴在物体表面。在粘贴前必须清洁表面，并要用砂纸打磨。由于黏合剂不能因为其机械特性而影响测量，因此应该重视应变片 DMS 制造商的建议。垂直于应变方向安装的应变片可测量物体的横向收缩。如果温度是相同的、则可以将 4 个应变仪互连以形成惠斯通电桥（图 7.22），4 个应变片的位置是给定的，且它们的伸长/收缩是确定的。

图 7.22 的文字说明显示了一个常用的例子，在该例子中，测量体需要压缩或拉伸，在拉伸方向上的应变片通过纵向拉伸获得电阻值 $R + \Delta R_\varepsilon + \Delta R_T$，而垂直安装的应变片由于横向收缩得到电阻值 $R - \nu\Delta R_\varepsilon + \Delta R_T$。

图 7.21 粘贴在金属表面的应变片

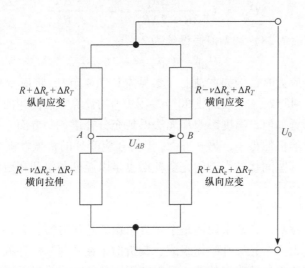

图 7.22 整个电桥中有 4 个应变片，U_0 是供给桥路的直流或交流电，点 A 与 B 之间的电压 U_{AB} 是待测电压。R 是标称温度下无应变时的电阻值。ΔR_ε 是与应变相关的感兴趣的电阻变化，ΔR_T 是不期望的、与温度相关的电阻变化，ν 是泊松数。两个应变片应用在伸长方向上，且沿其长度应变，两个应变片与之垂直

由点 A 和 B 上的按分压规则确定的压差可得到合成的电压 U_{AB}，也就是

$$U_{AB} = U_0 \left(\frac{R - \nu \Delta R_\varepsilon + \Delta R_T}{2R + \underbrace{(1 - \nu) \Delta R_\varepsilon + 2\Delta R_T}_{A}} - \frac{R + \Delta R_\varepsilon + \Delta R_T}{2R + \underbrace{(1 - \nu) \Delta R_\varepsilon + 2\Delta R_T}_{B}} \right) \quad (7.31)$$

由于两边相同的分母，使得该输出电压可以合并成以下公式

$$U_{AB} = U_0 \frac{R - \nu \Delta R_\varepsilon + \Delta R_T - R - \Delta R_\varepsilon - \Delta R_T}{2R + (1 - \nu) \Delta R_\varepsilon + 2\Delta R_T} \quad (7.32)$$

由此可得

$$U_{AB} = U_0 \frac{-(1 + \nu) \Delta R_\varepsilon}{2R + (1 - \nu) \Delta R_\varepsilon + 2\Delta R_T} \approx -U_0 \frac{-(1 + \nu) \Delta R_\varepsilon}{2R} \quad (7.33)$$

尽管在图 7.22 中，拉伸影响和温度影响以类似的方式作用在单个应变片的电阻上，而在方程式（7.32）中只剩下拉伸影响仍然出现在分子上。

通过代入方程式（7.28）和 k 值假设为 2，该算式可以进一步推导为

$$U_{AB} \approx -U_0 \frac{-(1 + \nu)}{2} k_\varepsilon \approx -U_0(1 + \nu)\varepsilon \quad (7.34)$$

对于其他几何形状，可以构建相似的计算式，例如，测量弯曲应力时应变片应该应用在内侧和外侧，内部压缩对应于外部拉伸，对于该几何形状，上述等式中的 ν 应该用 1 来替换，然后可得

$$U_{AB} = U_0 \frac{-2\Delta R_\varepsilon}{2R + 2\Delta R_T} \approx -U_0 \frac{-\Delta R_\varepsilon}{R} \quad (7.35)$$

代入方程式（7.28）和 k 值假设约为 2，有

$$U_{AB} \approx U_0 k_\varepsilon \approx -2U_0\varepsilon \quad (7.36)$$

当测量扭转应力时，例如在轴上（参见本章 7.4 节），将应变片成对应用在纵轴上成 +45° 和 -45° 处（即彼此成 90°），则 U_{AB} 的计算方法同弯曲梁一样。

不论几何布置如何，温度影响却无法得到充分补偿，一方面，它通过分母项对电桥灵敏度的影响仍然很小，另一方面，k 值和应变片的机械性能也在更小的程度上受温度影响。这些间接的影响的完全补偿也是以温度测量和在后续的电子器件中进行修正为先决条件。

7.3.2.2 布拉格－光栅

布拉格－光栅对应变片来说还是个相当新颖的替代方案，它将会作为光学应变片而市场化。它由一个光导纤维体组成，其折射率在几厘米的环状空间内随着长度而变化，这些变化将导致确定的波长反射和不再传播。当光导纤维体拉伸时，折射图案的距离改变，从而反射的波长也发生移动。布拉格－光栅在抵抗化学影响方面比普通应变片更鲁棒。经常使用的石英玻璃也没有显示出明显的热膨胀。由于进行光学处理，因此电磁兼容性也更好 ［Kreuzer07］。布拉格－光栅和其光学信号处理的成本甚至比应变片更高。

7.3.2.3 磁弹性传感器

磁弹性效应是磁致伸缩的反效应。因为其内含的分子磁铁自身均匀排列对齐，

在磁致伸缩中，铁磁性材料会沿着磁场伸展。同样，分子磁铁的均匀排列对齐也能通过机械拉伸来实现。由于这些共同的排列对齐，使得相对磁导率在拉伸方向上增强了。这个变化了的磁导率可以通过周围线圈的电感而显示出来。通过这个原理可以测量力，尤其吸引人的是该原理可用于在旋转部件上的转矩测量，因为磁导率可通过线圈进行无接触地检测。

7.3.3　称重小室

通过应变片或者类似传感器的运用，人们可以在发动机外部以及发动机内部的许多位置测量力，但这需要复杂的准备工作。传感器也没有被保护免于环境干扰。在结构上可行的情况下，可以更加容易地分离力的传递线路和将封闭的"盒子"放在用于压缩或者拉伸的"棍子"里。一个典型的，已经在第 6 章中提及的应用方式是测功机的反作用力矩的测量。对此，测功机上一根固定长度的杠杆通过一根杆固定在底座上。该杆件由两部分组成，在这两部分之间有一个称重小室。通常情况这些已经包含在测功机的交付范围内。

在最简单的情况下，一个称重小室（Load Cell，加载单元）由两个接触面组成，外力作用在这两个面上，并且在内部有一根或多根压缩/拉伸杆将这两个面连接起来。应变片位于这些杆上，连接成典型的电桥（图 7.23）。此外，也有称重小室的其他内部结构形式，例如使用弯曲梁或剪切杆〔Norden98〕。

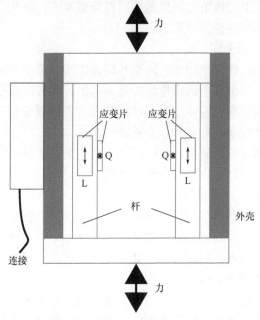

图 7.23　称重小室的结构，L 应变片在"棍子"的纵向方向（在图中垂直方向）测量，Q 应变片在"棍子"的横向方向（图中为图中平面向里）测量

7.4　转矩传感器

在发动机试验台架章节中提到转矩测量时，首先是发动机输出的转矩，即转轴的转矩。在发动机试验台架运行期间必须记录的许多测量参数中，这个转矩起着特别重要的作用。其原因是转矩是除了转速之外的，确定机械功率所需的两个核心测量参数之一，为了确定机械功率，采用最适用的关系式

$$P_{mech} = M_D \omega \tag{7.37}$$

由于转矩测量在技术上也是相当苛刻的，所以这里辟出相对详细的章节进行描述。在转矩测量的技术任务中，首先要区分两种应用形式：旋转部件和非旋转部件的测量。如用于非旋转部件的转矩测量是转矩扳手，或诸如用于确定扭转弹簧刚度的测试设备。

如果不选择特殊的间接测量方法，发动机试验台架中旋转部件上的转矩测量是技术上更加昂贵的测量。另外，非常重要的环境条件，比如温度分布、交变的载荷和由于旋转引起的离心载荷往往也相当复杂。

7.4.1　测量原理的基本分类

7.4.1.1　间接的转矩测量

由于在旋转轴系上的转矩的测量是特别耗费成本的，因此，显而易见的是首先寻找可以避免这种情况的替代方案。

1. 基于电功率的测量

如果功率和转速已知，则功率、转矩和转速之间的关系可用于确定转矩。其前提是连续测量转速。如果发电机用作测功机动力源，则可以根据发电机产生的电功率来估计发动机机械功率。同样，当在计算过程中考虑效率时，这种方法仍然是一个估计，因为这样的效率绝对不是一个常数。

在目前的发动机试验台架中，由电功率来确定的方法极少用作转矩测量的唯一形式，因为其精度一般已不再符合当今的要求。

2. 通过摆锤机测量反作用转矩

这种测量的原则是基于牛顿定律中作用力和反作用力基本原理，在这种情况下，就是力矩和反力矩。内燃机输出的转矩应该在轴系上测量，因此，具有相反符号的相同力矩必须从轴系传到测功机。如果先忽略将在下面讨论的特殊现象，那么至少作为第一近似值是合适的。

测功机只能吸收这样一个力矩，当其自身相对于环境来支撑的话，通过这个力矩是不能产生旋转的。通常，转矩受到的支撑特性：测功机壳体的支撑力在不同的支承点是不同的。然而，如果测功机设计为所谓的摆锤机（cradle mounted dynamometer），则支撑力矩在测量技术上是可接受的。这就意味着，测功机的壳体可以

围绕着轴的旋转轴线旋转，该旋转仅受单个支承点阻碍，在该支承点可以测量支撑力。这种结构的原理如图 7.24 所示。应该注意的是，导入的力矩也通过测功机的转子与定子之间的空气间隙转移，因为电磁力在这里起作用。

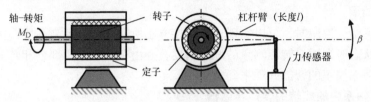

图 7.24　摆锤机转矩测量原理结构图

在稳态运行时，也就是恒定转速和恒定转矩下，就像静力学一样，力矩平衡也适用。这意味着，围绕旋转轴的所有力矩的总和必须为零。因此，在引入的转矩 M_D 与力传感器的力 F 之间获得与杠杆臂 l 相关的简单关系式

$$M_D = l \cdot F \tag{7.38}$$

通过这个关系式，现在可以计算当 l 是已知的，并且测量 F 时的转矩。通过测功机支承的摩擦和其他可能的附加转矩获得确定的限制条件，这些转矩在方程式（7.38）中没有被考虑，并且也很难去考虑。

该测量原理的主要困难在于应用于动态测量。力矩平衡的应用的前提，是所有涉及的物体要么都要处于静止状态（例如测功机的定子），要么围绕惯性轴（即受力平衡的轴）以恒定的转速旋转。如果这些前提不适用，那么围绕旋转轴线（这里称之为 x 轴）的所有力矩的总和不是零，而是等于围绕该轴的总的角动量 L_x 的时间导数

$$\sum_i M_{xi} = \sum_k \dot{L}_{xk} \tag{7.39}$$

单个角动量的这种时间推导，在这里是作为角加速度或角速度的时间导数（一方面）和质量惯量矩 J_k（另一方面）的乘积而得到的。其中，首先要精确地考虑两个物体，即测功机的转子和定子。转子的角加速度来自于角速度 ω 的时间导数，定子的角加速度来自于通过杠杆臂和力传感器的支承的挠性。角度 β 肯定总是要偏离平衡位置一点点，但是在高转速时，不能排除其二阶时间导数仍然作为重要的部分影响总力矩。

$$M_D - l \cdot F = J_{Rotor} \dot{\omega} + J_{Stator} \ddot{\beta} \tag{7.40}$$

换句话说，这种关系也可以描述如下：在动态情况下，引入的转矩 M_D 不再完全提供反作用力 F。相反，它被部分地"消耗"，以加速转子（并且可能是定子的倾翻运动）。因此，为了以简单的方式从力 F 的测量中确定轴的转矩 M_D，方程式包含太多测试技术上难以概括的表达。

在目前的发动机试验台架中，摆锤机如同以往一样仍然用于转矩测量，尽管下面描述的旋转转矩传感器占有越来越多的市场份额。与电涡流测功机和水力测功机

相关联的摆锤机测量原理最广泛地用于测功机。在评估测量可靠性时，除了必须考虑到它在动态转矩测量方面的缺陷外，还要考虑测功机定子的摆动支承部分的摩擦。在要求较高的情况下，这方面的成本会明显增加，如不得不采用符合流体静力学的滑动轴承。

当两者结合使用时，可以实现这些间接方法所能达到的最高精度。可以利用在稳定运行状态时摆锤机转矩测量的好的精度，并由在动态转矩部分和转速变化时所产生的电功率校正的智能处理来确定。

7.4.1.2　轴系中的旋转的转矩传感器

为了避免间接测量方法的弱势，如今在发动机试验台架上通常采用旋转的转矩传感器来测量转矩，转矩传感器直接在轴系上测量由发动机给出的转矩。这里也称之为在线转矩测量或在线转矩传感器。

实现这种方法的所有技术上重要的方法，都或多或少地涉及扭转变形的直接测量，扭转变形是通过需要测量的转矩所引起的。

与这里所使用的特殊的测量原理无关，通常在机械上实施测量有两种可能性：一种可能性是，可以根据传感器原理（具有不同的实际可行性）测量部件的扭转变形，该部件通常为已经存在于试验台架中的万向轴。另一种可能性是，一个专门设计的测量体可以安装在轴系上，例如在万向轴与测功机之间。这种方法的优点在于，用于变形测量的测量体也可以专门设计，以满足信号传递的要求。这种解决方案称之为更狭义上的转矩传感器或转矩接收器，根据它的结构形式，也可称之为转矩测量轴或转矩测量法兰。

再者，旋转部件的测量任务必须得到解决。这意味着，测量信号必须在非旋转环境中，从旋转部件上传递到测量用电子设备中。根据测量原理，附加的、测量所需的电能也必须传递到旋转轴上。在万向轴上进行扭转测量时，为实现此目的所需的遥测工作，通常用作为具有独立硬件的独立任务。另外，转矩传感器通常形成由实际的、旋转的部件，所谓的转子和不旋转件配合件，再加上定子构成固定的一对。通常使用传递原理，它只有很小工作的范围，需要与通信部件彼此非常精确地定位。部分地，转子和定子组合在一个壳体中，部分地分开安装，并且如果有必要的话，彼此对准以保证传递。

鉴于如今可提供的遥测技术的可能性，对于实际上任何测量原理，都可以找到合适的遥测解决方案，这使得旋转轴系上的测量成为可能。然而，这种测量原理看起来特别精细，其中扭转变形的测量以及把这些信息非接触地传递到非旋转部件上的系统，形成了一个整体单元。因此，下面首先简要地介绍两个这样的测量原理。

1. 使用变压器原理测量扭转角度

很明显，可以通过评估在轴的纵向方向上具有确定距离的两个固定点之间的角度来测量旋转轴的一段的旋转。这里简要地介绍一下有代表性的结构原理。

在作为扭转轴设计的测量体的两个固定点处，圆柱形金属套筒总是同轴地安装在测量体上。两个套管设有纵向狭缝并且彼此同轴地封装。与起作用的转矩相关，套筒彼此相对旋转，并且狭缝的重叠与转矩成比例地变化。变压器原理用于这种扭转的电测量。变压器线圈同样同轴地围绕扭转轴，两个开槽的套管作为一次侧绕组与二次侧绕组之间的屏蔽。变压器的耦合现在是可测量的，它取决于两个套管的狭缝重叠有多宽。

这种测量原理的优点在狭义上来说是不需要在转子和定子之间传递电测量信号。然而，通过整齐地布置，可以将一次侧绕组和二次侧绕组两者安装在转矩传感器的非旋转部分（即定子）上。

然而，该测量原理在发动机试验台架中的应用有明显的弱势。一方面，原则上要求测量体具有相对细长的测量轴的形式，并且存在可测量的扭转变形。然而，这种结构形式由于机械方面的原因，在试验台架领域中并不是有利的，这在下面会进一步讨论。并且，多年来它已经被更短的结构、更刚性的几何尺寸所取代。此外，测量原理要求在转子与定子之间进行非常精确的定位。因此，尽管测量信号可以非接触地传递，但也要求通过滚动轴承进行转子与定子之间的机械连接。另外，考虑到摩擦影响和维护费用的原因，这种测量原理在试验台架领域同样也没有优势。

2. 表面声波的测量方法

当某些固体处于机械应力下时，表面声波（Surface Acoustic Waves，SAW）在传播过程中其传输特性会发生明显的变化。当用在转矩传感器时，该机械应力是来自轴上的扭转载荷。使用压电材料作为表面声波的介质，这是以晶片形式安装在常规的旋转轴或测量体的金属材料上。晶片与测量体的材料之间的连接必须很紧固，使得测量体的机械应力（张力或间接应变）也可以传递到晶片上。由于扭转应力，晶片的位置和取向必须沿着测量体的应力或应变方向。下面将结合基于应变片的转矩测量，来更详细地讨论这个问题。

由于压电效应，很容易在晶片上引起机械变形，也就是电感应声波。将合适的电极对放置在晶片上，然后使其经受交变电压，该交变电压可以通过交变的电磁场，以非接触的方式感应到，该交变的电磁场又是由传感器装置的非旋转部分产生的。

可以根据不同的原理来处理波的传播转速。例如，波可以在压电晶片上传播一段距离，然后被第二电极对拾取，见［Drafts01］。通过对振幅和/或相位信息的处理，可以得出有关转矩的大小和特征的结论。另一种方法是通过测量耦合到压电晶片上的一对电极的阻抗来确定谐振频率的变化，并由此确定机械应变，然后间接地确定转矩，详见［Lonsdale］。

本小节中所讨论的声波波长是由压电晶片的尺寸给出的，其范围在一位数到低的三位数的 μm 范围内。考虑到表面声波的传播速度，由此得出相关的频率，这些频率范围通常在几兆赫兹到几个吉赫兹的范围内，因为通过诸如由电驱动、变换器等引起的低频辐射之类引起的干扰很小，所以这些频率非常适合于非接触式传递。

根据该专利方法工作的转矩传感器是可以商购获得的。然而，它们的应用范围是具有更低的转矩，而且对成本要求较高。由于其对测量精度的高要求、相当大的转矩和困难的环境条件，它们并未用于发动机测试领域。类似于上述的变压器原理，该传递原理还要求在转子与定子之间非常精确的定位。这意味着，尽管测量信号以非接触式传递，但仍需要在转子与定子之间以滚动轴承的形式进行机械连接。

7.4.2　应变片作为转矩传感器的测量原理

为了确定发动机试验台架上旋转轴系中的转矩，如今已经使用了应变片测量原理（DMS），见［SchiWege02］。尽管在这种情况下传递是需要单独解决的问题，但是可以通过适当的努力来解决。DMS 测量原理在测量精度和抗干扰性方面的优势证明了这一努力的合理性。这里，在下面讨论电源电压和测量信号的传输之前，应首先讨论这种测量原理。

如在 7.3.2 小节中所述，DMS 是用于变形测量的一种传感原理。为了转矩的测量，首先最明显的一个方法是一个直的轴系的变形测量。其中，这种考虑最初是与要测量万向轴的变形或在转矩传感器的情况下测量体的变形无关。

同样如在 7.3.2 小节中所述，应变片测量应变 ε，在最简单的情况下，应清楚地解释为比值 $\varepsilon = \Delta l / l$。在应变的定义中，其前提是载荷（应力 σ，即每单位面积的力）和变形（应变 ε）作用在相同的方向上，通过转矩加载的轴的变形是扭转问题，产生的变形是轴的扭曲。当在表面上的某个点局部观察时，载荷为剪切应力，变形为剪切变形。然而，此分类取决于：如何在研究位置中定义载荷和变形方向的坐标系，见图 7.25a。

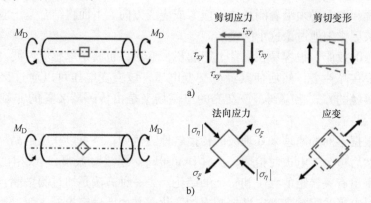

图 7.25　扭转轴的载荷。轴表面上一个小立方体单元上的应力和变形的局部观察
a）坐标系平行于轴向　b）坐标系相对于轴向旋转 45°

对于圆形扭转轴（实心轴或空心轴）表面的剪切应力 τ，根据［RichSand13］可得到

$$\tau_{xy} = \frac{M_D}{I_p} \frac{D}{2} \tag{7.41}$$

式中　M_D——转矩（或技术力学意义上的扭转力矩）；

　　　D——轴的（外）直径；

　　　I_p——极惯性矩，这已经在 5.4 节中介绍过。

加载形式的特征在于该坐标系中的法向应力 σ_x 和 σ_y（拉伸或压缩应力）为零，因此，可以借助应变片（DMS）来测量变形。为了这个目的，应变片必须以与轴的纵向轴线成 45°的角度施加，如图下侧所示。

如果考虑到与长轴方向相反的旋转的坐标系中的扭转载荷，则在一般情况下，所有三个应力 σ_ξ、σ_η 和 $\tau_{\xi\eta}$ 都偏离零值。为了区分坐标系，旋转坐标系中的坐标名称采用希腊字母 ξ 和 η。应力 σ_ξ、σ_η 和 $\tau_{\xi\eta}$ 的确定取决于角度，可以通过变换方程或借助于所谓的莫氏应力回路以图形方式来实现。有关这些方法的详细说明可参阅目前使用的技术力学的教科书，例如［RichSand13］。这里，仅引用当前载荷情况的结果，这种情况在技术力学中被称为剪切（纯推力）。

现在，坐标系刚好旋转 45°，参见图 7.25b。在采用纯剪切时，该坐标系是所谓的主轴系统，这意味着，该坐标系中的剪切应力 $\tau_{\xi\eta}$ 为零。借助于变换方程或莫氏应力回路可以获得旋转坐标系中的法向应力

$$\sigma_\xi = \tau_{xy} = \frac{M_D}{I_P} \frac{D}{2}, \sigma_\eta = -\tau_{xy} = \frac{-M_D}{I_P} \frac{D}{2} \tag{7.42}$$

在解释这个方程的时，重要的是剪切应力 τ_{xy} 不是在新的、旋转坐标系中（这是零），而是在原始的、不旋转的坐标系中。

为了从法向应力 σ_ξ 和 σ_η 中确定纵向变形 ε，必须在双轴应力状态的公式中使用胡克（Hooke）定律。然后对式（7.18）中的一维公式进行推广

$$\varepsilon_x = \frac{1}{E}(\sigma_x - \nu\sigma_y), \varepsilon_y = \frac{1}{E}(\sigma_y - \nu\sigma_x) \tag{7.43}$$

其中，材料常数 E 和 ν 是在 7.3.2 小节中已经引入的弹性模量和横向收缩数。可以看出，在横向收缩数 ν 上，应力 σ_y 也为应变 ε_x 提供了贡献，反之亦然。对旋转的坐标系也是类似的

$$\varepsilon_\xi = \frac{1}{E}(\sigma_\xi - \nu\sigma_\eta), \varepsilon_\eta = \frac{1}{E}(\sigma_\eta - \nu\sigma_\xi) \tag{7.44}$$

如果使用上述确定的主应力 σ_ξ 和 σ_η，则获得应变

$$\varepsilon_\xi = \frac{1+\nu}{E} \frac{M_D}{I_P} \frac{D}{2} = \varepsilon_{45°}, \varepsilon_\eta = -\frac{1+\nu}{E} \frac{M_D}{I_P} \frac{D}{2} = -\varepsilon_{45°} \tag{7.45}$$

其结果，可以通过将应变片相对于轴的纵向轴线旋转 45°布置来测量扭转变形。应变的符号可以确定它们是沿正向还是反向旋转 45°。在下文中，应变缩写为 $\varepsilon_{45°}$ 和 $-\varepsilon_{45°}$。

在测量变形时，最好连接多个应变片（DMS）以形成惠斯通半桥或更好的是全桥（详见7.3.2小节），因此，所描述的符号关系提供了理想的先决条件：两个应变片（DMS）放置在相同的位置，其中一个相对于轴的纵向轴线旋转+45°，而另一个则旋转−45°，见图7.26左上侧。如果转矩为正，则为正，而另一个则为负输出信号。根据应变片的基本方程式（7.27），输出信号表现在应变片的电阻R的变化中，并带比例因子k

$$\frac{\Delta R_\varepsilon}{R} = k\varepsilon_{45°} \tag{7.46}$$

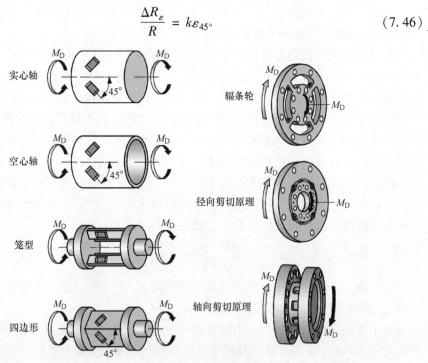

图7.26　基于DMS测量原理的转矩传感器的可能的测量体形式。（霍廷格鲍德温测量技术有限公司友好地许可使用该图片）

根据相关应变片的方向，将电阻增加或减少ΔR_ε，

$$R_{neu} = R + \Delta R_\varepsilon = R(1 \pm k\varepsilon_{45°}) \tag{7.47}$$

如果将两个应变片连接起来以形成半桥，则它们的测量信号相加，实际上，应变片制造商为此提供特殊的应变片，其中包含在单个载体箔片上以45°角布置的两个测量栅格。

在构建转矩传感器时，这种原理还要进一步地完善：在这对应变片的对面镜面式地安装第二对应变片，因此使用了四个应变片，可以将它们连接起来以形成一个全桥。使用参照图7.27的编号，可以将测得的电压U_{AB}表示为作用在电阻R_3和R_1上的电压之差。这些分压又借助于分压规则作为电源电压U_0的函数来表示，从而获得所测电压的表达式

在全桥电路的情况下，电阻代表总的应变片（DMS），而应变片在受载时会改变其电阻

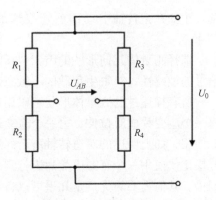

$$U_{AB} = U_0 \left(\frac{R_3}{R_3 + R_4} - \frac{R_1}{R_1 + R_2} \right)$$

$$(7.48)$$

通过适当地将向右和向左旋转 45° 的应变片相互连接，这适用

$$R_2 = R_3 = R + \Delta R_\varepsilon = R(1 + \kappa \varepsilon_{45°})$$

$$(7.49)$$

以及

$$R_1 = R_4 = R - \Delta R_\varepsilon = R(1 - \kappa \varepsilon_{45°})$$

$$(7.50)$$

图 7.27　带有电源电压 U_0 和测量电压 U_{AB} 的惠斯通电桥

将式（7.48）和式（7.49）代入式（7.47），可得

$$U_{AB} = U_0 \left(\frac{R(1 + \kappa \varepsilon_{45°})}{R(1 + \kappa \varepsilon_{45°} + 1 - \kappa \varepsilon_{45°})} - \frac{R(1 - \kappa \varepsilon_{45°})}{R(1 - \kappa \varepsilon_{45°} + 1 + \kappa \varepsilon_{45°})} \right) \quad (7.51)$$

最后通过简化分数项，并用式（7.45）［原书为式（7.44），有误］代替 $\varepsilon_{45°}$

$$U_{AB} = U_0 \kappa \varepsilon_{45°} = \frac{1 + \nu}{E} \frac{M_D}{I_P} \frac{D}{2}$$

$$(7.52)$$

根据所使用的输入关系，这种关系同样适用于实心轴和空心轴。它们在各自的极惯性矩 I_P 方面彼此不同。空心轴的优点在于，可以在更少地采用材料的情况下，获得相对于弯曲力和横向力更大的刚度。

如果通过将应变片直接施加到万向轴来实现转矩测量，那么实际上总是存在所述的扭转轴的几何形状。然而，这在道路测试中比在发动机试验台架的情况更多。扭转轴也经常用作转矩传感器的测量体形式。然而，这里可以从种类繁多的测量几何体中进行选择，其中每种几何体都有一定的优势，如图 7.26 所示。基本型扭转轴的另一变型是四边形轴（方轴），它的主要优点是简化了应变片的组装。

基本上不同的方法是基于使用许多承受弯曲载荷的支柱或辐条。在纵向排列的支柱的情况下，获得所谓的笼型结构。在径向布置辐条的情况下，可获得辐条轮形式的测量体。必须注意辐条轮在轴系上的安装：一端连接到辐条轮的内圈（"轮毂"），另一端连接到外圈。特别是测量小的转矩时，使用笼型和辐条轮，因为它们允许在低的转矩下非常高速地旋转。因此，它们实际上不适用于试验台架领域。

辐条轮和笼型结构都是在发动机试验台中极为有利的变型。为此，承受弯曲载荷的辐条或纵向支柱被所谓的剪切梁所取代。这些是非常短的梁，它们的设计也使得弯曲变形在实际意义上非常小。在这种情况下，剪切变形占主导地位。不同于弯曲变形的测量，为了测量剪切变形，应变片安装在弯曲梁的侧面，而不是顶部和底

部。正如在扭转轴中局部剪切变形的测量一样，应变片相对于梁的纵向轴线旋转45°。

选择测量体几何形状的因素包括刚度，结构长度，由于大的变形导致高的测量信号的敏感性，对寄生负载的不敏感性。

所有描述过的测量体形状可以用以下方式连接多个应变片：在相同的负载下，每一个应变片成对拉伸，另一个应变片成对受压。因此，全桥电路总能以有利的方式使用，如上所述的对扭转轴所示的那样。首先，这意味着在相同变形下的测量信号要比仅使用一个有源应变片进行测量时要大得多。根据几何形状，通常可以达到四倍。其他重要的优点是几乎可以自动补偿许多干扰影响，尤其是温度的影响，如下所述。

7.4.3　供电和测量信号的传递

7.4.3.1　非接触式传递的问题和解决方案

用应变片在旋转部件上测量的经典解决方案是滑环。对此，在最简单的情况下，必须至少有四个通道：两个用于提供电源电压 U_0，另外两个用于读取桥的对角线电压 U_{AB}。然而，实际上，六线技术始终用于测量参数传感器，特别是在困难的条件下，应变片是全桥式的，也就是在所提到的四条线上添加了两条所谓的感应线。然而，由于传递过程中的机电效应，滑环具有明显的缺点，例如磨损、摩擦和对测量信号的干扰。因此，如今它们几乎让位于发动机试验台的供电电压和信号传递的非接触方式。

对此，实际测量信号的传递在今天看来是相对不成问题的，主要困难在于必须在转子上提供电源电压 U_0 来为应变片的电桥供电。由于应变片全桥的典型电阻仅为350Ω，所以必须提供不能完全忽视的功率。

当使用单独提供的遥测装置时，电池通常必须安装在旋转部件上。这种解决方案更多地在道路试验时在转向轴区域采用应变片的转矩测量中得到应用，这需要更多的维护费用。因为是在变速器的另一侧，所以转速也低于在发动机试验台架的应用，因此，能更好地应对这种解决方案带来的不平衡问题。另一方面，在试验台架技术中，实际上只有能量供给是不接触地从定子转到转子上。

因此，在转矩传感器用于试验台架的情况下，必须满足无线传递的两个任务：能量必须从定子传递到转子，以便为应变片测量桥路提供电源电压。此外，测量信号必须从转子传递到定子，以便供随后的电子器件（例如试验台架调节器）所用。通常，对于两个传递任务都使用具有合适频率的直接感应耦合。

特别地，能量传递需要转子和定子的天线之间的距离较小。有时，转矩传感器也用于试验台架的应用中，其中转子和定子通过滚子轴承相互引导。然而，通常转子和定子不是彼此机械地连接。为了确保无缺陷地传递，在这些转矩传感器中，必须严格遵守制造商规定的距离或间隙宽度。实际上，在目前所有这种类型的转矩传感器中，天线用与旋转轴线同轴布置的绕组形式布置在定子上。定子上的对置天线通常也由一个环形线圈所组成，部分仅由导电材料环所组成，也就是有一个单独的绕组（图7.28）。在转矩传感器单一类型的情况下，代替完全围绕转子的天线环，在定子侧使用了只在很小程度上围绕转子的天线。这意味着增加开销以确保良好的传递，同时也具有机械方面的优势。一方面，使组装变得相当容易，另一方面，不存在对振动的敏感性的问题，这有时需要对更大的环单独采取措施。

图7.28 转矩－测量法兰，由转子和定子组成。可见到转子和定子的天线环之间的间隙（深色处）。拍摄时两个组件都固定在一起

解决两个传递任务，令人满意且最简单的方法是使用单独的、空间上分离的天线对（分别为转子和定子天线），来供给能量和传递测量信号。然而，这只对具有相对较大结构长度的转矩传感器是可行的。同时，由于机械原因，该转矩传感器现在已不再用于发动机试验台架。在目前惯用的、短结构的转矩传感器（转矩测量法兰）中，由于空间原因，必须在几乎相同的位置解决两个传递任务。有时，尽管安装空间紧凑，但相同的天线既可以用于完成两个传递任务，也可以用分离天线。然而，在这两种情况下，必须避免通过能量传递影响测量信号传递的问题。最常见的解决方案是使用两个截然不同的频段进行传递。在这种方法中，电源的典型频率范围为 20～500kHz，信号传输的频率范围为 5～20MHz。

7.4.3.2　应变片电桥的供电

因此，仍然必须处理传递到转子的电能。应变片测量电桥的供电需要具有规定幅度的稳定电压。即使原则上可以使用交变电压供电，并且甚至是有利的，但也不能直接将其耦合。也就是说，转子上相当复杂的电子器件将耦合的电压转换成用于应变片电桥的稳定电源电压。对于大多数转矩传感器来说，这是直流电压。只有在最高精度要求情况下，才采用载波频率电源，参见［Kuhn07］。在这种情况下，必须再次注意的是，使用载波频率始终限制信号带宽的上限，也就是说，如果载波频率不高几倍，则可测量转矩的动态性将受到限制。

7.4.3.3　非接触式传递的测量信号的处理

在转子上必须存在合适的电子器件的另一个任务是测量信号的处理。在应变片电桥的输出信号中，振幅首先是与转矩成正比的参数。然而，在非接触式传递的情况下，振幅是最容易受到无法精确计算的损失和干扰的参数。因此，测量信号在传递之前，就要在所有工业上可提供的转矩传感器中进行转换。这里使用两个常见的基本变体。第一个变体是，自 20 世纪 90 年代以来已引入的频率调制，其中输出信号的频率与转矩成比例关系，方波形式的信号占了上风。在这种情况下使用的频率，仍然要求将该信号调制到用于实际传递的更高频率的载波信号上，参见［SchiWege02］。

第二个在如今越来越重要的输出信号的变体是：测量信号已经在转子上数字化，然后以无接触的方式传递数字值，这里所说的内容也适用于被非接触式传递所选择的频率。

7.4.4　测量精度和结构设计方面的影响因素

在关于测量参数传感器和测量仪器的测量精度或测量不确定性的讨论中，要区分三个领域方面的问题。首先是校准，下面会用单独的章节来介绍它。其次是测量技术上的特性，如分辨率、线性度等，也就是说这些仅通过测量技术出现在理想的测量条件下。最后，第三个问题是测量结构装置的影响和环境条件的影响作用。对于转矩传感器的制造商而言，这些影响比起其他基于应变片的测量参数传感器具有更大的挑战性。旋转式传感器中的环境条件由于离心负载和由于特定的温度特性而变得特别恶劣。此外，转矩传感器的转子包含上述复杂电子器件，使得特别多的和潜在的敏感部件暴露在这些恶劣的环境下。

有关与转矩传感器测量技术相关的所有参数的完整列表和说明参阅指导方针［VDI2639］和文献［SchiWege02］。

7.4.4.1　在理想环境条件下的测量精度

描述在理想环境条件下测量精度的测量技术上的参数，主要包括转矩传感器中的线性偏差（如果没有补偿）、机械滞后、重复性（测量结果的统计离散），还有分辨率。

对于用于试验台架的最新转矩传感器，根据制造商的规范，这些值通常小于额定转矩的 0.05%。然而，并非所有制造商都单独指定所有这些属性。

在这个分组中，这里首先应强调磁滞现象。因为在当今的转矩传感器中，滞后现象是剩余的测量不确定度的特别重要的定量部分，并且它实际上不能通过电子的或计算的措施进行补偿。

磁滞可以看作为特性曲线（转矩与输出信号或实际转矩与显示的转矩之间）之间的差异，一方面是增加的转矩和另一方面是减小的转矩。为了确定相应的特征值（例如在校准范围内），转矩分级地或连续地从零增加到额定转矩，然后再次减小。通常将所谓的反转跨度 h 作为特性数，这是增加转矩的特性曲线与减少转矩的特性曲线之间的最大差值，如图 7.29 所示。

术语磁滞的扩展是所谓的机械剩磁 t，也称为零点磁滞，参见［RöskPesh97］和［DKD3 – 5］。与确定磁滞一样，通过增加和减小转矩来确定特性曲线。不仅是从零到额定转矩，而且从负的额定转矩到正的额定

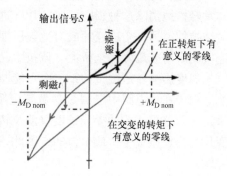

图 7.29　一个转矩传感器的示意曲线（不是按比例的）。黑色：在零负载到 $+M_{\rm D,nom}$ 负载的磁滞回线，灰色：在交变负载从转矩 $-M_{\rm D,nom}$ 到 $+M_{\rm D,nom}$ 时的回线

转矩（反之亦然）。滞后效应的结果是，即使是零转矩，也可获得不同的输出信号（和显示的转矩），具体取决于是从正的额定转矩还是从负的额定转矩达到零，区别在于剩磁 t。在考虑转矩测量的测量精度或测量不确定性时，长期以来忽略了这种效果，但在发动机试验台架的应用中尤为重要，因为不仅在实际的负载循环中，还必须模拟行驶状态，在这种情况下车辆会滚动，并且也会通过车轮带动发动机转动。这意味着，如果旋转方向保持不变，则转矩的旋转方向是相反的。

尽管磁滞和剩磁是确定性的物理过程，但是它们在试验台架中对转矩测量的影响实际上无法通过理论上的考虑来补偿。其原因在于，这种影响不仅取决于当前的负载转矩，而且尤其还取决于之前的负载状况。在曲线图中，特征曲线通常显示为闭合曲线（所谓的磁滞回线），这是指在极端情况下，即仅当达到满额定转矩时才会发生负载方向的反转。由于实际上这通常是另一回事，可能的读数会在区域中的某个位置，而这个区域的外部界限由磁滞回线给出。

另一个测量技术特征是零点稳定，这个特征对测量精度是非常重要的，通常是在没有具体参考环境条件的情况下定义的。然而，实际上这个特征非常依赖于使用条件。除了上面已经描述的零点滞后外，温度条件和长期影响在这里也起着重要的作用。

7.4.4.2 温度的影响

温度影响可以通过实际中叠加的大量物理效应而形成。最重要的将在这里做简要解释。

温度影响的第一个可能的原因是测量体的温度膨胀。由于应变片首先测量应变，因此，无法将可能的温度膨胀与转矩引起的膨胀区分开。但是，借助电路可以非常轻松地消除这种影响：应变片以这样的方式连接，即当负载相同时，应变片成对地拉伸，另一个应变片成对地被压缩。在惠斯通电桥的意义上，将这些应变片对连接到半桥或最好是全桥上。该技术已经在7.3.2小节中介绍过。

温度影响转矩测量的第二个可能原因，是温度对应变片测量桥中导线电阻的影响。由于在桥电路中电测量参数是电阻，所以这种变化会产生错误显示转矩的效果，尽管这里相关的导线长度仅涉及转子内部的短的导线。由于转矩传感器中的应变片都是连接成半桥或全桥的，因此，这种效果作为最接近的近似值，也可以自动补偿。

然而，这种自动补偿的先决条件是完全对称的结构设计。不仅是各个应变片的安装位置的对称性，而且到整个桥的应变片的导线还要具有完全相同的长度，这使得在温度变化时，所有导线的电阻变化都是相同的。

温度影响转矩测量的第三个可能原因，是测量体的材料由于温度变化引起的弹性模量的变化。为了补偿这种影响，可以将取决于温度的平衡电阻专门集成到测量桥中。

在此没有详细说明，作为最后一个温度影响转矩测量的可能原因应该是作用机理，即承受转矩传感器转子中的温度负载的电子器件也可能对转矩测量产生温度影响。同样，在这个范围内，温度影响也会对零点产生作用（或作为任何测量转矩的偏移）。此外，在电子器件中，还存在所谓的与温度相关的增益因子，在此也可以进行优化，使影响最小化和/或者可能采取补偿措施。

对于温度影响方面整体上来说，制造商正在花大力来减小温度影响。这些措施可以大致分为机电措施，例如测量桥尽可能大的对称性以及电子的或计算的补偿方法。后者要求将测量体的温度测量集成为转子电子器件中的补偿的输入参数。补偿的两种方法由不同的制造商以不同的权重组合。已经表明，电子补偿在许多分支领域都达到了极限，这是由于转矩传感器转子内部的温度分布往往极不均匀。比如，当转矩传感器紧邻测功机安装时，通过单侧加热时，就会出现这种现象。另一个可能的原因是由于高转速时行驶风引起的冷却，这使得边缘处的温度低于内部的温度。也就是说，存在径向温度梯度。温度动态分布（在试验台中也经常出现）进一步加剧了这种现象。这些困难的原因在于电子补偿的方法：作为补偿的基础，实验记录了一条曲线，该曲线显示了测量偏差与温度的关联性。这是在实验室的烤箱中进行的，其中温度条件通常是均匀的和稳定不变的。在实际运行过程中，温度传感器的位置与各个单独组件之间的差异足以产生完全不同的温度特性。

　　然而，不管各制造商的补偿策略如何，应该强调的是，当今的转矩传感器所达到的温度影响参数只能通过复杂的措施来实现。因此，这些是残留效应的允许公差。总之，这些数值不能直接归因于物理原因，所以也不可能预测所显示的转矩是否太大或太小。

　　对于剩余温度效应的定量说明，已经在许多测量技术领域和传感器技术领域中很普遍地采用了数学描述，其中给出了两个独立的参数：

　　所谓的温度对零信号的影响是一个偏移量，它与实际转矩相加，而与当前的实际转矩无关。在数据表信息中，通常以相应类型的标称转矩的百分比来表示。在所谓的温度对特征值的影响中是与转矩的实际值成比例的测量偏差。这两种影响都是线性地取决于实际温度与相应的转矩传感器的标称温度（作为参考温度）的偏差。

　　通过所谓的温度系数从数值上来描述两种效应的允许的单一－测量偏差：TK_0 表示温度对零信号的影响，以基于相应的转矩传感器的额定转矩的百分比表示：

$$\Delta M_{\mathrm{D}} \leqslant \frac{TK_0}{100\%} \cdot \frac{\Delta T}{10\,℃} M_{\mathrm{D,nom}} \tag{7.53}$$

式中　　TK_0——每 10℃ 下 $M_{\mathrm{D,nom}}$ 的变化（%）。

　　TK_C 为温度对特性值的影响，以基于实际的、当前的转矩的百分比表示：

$$\Delta M_{\mathrm{D}} \leqslant \frac{TK_0}{100\%} \cdot \frac{\Delta T}{10\,℃} M_{\mathrm{D,ist}} \tag{7.54}$$

式中　　TK_0——每 10℃ 下 $M_{\mathrm{D,ist}}$ 的变化（%）。

　　应该注意的是，这些方程式各自代表了影响效应的允许上限，因此它们不能用于计算补偿。

7.4.4.3　寄生的机械载荷

　　转矩传感器的次生机械载荷是纵向力或轴向力、横向力或径向力以及弯矩。在实践中，通常横向力和弯矩难以彼此分离，因为弯矩是横向力作用的结果。

　　转矩传感器的结构设计的目标是仅通过转矩产生载荷从而获得测量信号。寄生的载荷对测量信号的影响被称为"超调"。转矩传感器的结构设计和优化的目的是将超调最小化。因此，在某些情况下，寄生的载荷可能很大，以至于导致干扰，而无法事先在测量信号中检测到，同时还会出现过载。另一方面，在允许范围内的寄生的载荷也会导致测量偏差，其对整体测量不确定度的影响很显著，甚至占主导地位，数量级可能达到额定转矩的 1% 或更高。

　　寄生的载荷的规格在不同的制造商那里是非常不一致的，并且常常不能令人满意或根本就不存在。在某些情况下，存在允许的寄生的载荷的规格，但是缺少有关可能发生的超调对测量信号影响的信息。这些规范中的一些也间接地涉及诸如耦合的质量。必须注意的是，发动机试验台架中相关的寄生的载荷对转矩测量的影响的信息往往不足以支持令人满意的测量不确定性的评估，这不仅是因为经常缺少有关超调的制造商信息，而且还因为在运行过程中发生的寄生的负载很难估计。

横向力和弯矩产生原因是，比如在轴系对准不良的情况下，部件的自重、不平衡和反作用力矩，还有例如由于工作循环期间的曲轴变形而产生作为冲击载荷的轴向力。

7.4.4.4　转速和动力学

转速和动态转矩通常在一个换气过程中提及，但这是两种截然不同的负载类型。它们的共同点是，在发动机试验台架上测量转矩时都是重要的可能的误差来源，然而这些误差通常没有得到充分考虑。两者都不能通过静态转矩校准系统的常规测试和校准来检测，因此在其影响方面特别难以评估。

转速主要通过离心力负载对转矩测量产生可能的影响。在每分钟数千转的常规的发动机转速下，测量体已发生可测量的变形。与温度膨胀类似，如果测量体和应变片-全桥的几何尺寸完全对称，这对测量信号没有影响。在这种情况下，应变片-桥不仅必须是电技术的，而且必须是机械的对称。此外，离心力也可能对转子的电子器件的功能产生影响。与完美特性的任何偏差都会影响测量信号。另外，还有空气摩擦的机械效应，更确切地说就是涡流效应，这些会影响实际的转矩，即在狭义上没有测量误差，而是测量的转矩与由试样传递的转矩的偏差。如上面关于温度影响所解释的，转速的影响也可以在概念上分解为对零信号的影响和对特性值的可能的影响。对零信号的影响至少在领先的制造商型式试验中给出。然而，另一方面，关于是否还会影响特征值的问题只有很少的研究，例如在文章［AndNolWe03］中。

在转速加载，即旋转运行的情况下，这样的转矩原则上可以是准常数。然而，在内燃机中，当忽略了发动机的不同工作行程的转矩脉动时才适用此考虑，相比于可能的工作状态，它更是一种理想化的选择。

动态转矩，例如就脉动转矩而言，原则上也可以在完全没有旋转的情况下发生。然而，实际上在发动机试验台架领域总是与旋转运行联系在一起。动态部分（例如旋转部件加速或减速所需转矩）的成因是内燃机的工作行程中的转矩脉冲或由测功计施加的负载的突然切换而引起的。这种影响还可以通过扭转振动进一步加强。

用于加速和制动的动态转矩通常在内燃机还可以在更长时间内传递的转矩范围内，只要它们与在稳态运行时的准静态转矩相当即可。当进行强制动时会出现重负载，在最坏的情况下，在试验台架中的一些部件会卡住或在紧急情况下必须迅速关闭。

在内燃机的试验台架中，不同工作冲程期间转矩的脉动非常重要。发生的动态转矩峰值比在一个完整周期内所有工作冲程的平均输出转矩要高出许多倍。在设计时，这也就是说，要考虑选择所使用的转矩传感器的测量范围，如果对于测量的处理，仅观察到不显示这些高频转矩峰值的滤波信号，则尤其会被忽略。

然而，在某些情况下，无法在转矩传感器的位置处测量这些脉动。如果轴系具有如此低的扭转-固有频率，则无法传递此动态转矩。根据测量的目的，可以接受这种现象，但是就尽可能正确地测量转矩而言，这是动态测量的基本问题。

　　这里将更详细地讨论试验台架中动态转矩测量的第二个基本问题。首先，考虑加速旋转部件所需的驱动转矩。根据旋转角动量与转动惯量 J 的关系，有

$$M_{\mathrm{D}} = J \cdot \dot{\omega} \tag{7.55}$$

现在的问题是：当确定惯性矩时必须考虑轴系中的哪些部件，如图 7.30 所示。

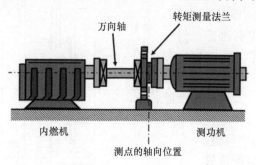

图 7.30　发动机试验台架的示意性结构图

　　如果 M_{D} 是由内燃机给出的转矩，则在惯性矩 J 中必须包含所有位于内燃机输出法兰以外的旋转体。这意味着：这其中包括测功机的转子、转矩传感器和万向轴。如果 M_{D} 是通过转矩传感器导出的转矩和可以通过转矩传感器测量，那么惯性矩 J 仅包含位于转矩传感器以外的转动体（更确切地说，是超出转矩传感器内测量点的轴向位置），惯性矩因此而不同。由于方程式（7.54）适用于这两种情况，因此，测得的转矩不能与内燃机提供的转矩相同。这是一个由测量设置产生的系统的测量偏差，即即使使用一个完美理想的转矩传感器也会发生偏差。

　　当然，这种考虑不仅可以在更长的角加速度相位中假定转矩或多或少地恒定的情况下使用，而且在短暂的转矩峰值导致角加速度的相位相对较短时，也就是说任何动态转矩也适用。在文献〔AndrWege06〕中可以找到针对试验台架中动态转矩测量的特殊性的更详细的描述。

7.4.5　结构形式、装配和连接

7.4.5.1　机械结构形式和在试验台架上的装配

　　转矩传感器的经典形式是"转矩测量轴"，一个长条的测量体，通常设计为实心轴。由于是长的结构形式，因此转子和定子通过滚子轴承彼此对中。滚子轴承也是必需的，因为在这种传感器中通常仍使用滑环。然而，在发动机试验台架上几乎找不到这种形式。与轴系的机械连接是通过滑键、夹紧连接以及以后的法兰进行的。

　　目前，所谓的转矩测量法兰实际上仅用于发动机试验台架。该名称表示与轴系的连接是法兰连接。此外，该名称还表示：结构形式是如此之短，以至于整个转矩传感器从外部看起来只不过是一个法兰，特别是只关注转子时。测量法兰的另一个

典型特征是在转子与定子之间没有通过滚子轴承机械对中。

由于特别短的结构形式，两个法兰盘之间的轴向空间太小，无法从侧面旋入装配所需的螺栓。因此通常使用一种特殊的装配方式，即所有的螺栓都是从同一侧旋入的，如图 7.31 所示。

装配定子时，确保转子和定子正确对中。一方面，即使有振动，在任何情况下都不得有刮擦。另一方面，必须保持规定的间隙宽度和最大允许偏移值，以确保正确的电源供给和信号传递。如果转矩传感器配备了集成的转速测量模块，则可能存在更严格的对中规范。

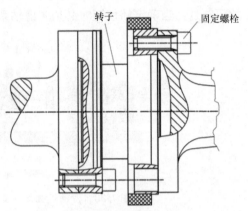

图 7.31　测功机万向轴（右）与连接法兰（左）之间的转矩测量法兰的转子的装配。所有螺栓均从右侧旋入

7.4.5.2　轴系中的装配位置

轴系中的测量点的位置对于实际测量的转矩是具有决定性意义的。即使使用理想的转矩传感器，轴系上每个点的转矩也不是内燃机实际给出的转矩。在更老的试验台架设计方案或特殊结构（其中内燃机与测功机之间的轴系由中间轴承支承）中，摩擦转矩是否也被检测，这取决于转矩测量的位置。在这种关系下，应特别注意由于动态效应而导致的上述偏差。

然而，除了转矩传感器的测量任务外，其在轴系中的位置也会产生影响。因为通过其扭转刚度和惯性矩，它会影响轴系中的固有频率和振动。

7.4.5.3　电气输出信号和电气连接

定子处的转矩–输出信号表示试验台架–测量技术或试验台架–控制技术的与其他部件的接口。

具有供电和测量信号的纯应变片–信号在旋转的转矩传感器中仅仅应用于滑环–传递。因此，现在在发动机试验台架的应用实际上已显得没有意义了。非接触式转矩传感器的历史最悠久并且在为非接触式传递选择的信号形式方面仍然不断开发出不同的变型：它是具有确定振幅的方波电压、对应于零转矩的确定频率，以及对应于正负方向最大转矩之间的机械转矩范围的频率范围。

示例：给定一个额定转矩（测量范围）为 $500\text{N} \cdot \text{m}$ 的转矩传感器，输出信号指定为

$$f_{\text{ausg}} = 60\text{kHz} \pm 30\text{kHz} \tag{7.56}$$

这意味着，转矩 $M_D = -500\text{N} \cdot \text{m}$ 时频率为 30kHz，$M_D = 0$ 时的频率为 60kHz，最后当 $M_D = +500\text{N} \cdot \text{m}$ 时的频率为 90kHz。

在 20 世纪 90 年代的测量法兰中，对于输出信号这种形式的频率 – 基准值直接从各制造商为转子与定子之间传递的测量信号选择的频率中获得。如今出于兼容性的考虑，通常也将其用于转矩传感器，此时所传递的信号已经是数字信号。随后在定子或配置的独立单元中进行转换。因此，可能的话，客户可以从不同的选项中选择频率 – 基准值。

然而，通过在定子中进行后处理，如今，转矩 – 接口也可以以模拟电压信号的形式获得，例如 ±5V 或 ±10V。也可以采用各种现场总线 – 接口形式的数字转矩接口。在这里，测量数据通常也要在定子中进行后处理或转换，以便于测量数据不受用于转子与定子之间传递的格式的约束。在定子中，有时也可以进行各种类型的信号调节选项，比如滤波。

总而言之，关于转矩接口，可以说转矩传感器的制造商在努力适应试验台架制造商的需求，以便可以使用不同的自动化和数据采集方案将传感器集成到试验台架中。实际上，所有制造商都为自身的产品提供不同版本的转矩接口。

7.4.5.4　具有集成转速测量的转矩传感器

将转矩测量和转速测量机械地结合在一起，并在转矩传感器中集成用于转速测量的附加模块是有意义的。与转矩测量类似，转速测量也需要转子和定子系统。仅使用增量系统（7.2.2 小节），同时提供光学和磁性系统。开放式光学系统相对容易受到苛刻的试验台架 – 使用的影响，因而越来越多地被磁性系统所取代。在增量系统中，输出信号最初是脉冲序列，但是有时它已经在定子中处理过，因此可以以多种其他形式供使用。

这意味着确定功率所需的两个测量参数都可用。比起使用单独的系统来测量转速的优点在于，测功机的输出侧轴端不必用于安装转速传感器，因此其他部件可以安装在该处。其明显的缺点是，机械上没有连接的部件转子与定子之间的对中问题现在必须额外地满足转速测量的要求，因而通常变得更加复杂。

在转矩传感器中的一些转速测量系统除了提供用于确定转速的脉冲序外，还提供一种所谓的参考脉冲。也就是说，有一个单独的测量通道，每一转仅输出一个脉冲。这也可以用来确定旋转角度。

7.4.6　转矩传感器的校准

7.4.6.1　任务的提出和具体的问题

在几乎每个传感器系统中，灵敏度或特性曲线都是要通过校准来确定的，而不是基于潜在的物理效应的计算来确定的。这尤其适用于测量传感器，其作用模式与旋转转矩传感器一样复杂。

校准的目的是：定量地记录测量参数传感器或测量装置的输入参数与输出参数之间的关系。对于转矩传感器，输入参数是通过转矩转换的机械负载，输出参数是电输出信号，该信号可以根据类型和选件可以有所不同，例如在非接触测量法兰中的经典的调频方波信号，或在范围 ±10V 内的模拟电压。在数字输出信号的情况下或匹配的测量链校准时，输出信号和输入信号具有相同的单位，即 Nm 或 kNm。就这样，将两者理解为单独的参数是很重要的。因此，在这种情况下，在校准时，将中性单位名称"显示单元"（AE）用于输出信号。为了更好地将显示单元与实际的输入参数相匹配，测量设备的调整根据定义并不是校准的任务或组成部分。当然，这仍然是在校准环境中作为单独的工作或服务进行的。

校准时，应尽可能模拟以后使用的要求。然而，这在旋转转矩传感器的校准时目前仅只能部分地实现。

在这些传感器运行时，测量期间通常会在顺时针和逆时针之间改变转矩。借助于校准装置可以对两个旋转方向进行校准。连续校准而不是两次单独的校准，这非常重要，这在通过术语"交变转矩"给出。

转矩传感器在轴系中的安装状态（与法兰连接件紧密连接）意味着测量特性会受到安装期间可能产生的内部应力和微小的寄生负载的影响，对此，目前尝试着通过在校准过程中在三个安装位置中一个接一个地校准传感器，这些安装位置中的每一个都相对于前一个围绕旋转轴旋转 120°。由于涉及的工作量很大，因此仅对最复杂和昂贵的校准实施这种方法。有时，在校准之前，诸如联轴器这样的自适应部件已经与转矩传感器连接而构成一个单元，因此，通过该连接对测量技术特性的任何影响也可以一起校准。在进行这样的校准后，该部件在安装到试验台架之前不再与转矩传感器分开，否则校准将失去有效性。

无法考虑超出此范围的寄生负载，正如根据当前的技术状态，也无法在旋转运行或动态转矩下进行校准。

7.4.6.2　校准作为可追溯性的正式证明

如果从具有约束力和普遍公认的意义上说需要校准，则可以说可追溯到国家标准。在测量参数转矩的情况下，国家标准是所谓的标准 – 测量设备，它与校准系统的结构形式和功能相关，并且安置在联邦物理技术研究院。如果转矩传感器需要可追溯证书，则必须使用一个校准系统对其进行校准，该校准系统在或多或少的直接校准链上追溯到此标准测量设备，这种可追溯到国家标准的校准系统的形式也称为参考标准 – 测量设备，图 7.32 显示了一个例子。此外，校准过程也必须按照公认的标准或指导方针来实施。由德国认证机构（DAkkS）认可的对转矩校准进行认证的校准实验室，可以确保满足这些要求。

不满足以上所有要求的更简单校准用术语"工厂校准"来概括。由于这个术语不受保护，所以很大程度上取决于实施公司所能达到的质量。工厂校准可以是在授权的校准实验室进行的校准，该校准可以在跟踪的校准系统上进行，但要遵循简化的方法。工厂校准也可以由传感器或测量设备的操作员来完成。无论如何，执行机构有责任决定使用哪种方法和所使用的校准设备是否可以追溯到国家标准。

图 7.32　按照杠杆臂和质量砝码原理的转矩校准设备，测量范围 1 ~ 200N·m

7.4.6.3　校准实验室的校准设备和方法

校准转矩传感器的经典方法是基于转矩的物理定义。在确定长度的杠杆臂的末端施加确定的力，其中，采用重力作为这个力。为了能够表示不同大小的转矩，将质量设计为逐渐向杠杆加载的质量块模式。为了能够在两个旋转方向上产生转矩而不必重新组装要校准的传感器，通常使用双侧的杠杆臂，如图 7.32 所示。

如今，在最精确的校准系统和转矩 - 标准测量设备中仍使用这种技术上可以完美实现的原理。对于高精度系统的技术细节，这里只提到几个要点：为了使轴承摩擦最小化，使用空气轴承，也就是说，轴颈永久性地悬浮在一个几微米厚的间隙中，压缩空气流过该间隙。为了避免在添加另一个质量盘时发生晃动，杠杆臂在这个阶段被锁定，并且只有在放置之后才再次放开，因此，即使负载增加，杠杆臂也保持水平，通过主动调节来校正角度位置，系统的安置地是永久性保持空气调节，等等。

对相同原理的改进是采用这样的一个系统，在该系统中，所使用的重量在杠杆臂双侧上移动，并且因此或多或少连续地产生不同量级的正向和负向转矩。最近开发的摆锤原理也是基于杠杆臂和质量原理的：将重量连接到垂直悬挂在中立位置的单侧杠杆上，通过将杠杆提升到不同的角度，会产生转矩负载，根据摆幅的方向可以产生正转矩或负转矩。

参考方法是一种最近越来越流行的替代方法。原则上，任何机械装置都可以用来产生转矩，尽管这里在技术实施方面也要满足对调节、无间隙等方面很高的要求。然后通过与高精度的参考转矩传感器的比较测量进行校准，通常将其设计为非旋转传感器。这样的系统不能达到最高的精度，但通常是非常高的精度。在这一范围内，通常比简单的杠杆臂－系统更省力地获得更好的结果。

通常的校准方法主要是基于具有一堆质量块的系统的可能性，也就是说，带有校准转矩的负载是分阶段执行的。这几乎总是在转矩逐级增加的一系列测量（上行）之后，记录一系列转矩逐级减小的测量（下行），如图 7.33 所示。还要补充的是，根据指导方针或根据要求还会提供其他载荷：实际测量系列之前的预载荷，重复测量以确定可重复性，以及上述提及的可变安装位置的比较测量。

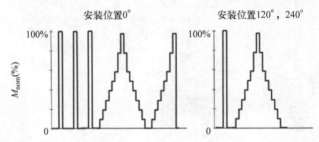

图 7.33　按照 DIN51309 标准的标定级，该标准在 DAkkS－标定试验室中用于最苛刻的标定

DAkkS－校准的过程在标准中是强制性的，例如，带比较测量的复杂的校准的标准 ［DIN51309］，以及省力的方法的指导方针 ［VDI2646］。

该标准和指导方针还包含有关要确定的测量参数的规定，以及有关如何将这些单个参数组合为校准转矩传感器的一个类别或总体－测量不确定度的说明。分类和测量不确定度都还包括校准系统的测量不确定度，也就是说，只有当校准的传感器并且所使用的校准系统都满足高要求时，才能获得好的结果。

除了传统的逐级校准之外，近年来还建立了所谓的快速或连续校准。同样在这种情况下，施加的校准转矩首先增大，然后减小。过程和处理类似地从分级校准转移出去，转矩不间断地、连续平稳地增大或减小，因此，也可以说是准静态负载。但是，有时这种方法也被错误地称为动态校准。

为了快速校准，推荐采用运行重量系统，基于摆锤原理的系统以及根据参考原理工作的系统适用于快速校准。

7.4.6.4　试验台架上的校准

在校准实验室中对转矩传感器进行定期重新校准需要将其从试验台架上移下来，这直接造成成本增加，尤其是停机时间。因此，在现场进行校准的想法是显而易见的。理想情况下，使用可以带入试验台架的设备，这样就不需要从试验台架上卸下要校准的传感器。

这样的装置和方法达不到在校准实验室中校准所能达到的最高等级的精度。但是，通过相应的努力，它们可以与工厂校准的单独的校准系统相当。另外，从测试技术的角度来看，它们还有一些有利的方面。由于在实际安装情况下进行校准，因此会自动考虑一些影响因素，并且不会因偏离校准情况而增加测量不确定度。

为了在试验台架上进行校准，必须将轴系分开，通常紧邻转矩传感器。为了防止轴系在施加校准转矩时发生旋转，必须提供锁止装置。试验台架中有两种常见的校准方法：

传统的方法使用可移动式杠杆臂和砝码。这种方法很明确，而且首先是相对容易实施。然而，与固定式校准系统不同的是，诸如自动重量支持和空气轴承等复杂装置在这里是无法实现的，这严重地影响了可达到的校准质量。如果使用传统的滚动轴承来支撑杠杆臂和吊重的重量，则轴承摩擦会导致转矩的测量误差。如果放弃轴承，杠杆臂的重量和吊重的重量将作为相当大的横向力加载到转矩传感器上。如果测量不确定度仍在允许范围内，则这种横向力载荷也会对测量不确定度产生相当大的影响，可以与图7.34进行比较。

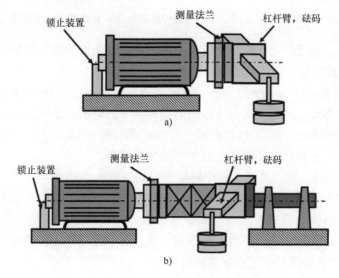

图7.34 在试验台架上用杠杆臂和砝码标定
a）无附加支承 b）带附加支承

使用基准转矩传感器在试验台架上进行现场校准的方法仍然是相对不成熟的。由合适的机构产生校准转矩，通过比较参考传感器和待校准的传感器的显示进行校准，该方法避免了寄生负载。尽管在产生转矩的机构中存在摩擦，但一般来说存在，但不影响校准，因为相同的转矩会作用在参考和校准物体上，即使这存在摩擦损失，也比从外部施加到机构上的转矩低，见图7.35。

7.4.6.5 考虑到使用条件的校准规划

最后，这里还应该指出，如果在规划或下达校准任务单时已经考虑了在试验台

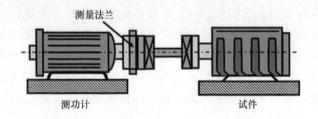

测功计　　　　　　　　　　　　　　　试件

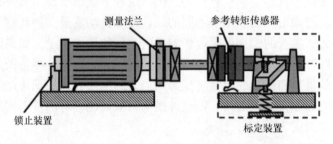

图 7.35　在试验台架上用参考 – 转矩传感器标定：标定装置位于试件位置

架的实施条件，则可以优化校准的应用。为了避免在稍后的进行测量不确定度评估时必须使用粗略估计，以下选项可能很有用。

- 可能将校准作为一个测量链。也就是说，校准一个由转矩传感器和后续电子器件组成的单元，该单元将电气输出信号转换成以转矩为单位的显示。

- 在部分范围内校准。也就是说，校准中的转矩的最大值基于试验台架运行中的期望值，而不是这种转矩传感器类型的测量范围。

- 右/左转矩。也就是说，每个转矩方向均进行一次校准。

- 交变转矩。也就是说，直接交替产生左、右转矩。与左、右转矩的各自校准不同，该校准涉及通过零点而不重新进行调零。校准结果包括零点磁滞（机械剩磁）的影响，见 7.4.4.1 小节。对于在试验台架上使用转矩传感器，此校准通常比左/右校准能更好地对应于实际实施条件。

7.4.6.6　考虑校准过程中的转速和动力学

转速和动力学对测量精度以及测量不确定度的重要性已在 7.4.4.4 小节中进行了说明。但是，这两种方法都无法用这里所描述的方法通过常规测试和校准来确定，因此非常难以评估其影响。不幸的是，实现这些正在研究的测试方法，甚至校准设备都非常困难，尤其是所有基于参考转矩传感器的方法都不适用，其原因在于它们预先假定可提供参考传感器，在传感器中转速以及动力学变化不会引起测量偏差。即使自身存在这种情况，也缺乏测试方法来证明这一特性。但是，最近已经进行了一些基础研究，并开始填补这一空白。

由于高水平的供应商已经开始研究转速对零信号的影响，因此，转速影响的主要问题只是在转矩负载下对测量的影响（对特性值的影响）。为此，可以通过生成高速且恒定转矩的运行状态来进行说明。然后，测量转矩以与一起旋转的转矩传感器和摆锤机进行测量比较。由于使用摆锤式测量时，测量参数传感器不会旋转，因此，在这种情况下可作为参考来使用［AndNolWe03］。

转矩测量中的动力学问题一方面来自试验台架中总的动态行为，如 7.4.4.4 小节所述。然而，在动态转矩的情况下，转矩传感器本身的测量能力也会受到影响。影响可能是由于传感器的机械性能（弹性、惯性）以及机电性能，比如作为应变片–桥的布线或电子效应引起的。动态校准的目的是提供有关这种效果的大小的测试技术的证据。前面引用的角动量定律适合作为解决此问题的方法（现在用略有不同的表示法）

$$M_D = J \cdot \ddot{\varphi} \tag{7.57}$$

在具有已知惯性矩 J 的物体上产生需要高精度测量的旋转加速度 $\ddot{\varphi}$。因此，可以容易地确定转矩 M_D。尽管很容易理解这个原理，但是对于其所要求的精度的实际实施具有相当大的技术难度，合适的系统的构建目前仍处于基础科学研究阶段，参见［KlaBruKo12］。其中，角度偏转仅限于小的脉冲或正弦形偏转。这些研究中，并没有提及将转速与旋转转矩传感器结合起来。

7.5 功率和功

由发动机给出的机械功率 P_{mech}，作为与时间相关的瞬时功率 $p_{mech}(t)$ 来描述，是试验台架上最重要的测量参数之一，它是由转矩 M 随时间的变量 $m(t)$ 和角转速 ω 的乘积计算获得，即

$$p_{mech}(t) = m(t)\omega(t) \tag{7.58}$$

不大有关联的功 W_{mech} 或 $w_{mech}(t)$ 是功率对时间的积分

$$w_{mech}(t) = \int_0^t m(\tau)\omega(\tau)\mathrm{d}\tau \tag{7.59}$$

虽然可以通过想象的测量装置来确定功，但实际上都是通过功率来计算。

有两种确定功率的方法，一种是根据转速和转矩测量值进行计算，另一种是直接测量功率。发动机输出的功率通过水力测功计或电涡流测功计转化为热能，可以通过进水口和出水口的温度测量来确定。但这种方法是不精确的，因为一部分功率损耗也会通过外壳耗散，并且它太慢了，无法动态记录功率变化。在电力测功机的情况下，样件的机械功率主要转换成电功率。这比测量水力测功计和电涡流测功计的散热更精确、更快速。然而，电力测功机也会产生未经测量记录的散热。实际上，电力测功机的效率可以由制造商在不同的运行状态下确定，从而在某些情况下，可以通过由测功机给出的电功率对发动机功率进行有用的估算，这可以由存储在变换器软件中的测功机模型来支持。

确定功率的最精确可能性（还提供最高的时间分辨率），是根据转速和转矩来计算的。然而，时间分辨率要求转速和转矩传感器的测量链（通常在数字信号处

理中有死区时间），将输出的测量值追溯到精确的记录时间，否则时间分辨率会受到这两个延迟的不确定性的限制。

7.6 声学测量技术

发动机气缸体或其附件的振动表面，会在周围空气中产生声波，由此导出了声学测量技术的两个主要方向：振动测量技术，该技术处理发动机中的结构噪声，以及其必要时通过车身的进一步传播；还有狭义上的声学测量技术，用于测量空气中的声音传播。有一套完善的声音测量标准，其依据是［ISO 3740］。另外还有其他标准，例如［ISO 3741］、［ISO 3743］和［ISO 9614］。

7.6.1 空气声的测量

密度振动称为空气声，它以大约340m/s的声速 c 在空气中传播。准确的声速取决于气候，它随着温度的增加而增加，而在较小的程度上随湿度的增加而增加。这种传播速度不要与声频 v 相混淆，声频 v 表示空气粒子在静止位置附近振荡的速度。一个重要的特性参数是声压 p，它表示压力振荡与大气压力的偏差，通常作为有效值给出，它是对耳朵或拾音器膜有直接影响的参数。同样，而另一个经常给定的参数是声强 I，它是声频与声压的乘积，其单位 W/m² 表示它描述了功率密度。有关声音现象的详细说明参见［SinaSent14］。

原则上，声频（具有高时间分辨率的流动测量）或声强（双拾音器方法或通过热效应）都是可以测量的；声学测量技术中的标准传感器是用于测量声压的拾音器。使用单个拾音器，可以在环境中的某些点测量声音。如果要在某个点上应该使主观听觉印象客观化，则必须使用人造头部，它的两个拾音器以与人的两只耳朵相似的方式感知声音。但是，通常情况下另一个优先关注的测量任务是：人们想要捕获发动机附近的完整声场。如果知道这一点，则可以计算出环境中的任何其他点处的声音。为此，可以将带有拾音器阵列的栅格壁放置在发动机附近。

7.6.1.1 拾音器

常见的是标准化电容式拾音器或驻极体拾音器，它们通过一个雷莫（Lemo）接头连接到信号处理。在电容式拾音器中，随着声音振动的隔膜形成电容器板，而另一个电容器板固定。电容器要么通过高达200V的外部直流电压进行高阻抗充电，要么在驻极体的情况下，电荷永久存储在一个极板中。振动会导致电容变化，从而，当电荷恒定时会引起可测量的电压的变化。其他拾音器原理（碳纤维拾音器、动态拾音器、带状拾音器）不可用于声学测量技术。

在声学测量技术中，使用的拾音器比音频技术中的拾音器要小，通常采用 0.5in⊖ 的膜片直径，也采用 1in 的拾音器和 0.25in 的拾音器。在拾音器列阵中，这

⊖ 1in = 25.4mm。

些小型拾音器差不多就是点状声音传感器，它们可以有更大的线性频率范围和更小的失真，它是缺点是灵敏度损失和噪声增加。几赫兹的低频分量主要作为干扰出现，因此，必须通过高通滤波。

7.6.1.2 人造头部

人造头部粗略地重塑了人体躯干的上部，以及带有耳朵外部的部分（耳罩和耳道）的头部。理想的情况下，人造头部可以考虑到头部相对于肩膀的自然运动范围。图 3.9 中的左前方可见人造头部。代替会放大人类声音的中耳，还有电容式拾声器，在该处拾声器膜取代了耳膜。因此，人造头部可以模拟双耳听力，包括方向性、外耳传递功能和两耳之间的传播时间差。在低频段，主要是头部几何形状和肩部几何形状确定传递函数，在更高的频率下，则是从耳廓进入耳道的过渡，以及耳道中的共振 ［Fedtke07］。由于头部形状和听力特征各不相同，因此，除非人为地去适应单个人的听力，否则人造头部只能代表一种折中。

7.6.1.3 信号处理

人们常常对用拾声器列阵记录的声场不满意，而是要想知道声场是如何产生的，因此，需要精确定位声源，或知道声场是如何扩展到测量平面之外的。为此，采用声学全息术，尤其是近场全息术（NAH, Near Field Acoustic Holography）。除了更老的方法之外，还采用亥姆霍兹方程 – 最小二乘法（HELS, Helmholtz – Equation – Least – Squares – Methode）。这是一种非常有效的方法，可以通过适当的计算和编程工作来实施。声压 $p(\underline{x},\omega)$ 在某一个点上是加权的波的叠加，其中第 i 个分波是亥姆霍兹方程（一个偏微分方程，描述声学中的一个声波）的一个解 $\psi_i(\underline{x},\omega)$，即

$$p(\underline{x},\omega) = \sum_i c_i \psi_i(\underline{x},\omega) \tag{7.60}$$

HELS 方法通过最小化平方误差来确定加权因子 c_i，因此可以将声场追溯到所生成的波 ［Wu15］。如果以这种方式确定这些值，则还可以计算在测量平面之外的任何点的声场。

在市场上相对较新的是与信号处理相关的便携式拾声器矩阵，该矩阵可实现声场的彩色可视化。这些设备被称之为声学相机。

7.6.2 固体声的测量

固体声可以通过单轴或多轴加速度传感器进行局部测量。传感器可以是微机械式的加速度传感器，通常使用压电式陶瓷传感器。激光振动测量法也变得越来越重要。在激光振动测量法中，激光扫描振动表面。由于表面的运动，反射的激光束会发生相位效应，并且由于多普勒效应而会发生频率变化。两者都可以借助于干涉仪和光学检测器来进行处理，以确定振动的幅度和频率。该方法还可用于扫描表面以发现振幅和振动节点。除了振动优化和噪声优化外，固体声测量技术还可以帮助检

测磨损。

7.7　EMV 测量技术

确保电磁兼容性（EMV）对电控发动机的可靠性至关重要。然而，它仅在少数情况下才需要在发动机试验台架上进行测量（见第 3 章 3.2 节）。

电磁干扰会通过线路或磁场传播。传导干扰需要合适的测量技术，但对试验台架没有特殊要求。对于通过场传播的干扰，要在电场、磁场和电磁场之间进行区分。电场和磁场通常是相关的效应，即电耦合，也称为电容耦合，或者是两个或更多导体之间的磁耦合，也称为电感耦合。除了需要抑制干扰场外，用这些场进行的测量不会对试验台架施加任何条件。而对于电磁场来说这是不同的，电磁场的测量通常需要像在自由场中那样的传播条件，这需要付出相当大的努力来确保试验台架上的这些条件（第 3 章 3.2 节）。

除了传播路径外，在 EMV – 测量技术中还必须区分是要测量干扰的散发（发射），还是测量散射干扰的敏感性（抵抗性或磁化率）。

对于复合系统，第三个区别涉及以下问题：要在哪个系统层面实施测量，即车辆层面、组件层面或位于这些层面之间的子系统。标准化和在实践中得到了证明的是车辆测量和组件测量的组合。子系统测试既没有标准化，也没有规定，但可以在个别情况下帮助避免或解决 EMV 问题。重点应放在组件试验上，即控制装置的试验。除了控制装置外，诸如点火装置或喷射装置对 EMV 而言也是至关重要的。在许多情况下，在这些试验中不需要运行发动机，将要测试的设备（DUT, Device under Test）连接到等效负载上。在试验期间，控制装置的功能可以用示波器来监视。在某些情况下，例如在点火系统中，发动机可能用于帮助建立有关电缆几何尺寸、电场、磁场、电磁场或运行条件的实际试验条件。但由于发动机的 EMV 测量的成本，以及功能缺陷有导致发动机损伤的风险，人们将致力于无发动机的测量。混合动力是一种特殊情况，其电力驱动装置与其功率电子元件集成在发动机部件中。因此，它经常比纯内燃机的电气设备更需要在发动机试验台架上进行 EMV 测量。

在标准中已经包含了许多 EMV 经验，在欧盟（EU），这些标准在机动车 – EMV – 指导方针 2004/104 / EG［§EU04］和后来的更新的指导方针［Borgeest18］中，是有强制性要求的。后来重要的更新是有约束力的欧盟 UN ECE 法规 R10［§R10］，该法规在插电式混合动力车（Plug – In）和电动汽车的设计以及型式认可的形式上，与欧盟早期法规有所不同，但在结构和技术内容上与欧盟早期法律规范是基本相同的。这些标准定义了限值和测量方法。但是，在某些情况下，超出标准的测量可提供更多信息并提高产品质量。表 7.4 概述了这些标准。

表7.4 发动机相关（和其他）子组件的标准化 EMV - 测量概述

	通过线路传播	通过场传播
发射	传导性干扰［ISO 7637］	远程干扰［EN55012］
抵抗性	传导性干扰［ISO 7637］、［ISO 16750 - 2］ 静电放电［ISO 10605］ 组件对抗性：线路上的音频［ISO 11452 - 10］	传感器的自干扰［EN55025］ 放射组件［ISO 11452 - 1，-2，-3， -4，-5，-8，-9，-11］
	放射组件［ISO 11452 - 4，-7］	

在少数情况下，干扰只通过线路传播，例如关闭电感负载时，保护受影响的设备，要比防止电感在电路断开时在连接端子上感应电压更容易。ISO 11452 的第 4 部分和第 7 部分在表格中有一个特殊的位置。在这些方法中，在试验室中的干扰通过线路耦合，但这是为了模拟通过场辐射的干扰。ISO 11452 的许多部分可能会令人感到惊讶，因为它们提供了满足相同目的的不同的替代方案；为了满足法律要求，从标准的第 2、3、4 或 5 部分中选择一种方法就足够了。实际上，将两种方法组合在不同的频率范围内通常是有意义的，因为并非所有方法都始终适用于从 kHz 范围到 GHz 范围的频率。

7.7.1 传导干扰的测量

在车辆中，要区分供电线路和信号线路上的干扰。供电线路的干扰是由大负载（特别是起动器）的切换，或开关触点弹跳所引起的。线路上的干扰也源于线路上场的影响作用。尽管以这种方式产生的干扰对于供电线路通常是无关紧要的，因此在标准中不予考虑，但它们会对信号线路造成干扰，甚至会破坏连接到线路的信号处理电路。对线路干扰的另一个原因是静电放电（ESD），尽管这些主要是发生在生产和服务中处理电子元件时。在根据标准测量线路传导性干扰时，要精确指定测量设置，出于事实或形式上的原因，无须在发动机上进行测量。由开关操作引起的对供电线路的干扰遵循典型模式，详见［Borgeest20］中的详细描述，并在表 7.5 中给出了简要总结。在试验室中，这些试验脉冲由可购买的发电机产生，此外，根据汽车制造商的工厂标准，可能还会有其他试验脉冲，其中部分受到设备掌控。

表7.5 根据［ISO 7637 - 2］作用在供电线路上的试验脉冲

试验脉冲	模拟事件	效果
1	关闭并联连接的电感	感应电压
2	关闭串联连接的电感（2a） 或并联连接的电机（2b）	感应电压 停机时，电机充当发电机
3	弹开一个开关	形成高、短电压的电压脉冲（突发）
4（现在的 ISO 16750）	起动器的起动	电压骤降
5（现在的 ISO 16750）	发电机突然卸载	短时电压过高

在［ISO 16750 - 2］中也规定了类似的试验，［ISO 7637 - 3］规定了如何模拟从线束中平行的导线到信号线的典型电容性和电感性耦合，该信号线带有电容器、电容性耦合器（隧道形电容器，要加载的线路位于其中）或电流钳。［ISO 7637 - 4］旨在讨论关于电动或混合动力汽车中高压导线的未来标准部分。［ISO 10605］规定了控制装置防静电放电的保护和这些措施的试验。［ISO 11452 - 10］通过变压器将15Hz～250kHz的信号耦合到供电线路和信号线路上。

7.7.2 辐射干扰的测量

辐射干扰的测量既包括对样件辐射场的测量，也包括在观察反应时对样本的辐射。在第二种情况下，用概念"检验"更合适，因为这种试验的结果只是"起作用"或"不起作用"。然而，可以用不同的场强来进行这样的试验，对这些场强进行测量，以量化试件可以经受何等强度的场。

这种研究的理想结构是将样件安置在开放的、远距离可能影响测量的干扰源中。在一定距离处设置天线，让它们既可以用作接收天线以测量辐射干扰，也可以用作发送天线以辐射干扰。由于实际上几乎不可能找到这样理想的自由场，因此需要将如同在自由场那样的传播条件带到实验室中的吸收室中。此方法描述了依据［ISO 11452 - 2］的抗干扰性的测量结构。根据不同的频率范围使用不同的天线，在 EMV 测试技术中，广泛应用两个双锥形天线（图 7.36）。因为单个双锥形天线只可以覆盖从几十兆赫兹到几百兆赫兹的频率范围（并且还有其他限制）。另外，还采用对数 - 周期天线（简称对数天线，频率范围从几百兆赫兹到几吉赫兹），它比双锥形天线具有更强的方向性。

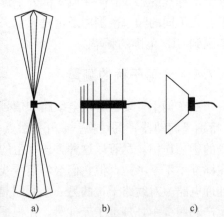

图 7.36 EMV - 测量用天线
a）双锥形天线 b）对数 - 周期
天线 c）喇叭天线

喇叭天线应用于更高的频率。根据［ISO 11452 - 2］的方法的优点在于，如果吸收室足够大，它也可以容纳发动机试验台架或转鼓试验台（见第 3 章 3.2 节）。

如果不需要发动机和车辆，并且仅在单个组件上进行测量，则依据［ISO 11452 - 3］（TEM - 单元）和［ISO 11452 - 5］（带状线）的替代方法更容易处理。TEM - 单元（横向电模式，Transversal Electric Mode）是一个延伸到盒子的同轴导体，其内部导体在盒子（隔膜，Septum）的中间形成一个水平面，壳体是外部导体，在隔膜和壳体之间形成场域，如果只使用 TEM - 单元的上半部分并省略侧壁，则会出现带状线。该结构基本上也适合于测量辐射，但不在上述标准中。

依据［ISO 11452 - 4］的其他替代方法甚至更易于使用，其中通过反向操作的电流钳（BCI，Bulk Current Injection），或同轴定向耦合器（TWC，Tubular Wave Coupler），将干扰直接馈送到电缆线束中，这需要模拟外场的影响。这些方法也可以在运行的发动机上使用。

［ISO 11452 – 7］描述了将250kHz～500MHz的无线电信号直接耦合到设备中的测量方法，尽管试验是通过线路馈入的，但它会模拟电磁波的一种耦合，其中导线无意中作为天线发挥作用。［ISO 11452 – 8］描述了通过导体环路或线圈耦合的高达150kHz的磁场的抵抗性的限制值和测量方法。该试验可以模拟诸如在高压电线附近的行驶。［ISO 11452 – 9］规定了对便携式发射器的灵敏度的测量，例如手机。［ISO 11452 – 11］描述了在全反射室（模式涡旋室，第3章3.2节），而不是在吸收室内进行的测量。

［EN55012］定义了车辆允许的最大电磁辐射，以及在150kHz～1GHz范围的测量方法，但是欧盟未强制规定30MHz以下辐射的测量。

7.8　废气测量技术

在第2章，已经讨论了由内燃机产生的有损健康并对气候有害的废气这个热点话题。含碳氢化合物的燃料的理想燃烧将仅产生水蒸气和二氧化碳。实际上，由于发动机的燃烧几乎总是不理想的，所产生的其他燃烧产物部分危害健康，因此必须遵守全球法规的要求。

本节分为以下几部分：法律框架（7.8.1小节），废气成分（7.8.2小节）和有关测量技术的章节（7.8.3小节）。在测量之前，必须从废气中取出可用的样品（7.8.4小节）。每次测量都需要校准，也包括排气成分的测量（7.8.5小节）。测量系统的实际实施是7.8.6小节的主题。近年来，尤其是由于废气检测方面的丑闻［Borgeest17］，一个重要的话题是移动式废气测量。

7.8.1　试验循环和法律框架

欧洲政府确定了可接受的废气限制值，及其确定限制值的程序。表7.6显示了欧盟－指导方针中规定的车辆废气的限制值。在美国联邦法规（Code of Federal Regulations）［§CFR］中定义的限制值适用于全美国市场。美国各州（如加利福尼亚州）有更严格的规定。日本也有自己的排放法规。其他国家或地区要么没有设定限制值，要么使用欧洲、美国或日本所设定的限制值的当前或早期版本。

设定限制值的同时，还需要设定尽可能切合实际的测量程序，除了测量装置外，其中获取测量数据所用的行驶循环的描述尤其重要，在以下各节中将对它们进行描述。

7.8.1.1　大型发动机

大型发动机，例如用于船舶、柴油机发电厂和工厂机器的大型发动机，必须进行稳态试验。在这种情况下，没有动态的行驶循环，但是会对已实施的各种运行状态进行加权，其中包括对于远洋船舶参照 [§MARPOL]，对于内陆船舶、参照 [§EU16 - 1628] 中的"IWP 级"，以及对于固定式应用、参照 [§BImSchV13] 进行允许排放量的规定。[ISO8178] 定义了相关试验。在这些发动机上，所有的稳态试验的共同点在于：不同的速度/转矩组合在每一个测量间隔内保持稳定。最后，计算各个工作点的排放的加权平均值。转速和转矩是相对于额定速度和全负荷来指定的。测量未稀释的原始废气。机车和有轨电车的发动机（在 [§EU16 - 1628] 中为"RLL 级"和"RLR 级"）比固定式发动机更加动态、而比乘用车较不动态地运行和试验。

7.8.1.2　车辆

在车辆生命周期的不同阶段，使用了不同的废气测量设备和方法。学者在研究时，往往把重点放在长期发动机优化上，并没有过多地考虑法律的要求。因此，常常会对测量技术的时间分辨率和体积流量分辨率提出最高的要求。在研究中，根据研究目标，可能会对法定限值中并不重要的废气成分进行测量。单个试验台架在废气测量技术上的投资可能超过一百万欧元。在工业化的发展中，废气测量技术更适合于车辆许可的目标，时间分辨率的作用更小，对体积流量分辨率的要求也更低，在此不再关注"外来"（法规规定之外）废气成分。车辆型式认证的测量技术要求也更低，而这些要求由法律进行了详细规定。最后，在许多国家/地区，还在车辆运行时进行废气检查。例如，在德国对某些车辆在主要研究的框架范围内实施的发动机管理和排放控制系统研究（UMA）。带有废气测量功能的车间诊断测试仪的价格不到 20000 欧元，但是它的准确性和分辨率的要求比型式认证还要低。

与这些研究相反，现场研究用于检查与型式认证的符合性，即需要与型式认证相似的测量技术。

以下，特别是在表 7.6 中，基于欧盟指导方针 70/156 /EWG 和 2007/46/EG [§EU70、§EU07 - 46] 以及法规 678/2011/EU 和 168/2013/EU [§EU11 - 678、§EU13]，将车辆分为 L、M1（G）至 M3 和 N1 至 N3 不同类型。

1. 两轮车和类似车辆

两轮或三轮车辆和四轮车（即类似摩托车的四轮车辆）型式认证的最初通用指导方针，是指导方针 97/24/EG [§EU97]。此方针包括型式认证的许多方面，但也按照 Euro1 排放，除了根据附件 I，小型摩托车（最大时速 45km/h，排量最大为 50mL）和根据附件 II，大型摩托车、三轮车和四轮车外，也根据其性质被分配到这两个类别之一。前者已经引入了 Euro2 限制值。从本质上讲，区分了后来被取代的基于七阶段循环的测试（称为 I 型）和怠速试验（II 型）；后来的法律资料补充了进一步的试验。

根据附件 I 的车辆法律来源，已通过指导方针 2003/77/EG [§EU03 - 77]

（测量方法），2005/30/EG［§EU05 - 30］（包括更换催化转化器），2006/72/EG ［§EU06 - 72］（替代测试方法），2006/120/EG［§EU06 - 120］（更改或更换催化转化器），2009/108/EG［§EU09 - 108］ （混合动力车辆）和168/2013/EU ［§EU13］（Euro4，小型摩托车忽略 Euro3）被更改。

指导方针2002/51/EG 根据附件 Ⅱ 定义了车辆的限制值，并引入了 Euro 2, 2003/77/EC 引入 Euro 3 和新的测量方法。当前的是法规168/2013 /EU，其中特别引入了 Euro 4 和部分 Euro 5。

欧盟法规134/2014 ［§EU14 - 134］对欧盟法规168/2013 进行了补充。有了这项法规，WMTC 于2006 年开始分阶段引入，最终取代了之前的循环。WMTC 是一个相对动态的循环，与乘用车的 WLTC 有相似之处，在附件中对此有详细说明。欧盟法规168/2013 将从2020 年起 （Euro5），将两个两轮车类别合并在一起（表7.6）。

2. 乘用车

欧盟的基本法律标准为法规715/2007/EG ［§EU07 - 715］，并通过法规692/ 2008/EG ［§EU08］ （详细说明、Euro 6a、Euro 6b），566/2011/EU ［§EU11 - 566］（另外具有颗粒数），459/2012 /EU ［§EU12 - 459］（直喷汽油机的颗粒排放，Euro 6c）和法规136/2014 ［§EU14 - 136］进行了改进。

在引入这些法律标准后，测量方法就成为立法的重点。测量使用可重现的试验台架循环和实际的道路循环（图7.37）。

根据91/441/EEC ［§EU91 - 441］的规定，新欧洲行驶循环（NEFZ），也称为 NEDC（New European Driving Cycle）或机动车辆排放组循环（MVEG, Motor Vehicle Emissions Group Cycle），用于乘用车已有20 多年的历史，NEDC 避免了强烈的加速，在这种加速下颗粒物的排放特别高，而在超过 120km/h 时氮氧化物的排放特别高。同样的循环也被用来测量燃料消耗和由此产生的 CO_2 排放，通过剔除急加速和高速行驶，这样确定的值比在道路交通行驶中更合适。此外，一些供应商和制造商使用内部循环，内部循环以实际的行驶为导向。

2017 年，开始用法规［EU17 - 1151］通过全球协调的轻型车辆测试程序（WLTP，这里的大小写对应于原始拼写）取代欧洲的循环。WLTP 将全球协调的轻型车辆测试循环（WLTC）定义为重要组成部分，并为试验台架的准备和测量的实施提供附加的边界条件。UN ［§GTR15］的全球技术法规 15（Global Technical Regulation 5）对它进行了定义，由于新颖性，测试程序的许多边界条件的定义还不是一成不变的，WLTP 的 "阶段2b" 于2019 年推出，是 GTR 15 的第五次改进，将在不久的将来纳入全球立法。预计2021 年之前不会进入最后的阶段3。美国不参与，因为那里的 CFR 1065/1066 循环更贴近现实，比如与在欧洲的相比。尽管新循环通过动态的行驶方式和更高的车速提高了要求，但在试验循环中，更高的局部温度有利于废气后处理，而在有利的负载工况点也会使动力更大的发动机受益。因

表 7.6　欧盟的车辆排放限值，合法来源包括车辆类别的指定，见文字说明

	助力车、摩托车、2 轮或 3 轮车、越野型沙滩车	柴油机乘用车、轻型客车 M1（G），M2，N1 组 I	汽油机乘用车（包括气体燃料）客车 M1（G），M2，N1 组 I	重型商用车/大客车（柴油机）M3，N3（M1，M2，N1 和 N2 超过 2610kg）	其他商用车/大客车（柴油机）N1 组 I 和组 II，N2 最大 2610kg	其他商用车/大客车（汽油）N1 组 II 和组 III，N2 最大 2610kg
欧盟车辆分类	L	M1（G），M2，N1 组 I	M1（G），M2，N1 组 I	M3，N3（M1，M2，N1 和 N2 超过 2610kg）	N1 组 I 和组 II，N2 最大 2610kg	N1 组 II 和组 III，N2 最大 2610kg
排放标准	Euro 5	Euro 6d	Euro 6d	Euro VI	Euro 6d – TEMP	Euro 6d – TEMP
引入型式认证	01.01.2020	01.01.2020	01.01.2020	31.12.2012	01.09.2018	01.09.2018
引入登记日期	01.01.2021	01.01.2021	01.01.2021	31.12.2013	01.09.2020	01.09.2020
试验台架正式批准	M/R	R/S	R/S	M/S	M/R/S	M/R/S
行驶循环	WMTC	WLTP + RDE	WLTP + RDE	WHSC/WHTC，+ RDE	WLTP + RDE	WLTP + RDE
CO	汽油：1000mg/km，柴油：500mg/km	500mg/km	1000mg/km	WHSC：1500mg/kWh，WHTC：4000mg/kWh，RDE：CF=1.5	N1 – II：630mg/kWh，N1 – III 和 N2：740mg/km	N1 – II：1810mg/kWh，N1 – III 和 N2：2270mg/km
NOx	90mg/km	80mg/km，RDE：CF=1.43	60mg/km，RDE：CF=1.43	WHSC：400mg/kWh，WHTC：460mg/kWh，RDE：CF=1.5	N1 – II：105mg/kWh，N1 – III 和 N2：125mg/km，RDE：CF=2.1	N1 – II：75mg/kWh，N1 – III 和 N2：82mg/km，RDE：CF=2.1
THC	100mg/km	170mg/km 与 NOx 一起	100mg/km	WHSC：130mg/kWh，WHTC：160mg/kWh，RDE：CF=1.5	THC + NOx，N1 – II：195mg/km，N1 – III 和 N2：215mg/km	N1 – II：130mg/km，N1 – III 和 N2：160mg/km
NMHC	= THC	= THC	68mg/km	= THC	= THC	N1 – II：90mg/km，N1 – III 和 N2：108mg/km
颗粒质量 RDE：CF=1.5	4.5mg/km	4.5mg/km	4.5mg/km	10mg/kWh	4.5mg/km	4.5mg/km
颗粒数 RDE：CF=1.5	$6 \cdot 10^{11}$/km	$6 \cdot 10^{11}$/km	$6 \cdot 10^{11}$/km	$8 \cdot 10^{11}/6 \cdot 10^{11}$ kWh	$6 \cdot 10^{11}$/km	$6 \cdot 10^{11}$/km
氨	∞	∞	∞	10ppm	∞	∞

v_{max}：以 km/h 为单位的最高车速，CF：符合性系数，M：发动机试验台架，R：转鼓试验台，S：道路，THC：碳氢化合物，NMHC：不含甲烷的碳氢化合物，WHSC：世界协调的稳态循环，WHTC：世界协调的瞬态循环，WLTP：全球协调的轻型车辆测试程序，WMTC：世界摩托车测试循环，RDE：实际行驶排放。表中未考虑 Euro VI 的子级。

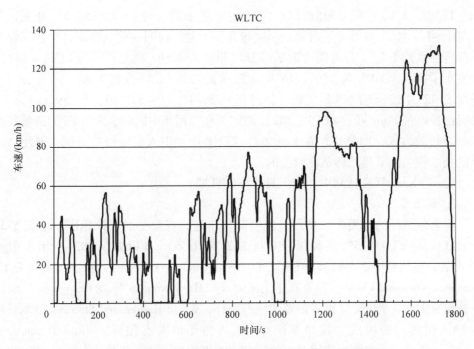

图 7.37　WLTC 试验循环（全球协调的轻型车辆试验循环）

此，新的试验为某些发动机提供了更有利的排放值，而为许多其他发动机提供了更差的排放值。

通过采用行李舱中或车辆后方的 PEMS（便携式排放测量系统，portablen Emissionsmesssystemen）进行的实际行驶排放（RDE，*Real Driving Emissions*），对试验台架循环 WLTP 进行了补充（7.8.6 小节）。这些最初用于测量排放，但尚未测量油耗。在 2015 年废气丑闻曝光后，法规匆匆进行分批改进，三个"RDE - 包"427/2016/EU［§EU16 - 427］（1）、646/2016/EU［§EU16 - 646］（2）和 2017/1151/EU［§EU17 - 1151］与 2017/1154/EEU［§EU17 - 1154］（3）一起实施。427/2016/EU 的正文中仅包含两个条款，第 1 条描述了对 EU/692/08/EG（RDE 的介绍）的更改，第 2 条已经生效。技术内容主要是在附录中，附录引入了乘数（符合性系数，CF：Conformity Factors），它表示在 RDE 测量时可能会超出氮氧化物质量和颗粒数的法律限制值的系数，其大小尚未确定。重要的内容是对测量程序的描述，包括校准和 PEMS 的结构。646/2016/EU 引入了中间标准 Euro 6d - TEMP，其型式认证的引入日期为 2017 年 9 月 1 日（最初是根据 459/2012/EU，在该日期将引入 Euro 6c 的型式认证），所有新车均于 2019 年 9 月 1 日引入。646/2016/EU 不仅要引入中间的 Euro 6d - TEMP，而且还要引入随后的 Euro 6d（从 2020 年 1 月 1 日开始进行型式认证，从 2021 年 1 月 1 日开始进行个别认证）。646/2016/EU 指定 427/2016/EU，尤其是 CF 用于量化氮氧化物（Euro 6d：1.5，Euro

6d – TEMP：2.1）。2017/1151/EU，几天后由更小的法规 2017/1154/EU 补充，并于 2017 年 7 月 27 日补充了附录，再次包含了大量的说明（包括在附录中补充颗粒的符合性系数 1.5），并特别考虑了部分电驱动的车辆。随后在 ［§EU18 – 1832］中发布了第四个 RDE 包，在 2018 年将氮氧化物的 CF 降低到 1.43。欧盟法院于 2018 年 12 月 13 日宣布 CF 无效（案件 T – 339/16，T – 352/16，T – 391/16）。立法者已经通过 Euro Ⅵ ［§EU11_582］规定了在商用车中同时引入 RDE 的测量技术和测量行驶方式，而乘用车在 Euro 6d – TEMP 中才引入实际行驶测试，因此该法规的技术相关细节仍然还是比较新的。

Euro7/Euro Ⅶ 在计划中，尚无具体推出日期。

3. 商用车

除其他适用的乘用车法规外，重型商用车还具有重要的法律标准：法规 595/2009/EG ［§EU09 – 595］和指导方针 582/2011/EC ［§EU11 – 582］，用于引入 Euro Ⅵ，包括更换稳态试验（ESC，European Stationary Cycle），瞬态试验（ETC，European Transient Cycle）和负载变化试验（ELR，European Load Response），由以下试验来取代：WHSC（世界协调的稳态循环，World Harmonized Stationary Cycle），13 种不同的运行模式加权和 WHTC（世界协调的瞬态循环，World Harmonized Transient Cycle），它尝试使用典型的行驶曲线来构建速度和负载。在指导方针 582/2011 的附件 Ⅰ 中已经引入了对 PEMS 的使用。

这两份文件仍然有效，但已通过法规 64/2012 ［§EU12 – 64］（维修和保养信息，诊断），519/2013（与这本书的主题无关），133/2014 ［§EU14 – 133］（主要是循环），136/2014 ［§EU14 – 136］（包括耐久性和燃料消耗），627/2014 ［§EU14 – 627］（颗粒过滤器的监控），2016/1718 ［§EU16 – 1718］（PEMS 和耐用性），2017/1347 ［§EU17 – 1347］（主要是修正），2017/2400 ［§EU17 – 2400］（主要是 CO_2 – 排放和燃料消耗）和 2018/932 ［§EU18 – 932］（PEMS 和对更多燃料的适用性）被更改。

根据法规 692/2008，轻型商用车（N1 类）分为 Ⅰ、Ⅱ 和 Ⅲ 三类。轻型商用车的法规与乘用车的法规相似，对于 Ⅰ 组低于 1305kg 的汽车适合于乘用车 – 限制值，Ⅱ 组延伸至参考质量 1760kg。

7.8.1.3　小型设备中的发动机

在法规 2016/1628/EU ［§EU16 – 1628］中，EU 区分了手持式小型设备（体积小于 $50cm^3$ 的 NRSh – v – 1a 子类和 $50cm^3$ 以上的 NRSh – v – 1b 子类）和非手持式设备（子类 NRS – vr – 1a，NRS – vr – 1b，NRS – vi – 1a，NRS – vi – 1b，输出功率低于 19kW；NRS – v – 2a，NRS – v – 2b，输出功率高于 19kW 但低于 30kW 和 NRS – v – 3 子类，输出功率高于 30kW 但低于 56kW），NRS 子类的进一步区分基于速度和排量。特别是，具有高排放量的典型二冲程应用通常属于 NRSh 类或 NRS – vr – 1a/b 子类。新的类别取代了旧的类别的 SH：1 至 SH：3（适用于手持设

备）和 SN：1 至 SN：4（针对非手持设备）。

表 7.7 显示了适用于欧盟移动设备的限制值。除少数例外，这些条款于 2018 年 1 月 1 日对型式认证生效，2019 年 1 月 1 日对所有投放市场的设备生效。根据 ISO 8178 的规定所采用的循环是稳态循环，不同的运行点有不同的权重。

表 7.7　根据现行欧盟法规的移动设备排放限值

	NRSh－v－1a	NRSh－v－1b	NRS－vr－1a/NRS－vi－1a	NRS－vr－1b/NRS－vi－1b	NRS－v－2a	NRS－v－2b/NRS－v－3
试验循环参照［ISO8178］	G3	G3	G1	G2	G2	C2
CO/（mg/kW·h）	805000	603000	610000	610000	610000	4400 或更多条件
HC＋NO$_x$/（mg/kW·h）	50000	72000	10000	8000	8000	2700 或更多条件

7.8.2　废气成分

7.8.2.1　氧气

氧气（O$_2$）不是有害物质，但是为了对燃烧进行评估，需要测量废气中的氧的含量。λ－传感器是安置在车辆一侧的废气管路中的氧传感器。最明确的是在汽油机废气中氧含量测量的有效性：在化学当量比范围内，吸入空气中的全部氧气用于燃烧，废气中的剩余氧气由此表明了燃烧不完全。试验台测量技术表明了氧气含量或者由此计算而得到参数，如根据方程式 2.7 计算过量空气系数（λ）或者空燃比（AFR）。

当车辆里的氧－传感技术（氧传感器）使用带有陶瓷固体电解质（ZrO$_2$）的电位传感器（提供与浓度相关的电压）［Borgeest20］，试验台架上的分析仪以不同的方式显示，带有 $\mu_r = 1 + 0.4 \cdot 10^{-7}$（大气压下）相对渗透性的氧气属于非常稀少的顺磁气体，顺磁检测仪将会在 7.8.3 小节中介绍。氧传感器的优点是可以在现场直接测量以及它的鲁棒性；它的精确度在高过量空气系数时刚好不会随着顺磁检测仪的精度的变化而改变。反之，如果 λ－传感器的精度足够，则它可以通过单独的电子器件或者更简单地通过发动机控制单元读出来。这是为了监测刚起动后所达到的准确的运行温度。

7.8.2.2　二氧化碳

如果二氧化碳（CO$_2$）只要在空气中的浓度不超过更大体积百分比，以至于威胁呼吸抑制和窒息，则是无毒的。立法者限制 CO$_2$ 的排放，是因为大气中 CO$_2$ 的可能导致气候变暖（温室效应）。

在第 2 章 2.1 节中已经解释了燃油消耗量的等价关系和测量，因此它足够可以

用于测量油耗或 CO_2 的排放以及计算每一个其他参数。用燃油来换算是不准确的，其成分与标准不相同，以及在缺氧时的燃烧，此时，以二氧化碳为代价产生了更多的一氧化碳（CO）。如果不仅测量油耗，而且也确定二氧化碳，则将获得额外的安全性，以便能够识别偏差。

由于 CO_2 吸收 4200～4400nm 的红外线特别剧烈，因此可以通过不分光红外分光仪（7.8.3 小节）很好地测量其浓度。［Waghuley08］介绍了一种廉价的受压传感器，该传感器由一层导电聚合物（聚吡咯）组成，该聚合物层通过丝网压力施加到载体上，该载体的电导率由 CO_2 调节；到目前为止，还没有基于此原理开发的试验台架测量技术。

7.8.2.3　一氧化碳

一氧化碳（CO）是一种血液毒素，是在不完全燃烧时产生的。除了内燃机之外的其他来源是，例如炉子或香烟。可以通过它的氧化性，由简单的气体传感器检测［Schaumb95］，然而不能以足够的精度进行量化。它吸收的红外辐射主要是在 4400～5000nm，因此，可以通过不分光红外分光仪（7.8.3 小节）很好地测量其浓度。在车辆开发中，在型式认证和可能 UMA 时测量一氧化碳。因为要测量的浓度覆盖一个较大的范围，采用两个具有不同分辨率和测量范围的分析仪是有意义的。［Fu08］介绍了一种基于碳 – 纳米管的廉价的受压传感器。到目前为止，还没有基于此原理开发的试验台架测量技术。

7.8.2.4　颗粒物

主要是在柴油机和直喷汽油机的废气中含有由于燃油液滴不完全燃烧产生的、在从少于 $1\mu m$ 直到几百 μm 的宽尺寸谱内的碳烟颗粒。颗粒的形成已经根据图 2.8 介绍过了。由于颗粒的形状不同，因此很难给出其实际大小，因此，将空气动力学的直径用作为等效值，即，将具有等效空气动力学特性的球形作为替代方案。特别小，能通过支气管的颗粒（根据定义是空气动力学直径在 $10\mu m$ 以下或 $2.5\mu m$ 以下）称之为精细粉尘。颗粒分为三种组分：碳烟、黏稠的有机组分和硫酸盐。此外，可能在痕量中包含金属粉末，但是可以忽略不计。

碳烟颗粒的主要成分是碳化物。碳化物不会损害健康，但是由于多孔性，而有较大的面容比和使得其能够积聚大量的外源物质，其中首当其冲的是致癌的多环芳烃（PAK），例如苯并芘，同样是在不完全燃烧时产生积聚的。

二冲程发动机产生更多的、来自带有相应的积聚的燃烧产物的润滑剂残余物［RiBrSaNt05、MCCGKMRR、Prevot13］的黏稠颗粒，在四冲程发动机中，润滑油燃烧时也产生相对较小量的这类颗粒。这些黏稠的成分，一部分自己形成颗粒，另一部分溶入了碳烟颗粒，称之为 SOF（可溶有机成分，Soluble Organic Fraction）。

最后，第三类成分是硫酸盐，通过在燃料或润滑剂中蕴含的硫的燃烧而产生。

在前几代发动机中，减少排放的颗粒物的质量主要是通过减小对健康有害的尺寸来实现的，而很少考虑颗粒物的数量，这促使立法者也将颗粒物的数量引入到法规中。与大多数只要测量气体的浓度的其他污染物不同，由于颗粒具有不同的组成和尺寸，这一事实使对颗粒的可重复和有效力的测量技术的定义变得更加困难。因此，可能的测量参数是透射光的浊度、透明表面的黑度、电导率、颗粒质量、颗粒数目、颗粒的尺寸分布和颗粒的组成。颗粒测量技术（7.8.3.11 小节）因此在废气测量技术中是一个非常独立的领域，因为其他方法无法用于颗粒测量，对应于许多不同的颗粒测量参数相应地提供了许多测量方法。

7.8.2.5　自由态的碳氢化合物

自由态的碳氢化合物（游离烃）不是结合在颗粒物上。在四冲程发动机中通过不完全燃烧产生自由态的碳氢化合物。在二冲程发动机中，不仅有自由态，而且有结合态的碳氢化合物，甚至从成分上讲会形成蓝烟的废气成分。首先，混合在燃油中的润滑剂在这里起到了作用，通常二冲程发动机混合气中润滑剂的比例为 2% ~3%（体积分数，后同）。在德国，15% 的碳氢化合物排放是由二轮摩托车贡献的［Adler04］。除了发动机燃烧外，从油箱中或加油时逸散出碳氢化合物蒸气，但蒸发排放不是在发动机试验台架上进行研究，而是在蒸发室（SHED, Sealed Housing for Evaporative Determination）中进行。在蒸发室中，整车会在可变的环境条件下进行调整。

自由态的碳氢化合物是微弱毒性的直链或弱分支链，由未燃的燃料组分以及裂解的、短的碳氢链所组成，其中大部分通过废气的燃料气味来辨别。也含有微量的环戊烷和环己烷。此外，还包含剧毒和致癌的苯化物以及其他芳香物，这些是来自于汽油的组分或柴油燃烧的中间产物。尤其是小型的二冲程发动机排放大量的苯、甲苯（甲基苯）和二甲苯（二甲基苯）。碳氢化合物还有一个间接的有害影响作用，因为它能在大气中促进臭氧的形成，一些碳氢化合物也算作温室气体。法规在许多市场上将甲烷和其他碳氢化合物（NMHC，非甲烷碳氢化合物，Non‑Methane Hydrocarbons）区分开来。甲烷和 NMHC 的总和称为 THC（总碳氢化合物，Total Hydrocarbons）。从 Euro5 开始，在欧盟也会有关于汽油机的 NMHC 的自己的限定值。

火焰离子检测器（7.8.3 小节）最适合于碳氢化合物的测定，然而也可以使用红外辐射的吸收（7.8.3 小节）。半导体‑气体传感器可以检测碳氢化合物，但不满足试验台架测量技术的要求。［Wu13］介绍了一种便宜的甲烷‑传感器，该传感器基于石墨烯和导电聚合物聚苯胺的复合材料。到目前为止，还没有基于此原理开发的试验台架测量技术。

7.8.2.6　醛

醛是带有一个羟基的部分被氧化的碳氢化合物，也就是说，在一个碳氢化合物的末端碳原子上，两个氢原子已被双键键合的氧原子所取代。著名的代表形式是醛、乙醛和丙烯醛。它们是作为不完全燃烧的中间产物而存在的。它们以高浓度刺激，许多醛被分类为"可能致癌"或"致癌"。在出现的浓度中，与一些其他废气成分相比，它们被认为对健康的危害较小，因此也还没有限制值。它们的问题主要是因为即使在非常低的浓度下，其气味强度也很高。

市场上没有专用的醛分析仪，如有必要，可以使用诸如质谱仪（7.8.3 小节）这样的高级仪器进行检测，也可以在适当的溶液中通过液相色谱在吸收后进行检测。也可以使用 FTIR – 光谱仪（7.8.3 小节）进行检测，但是不能始终将光谱与其他有机化合物区分开。

7.8.2.7　氢气

氢气（H_2）以无害的浓度作为废气催化器或者发动机中富油燃烧的副产品而存在［Nagel97］，它不会给环境施加负担，因为它在大气中并不稳定，立法者没有规定限制值。氢气的确定在发动机试验台架上是一个很少见的任务，可以通过质谱仪（7.8.3 小节）来检测。在氢气浓度很高的情况下，由于爆炸的高风险，除了要注意分析仪的适用性外，还必须考虑其安全性（10.6.1 小节）。

7.8.2.8　氮氧化物和氨气

氮氧化物，简称氧化氮，在高的燃烧温度下通过空气中的主要成分氮的氧化而产生。泽利多维奇首次对取决于温度的化学反应进行定量描述［Zeldovich46］，因此，这个热的氮氧化物的总反应机理称作为泽利多维奇 – 反应。此外，还有其他次要的反应机理（燃料 – NOx，费尼莫 – 机理［Fenimore71］）。氮氧化物是一个包含了化合物 N_4O、N_2O、N_4O_2、NO、N_2O_3、N_4O_6、NO_2、N_2O_4 和 N_2O_5 的总概念。在发动机废气中主要蕴含的是 NO（一氧化氮）和 NO_2（二氧化氮），其中，不稳定的 NO 在离开发动机后很快就氧化成 NO_2。一氧化氮与一氧化碳相似，是一种血液毒物，而二氧化氮则主要损伤呼吸道。夏季，氮氧化物促进在地面附近的臭氧的形成［MouOehZe92］。

柴油机贡献了氮氧化物负担的最大份额，主要是来自商用车。发动机开发的一个进退两难的矛盾是，如果发动机工作在高温的最佳效率区运行，则恰好是氮氧化物生成最多的时候。因此，现今商用车工作在最佳效率区并附带一个降低氮氧化物的废气后处理系统。

根据目前的知识，在废气中所包含的低浓度 N_2O（一氧化二氮，笑气）对健康是无害的。它主要通过农业释放到大气中，根据［UBA19］，2017 年在德国只有 4.5% 来自交通。因为降低氮氧化物的废气后处理虽然使得 NO – 排放和 NO_2 – 排放明显下降，但是作为副产品产生了少量的 N_2O。由于笑气被列为对气候有害，未来会作为法律上的限制值，因此预计需要进行测量。一种合适的测量技术是量子级联激光 – 红外光谱法（7.8.3 小节）。

氮氧化物 – 传感器正越来越多地应用于车辆中，它使得氮氧化物催化裂解以及用氧传感器对变得自由的氧进行测量。这个传感器精度适中，坚固耐用，可以直接安置在排气系统中［Borgeest20］。对于精确地测量，可以使用化学发光 – 检测器（7.8.3 小节）轻松地检测一氧化氮，在预先还原为一氧化氮后，还可以检测二氧化氮。此外，氮氧化物较难通过红外线吸收或者紫外线（UV）吸收来检测。最近，还通过声光法测量 NOx。［Dua10］介绍了一种基于还原石墨烯的廉价的受压传感器。到目前为止，还没有基于此原理开发的试验台架测量技术。

氨气（NH_3）是一种有刺激性气味的有毒气体，它可以在大气中反应形成尘状的化合物，例如硝酸铵或硫酸铵。它在 SCR - 催化器中作为还原剂来使用，并且通常通过往废气中喷射尿素溶液而产生。在车辆中，锁定催化器应该阻止氨气从 SCR - 催化器（第2章2.4节）中逸出。在汽油机的三元催化器中还可以产生氨气。对于商用车，从 Euro Ⅵ 起从法规上规定氨的限制值，因此，也会在试验台架上设立氨气测量，同时也讨论乘用车的未来的限值［Poppe19］。通常的测量方法是使用带有量子级联激光器的红外光谱（7.8.3 小节）和 FTIR（傅里叶变换红外光谱，Fourier - Transformations - Infrarot - Spektroskopie，7.8.3 小节）。氧化成氮氧化物并随后用化学发光 - 检测器进行测量（7.8.3 小节）进行测量同样也是可能的，但是立法者在［§EU11_582］中并没有规定。［Huang14］介绍了一种基于碳 - 纳米管和聚氨基苯 - 磺酸的受压传感器，到目前为止，还没有基于此原理开发的试验台架测量技术。

7.8.2.9　硫氧化物和硫化氢

由于现今道路交通车辆使用的几乎都是无硫燃料，硫氧化物的产生主要是在没有循环润滑的二冲程发动机中润滑剂的燃烧或作为船用发动机燃料的富含硫的重油的燃烧。道路交通车辆上的四冲程发动机燃烧，在没有故障的情况下，只燃烧少量润滑剂。生成的氧化物有 S_7O_2、S_2O、SO、S_2O_2、SO_2、SO_3 和 SO_4，其中二氧化硫 SO_2 和三氧化硫 SO_3 占了最大的比例，两者都会损伤呼吸道和直接或间接反应生成硫酸（酸雨）或者颗粒状的硫酸盐。道路交通对硫氧化物的排放只有很小的贡献。对于硫氧化物排放不存在车辆限制值，但是燃料中含硫量是有限制值的。在发动机试验台架上，硫氧化物的测量因此没有标准测量法。可以通过在 214nm 的紫外线照射下在 320nm 处的荧光或通过在 285nm 的紫外线吸收检测二氧化硫。

废气催化器可以在强还原条件下（在高的催化器温度下的富油的发动机运行工况）形成硫化氢（H_2S）。硫化氢是有毒的，即使在对健康没有影响的最小浓度下，闻起来像也烂鸡蛋一样的气味。在危险浓度下气味会由于嗅觉感受器官的麻痹而减弱。确定硫化氢的一种可能的方法是，通过在测量仪器中的氧化催化器转化成二氧化硫，然后用上述的方法进行测量。硫化氢和其他在发动机中无关紧要的化合物（例如二硫化碳，CS_2），在这些化合物中硫具有还原性，统称为 TRS（总还原硫，Total Reduced Sulfur），这些化合物在氧化后不再可能区分开，而通常也没有必要分开。

7.8.3　测量方法

对化学分析熟悉的读者会发觉，各式各样的可提供的方法中只有一部分应用到发动机试验台架上，这将会在下面进行介绍。其他常用的方法，像核自旋共振或者X射线光谱找不到任何应用的可能。核自旋共振的主要问题除了高额的费用外，还要求是液态样品。X射线光谱很适用于确定的单个元素，典型的废气成分却是由分子构成的。还可以通过湿化学分析方法检测某些污染物，但是这种方法无法在时间上解决，精度不高，人工操作也很复杂。也没有详细讨论非常价廉物美的半导体–气体传感器（约20欧元）和薄膜晶体管，其原因是精度不足以及对其他废气成分的强烈交叉敏感性［Schaumb92］。

7.8.3.1 非分散红外光谱

在单个–原子中的电子在吸收了射入的能量后，跃迁到确定的、原子核周围某些更远的轨道，由此产生对一个化学元素的典型的、具有与这些能量跃迁相对应的限定波长的吸收谱线。分子具有比单个原子明显更多地吸收能量的自由度。在红外范围内吸收的辐射能量可以导致分子的旋转或者变形的振动。因此，分子的吸收光谱比单个原子的线光谱更复杂。尽管在双原子气体中，除了旋转以外，仅会发生键长的一种振动（称作为拉伸振动或者伸缩振动），但具有三个或更多原子的分子的可能振动已经非常多样，所以在图7.38中显示了变形振动或者弯曲振动。通常，组合的或变形的振动比短波红外范围内相对清晰定义的拉伸振动的波更长，并且频谱分布更广。

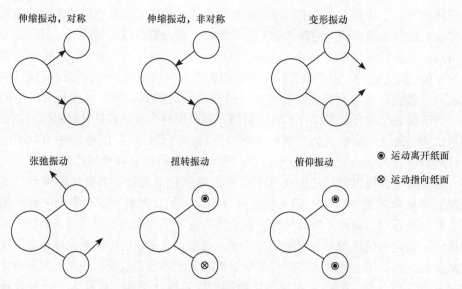

图7.38 具有六自由度的三原子分子的变形振动

测量技术提供了两种可能性，一方面可以在一个确定的波长范围内测量吸收，另一方面需要更高的费用来分析一种气体的全部吸收光谱，其中每一种气体成分有一种独特的光谱特征曲线，就像指纹一样，有助于识别。在发动机中，废气成分是已知的，仅需要确定其浓度。在这种情况下，测量在定义的波长范围内穿过气体后辐射的衰减量，是成本更适合的以及有效的。所以，只是应该重视光谱学的这种形式［GottWach97］。

如果对气体进行透视，其分子像 CO、CO_2 和碳氢化合物那样是由不同原子组成的，使用红外线辐射，除了加热气体外，吸收削弱了辐射的通过能力。该削弱是可以测量的，并且在这种气体中充当一种样品含量的尺度。例如甲烷吸收在波长3311nm 附近时最强烈，CO_2 在 4257nm 附近，以及 CO 在 4778nm 附近。水蒸气在5000nm 附近的几个光谱范围内吸收（在 1450nm 处，最大的水吸收最大值在被测气体的吸收范围之外）；为了使测量结果不会受废气湿度的影响，应在 NDIR－分析仪前进行脱水，代替这里给出的波长，在红外分光谱中经常给出其倒数，即波数。

该物理原理将会转化成以下测量原理（图 7.39）：一个宽频的红外光源透视一根管道（比色皿），未知分析物流过该管道，在管道的末端有一个辐射传感器。这种方法称作为非分散红外光谱（NDIR），因为常规的红外光源（例如带有反射器的加热丝）会发出宽带辐射。为了使测量仪器选择性地测量确定气体的浓度，通过一层塑料薄膜过滤出关系重大的光谱范围。大多数设备使用带有氮气的第二个封闭比色皿（参考比色皿）进行比较。

图 7.39　NDIR－分析仪，用于一氧化碳和碳氢化合物。在短管的中部可以看到有一条小管，它贯穿整个管道并且划分成测量比色皿和参照比色皿

制造商以纯净的形式将待测气体填充到密闭腔室，密闭腔室被证明可以用作辐

射传感器。穿过比色皿后残留的辐射通过一个窗口落到传感器腔室中封闭的气体上，那些气体吸收了剩余辐射，自身就会被加热并因此膨胀。可以用电容传声器形式的膜来测量膨胀。交变的膨胀和收缩，使传声器膜的持续性运动以及由此产生交变电压，使其与恒定的应变和由此导致的电容传声器恒定的电容量相比，测量更精确。为了这个目的，红外线将会通过一个转动的圆盘（斩波器，Chopper）周期性地中断。斩波器还确保测量比色皿和参照比色皿交替地被透视。两个在测量比色皿和参照比色皿后的传感器腔室可以有单独的拾音器，但是通常在两个腔室之间使用一个膜片，该膜片通过测量传感器和参考传感器之间的压差而移动。Wiegleb 详细描述了各种 NDIR - 测量设备的结构［Wiegleb16］，他本人在其开发方面拥有多年的经验。

使用不同稀释度的待测气体进行校准。

在紫外线范围内很少使用类似的方法，称为 NDUV（非分散紫外线光谱法）。

7.8.3.2   QCL - 光谱学

长期以来一直考虑用半导体 - 红外线光源替换在 NDIR - 光谱学中所用的宽频 - 红外线光源。由于红外线 - 发光二极管太微弱且带宽太宽，所以采用红外线 - 激光器。虽然半导体激光器实际上发出强烈的单色光，但是要恰好符合待检测气体的吸收波长，这对于半导体激光器来说是很难实现的。除了可能的制造公差外，半导体激光器的波长还会随温度的变化而变化，如果不付出过多的努力来精确控制激光器的温度而不受自热和环境温度的影响，半导体激光器的红外 - 光谱仪将是不稳定的。

量子级联激光器（QCL，Quantum Cascade Laser）是一种半导体激光器，其发射波长在特定的范围内可电调谐，最小波长和最大波长之间的典型因子为 2.5 个数量级。

由此，它可以获得两个优点：一方面，现在可以通过电子方式调节波长，从而可以相对容易地达到较高的稳定性；另一方面，可以在很小的范围内改变波长，以便使得具有相似吸收光谱带的不同气体通过一个检测器精确地监测，例如对检测不同的氮氧化物和氨有用。它的另一个特性是 QCL 可以产生比普通半导体激光器更大的波长。这种方法的灵敏可以在 1×10^{-6} 以内。几种不同波长的激光器可以同时在一台分析仪中使用。在法规［§EU11 - 582］中，QCL - 光谱仪称为二极管激光光谱仪。

7.8.3.3   太赫兹 - 光谱学

电磁频谱的很大一部分可用于光谱学的应用，并且以多种方式使用。从前面的章节中可以清楚地看到，典型的废气成分通常可以通过红外光谱检测，有时也可以通过 UV - 光谱检测。目前正在深入研究的一个新领域是电磁波光谱学，其频率在太赫兹（10^{12} Hz 以上）范围内。相应的波长在毫米或以下的量级，并且在长波红外范围内。

具有特征吸收频率的连续单频照射辐射可以检测已知的物质。长波激光器（也称为 QCL）或天线可以用作辐射源。一种选择是 ps – 范围内的脉冲信号，它可以实现宽带荧光检测 [Aggrawal16]。目前在废气分析中没有太赫兹光谱学的应用。但是，评估其长期相关性还为时过早。

7.8.3.4 UV – 荧光检测器

为了测量二氧化硫或间接测量其他的硫氧化物或硫化氢（在测量之前会氧化成二氧化硫）最适合采用紫外线（UV）荧光检测器。其结构十分简单，采用一根被波长为 214nm 的紫外线（UV）光源照射的、废气从中经过的透明的管道。例如，例如，带有过滤器的汞蒸气灯用作光源；近来，发光二极管也可以提供这种短波的光。在废气中蕴含的二氧化硫会将一部分从光源中吸收的能量，作为更长波的光向所有方向发射（荧光）。所发射的光与 320nm 波长同样还位于紫外线（UV）范围内，并通过垂直于 UV 光源（并因此在其阴影下）的传感器进行测量。带有滤光器的光电二极管可以用作传感器，它使用诸如磷化镓或碳化硅代替硅作为半导体，因此在紫外线范围内很灵敏，荧光强度与 SO_2 浓度成比例。

7.8.3.5 火焰离子检测器

碳氢化合物的检测可以通过火焰离子检测器（FID，图 7.40）来实现。含碳氢化合物的分析物在氢火焰中导电，这火焰使得一部分碳氢化合物离子化。一个管状电极位于火焰上方几毫米处，其上附带有几百伏的直流电压。在火焰中产生的离子产生了可以测量的流向电极的电流。

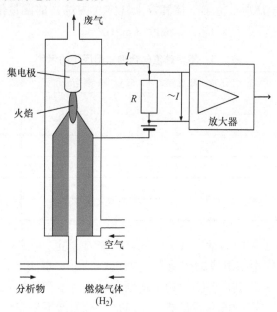

图 7.40 火焰离子检测器的原理

在氢火焰中产生活性自由态氢原子，该氢原子与来自碳氢化合物链的所结合的氢原子再次结合形成氢分子 H_2。剩下的是碳氢化合物（自由基）的活性残基。在多个反应步骤中，一个碳氢化合物链分裂成 CH – 自由基。在最后的反应步骤中，这些自由基各自依据以下反应式

$$CH + O \rightarrow CHO^+ + e^- \tag{7.61}$$

构成离子/电子对，从而确定了要测量的电流。假设碳氢化合物完全分解成 CH – 自由基，这种方法提供了一个与分析物的碳原子数成比例的电流 I。尽管只有一小部分被离子化，但通过校准会考虑作为几乎恒定的部分。离子化碳氢化合物分子的通过量为 dk/dt，每分子的平均碳原子数为 n，基元电荷为 q，电流流过

$$I = \frac{dk}{dt} n \, |q| \tag{7.62}$$

事实上，对于短的、无支链的碳氢化合物，测得的电流大小与碳原子的数目精确地成比例关系，但对于长的、支链或环状碳氢化合物，这个比例仅适用于表 7.8 中近似的关系。对于具有双/三倍的化合物（例如乙炔）或具有外来原子的碳氢化合物（例如卤素或氧），在两个方向上的特别大的偏差是可能的。对于这些物质，测试设备之间也略有不同。这些偏差会由制造商作为响应因子 F_R 给出。响应因子定义如下

$$F_R = \frac{S_x / c_{C_x}}{S_{ref} / c_{C_{ref}}} \tag{7.63}$$

式中　S_x 和 S_{ref}——分别是待测气体和校准气体（丙烷）的测量信号；

c_{C_x} 和 $c_{C_{ref}}$——分别是对应的碳浓度（mg/m^3）。

表 7.8　不同碳氢化合物比例因子的示例

物质	每个分子中 C – 原子数量和反应式（7.62）中的理论因子 n	测定的因子 n' 示例
甲烷	1	1.0（$n' = n$）
乙烷	2	2.0（$n' = n$）
丙烷	3	3.0（$n' = n$）
正丁烷	4	3.8（$n' \approx n$）
异丁烷	4	3.8（$n' \approx n$）
苯	6	5.8（$n' = n$）

可以看出，为了精确测量废气中碳氢化合物的含量，就必须要知道碳氢化合物的组成，FID 也必须用该组成的碳氢化合物进行校准。事实上，丙烷也用于校准，它很好地复现废气中碳氢化合物中的平均碳含量。由于 FID 的高线性度，使用单一的丙烷浓度和零气体进行校准就足够了。但是，检测器不是完全线性的；特别是在低的碳氢化合物浓度时，杂质的离子会产生影响。信号的电子处理（必须能够精确地处理 pA – 范围或者甚至更低的电流）显示出非线性，尤其是在浓度/电流较小

的情况下。因此，如果对精度的要求很高，则可以使用不同的丙烷 – 浓度进行校准。

加热的催化器（切割者，Cutter）可以连接到 FID 的上游，这样可以通过氧化消除非甲烷碳氢化合物（NMHC），但甲烷很难催化。这可用于确定废气中的甲烷含量，或者在关闭加热的催化器（切割者）时确定碳氢化合物的总比例。区别在于 NMHC 的比例。作为非甲烷切割器（NMC）的替代方案，也可以使用气相色谱仪（7.8.3.9 小节）分离 NMHC 和甲烷，某些法规也有相应的规定〔§EU08、§R83、§CFR〕。

7.8.3.6 化学发光 – 检测器

借助于化学发光 – 检测器（CLD）可以测量废气中氮氧化物的浓度或其他可被氧化成氮氧化物的含氮化合物的浓度。完整的分析仪也称为化学发光 – 分析仪（CLA）。化学发光是指某些化学反应发出的光。为了氮氧化物的测定，一氧化氮氧化成二氧化氮时的光的发射专门用于检测氮氧化物。由于与氧气分子（O_2）的反应并不充分，将会使用活性臭氧（O_3）。反应根据方程式进行

$$NO + O_3 \rightarrow NO_2 + O_2 \tag{7.64}$$

由此产生的二氧化氮首先受到能量的激励，然后以光的形式在红外范围内最大强度释放能量。这些能量也可以释放到其他分子上，主要是 CO_2。因此，样品的高的 CO_2 含量导致了化学发光的减弱，由此使得测量值降低。在样品 CO_2 含量不变且已知的情况下，在校准时考虑 CO_2 的含量是有意义的。

顺便说一句，应该指出的是，在强烈的太阳辐射下，氮氧化物的参与导致大气臭氧形成的机理与 CLD 中使用的反应相反。

如果在分析仪前通过一个加热的钼 – 催化器转换成一氧化氮的话，则二氧化氮的检测是可能的。规定催化器的转化效率在 95% 以上。催化器的使用寿命比分析仪要短得多，因此必须定期检查，必要时需要更换。因为这个催化器也能将废气中其他的氮化合物，例如氨气，转化成一氧化氮，必须重视在这种情况下展现出的 NO_2 浓度略有升高。为了区分一氧化氮和二氧化氮，因此如图 7.41 中所示，不仅在还原催化器后（下方）测量，而且也在无催化器时直接测量（上方）。直接测量提供了废气中 NO 含量的值。催化器后的测量测的不仅是废气中原本所含的 NO，也包括通过 NO_2 还原生成的 NO，所以它提供的是 NO 和 NO_2 的总浓度。通过减去直接测量确定的 NO 含量，可以得到 NO_2 含量。在图 7.41 中，两种测量同时进行，就像在大部分装置中那样普遍。此外，也有一些设备只使用一个检测器，该检测器交替地暴露于直接和减少的废气中。由于切换与长达数秒的长转换时间相关联，因此仅具有一个检测器的设备不适合进行动态测量。

7.8.3.7 顺磁检测器

氧是弱顺磁性的，一种通常只在少量气体中存在的特性（不幸的是，在氮氧化物的情况下，这也会导致基于顺磁性的传感器产生交叉敏感性）。由此，氧进入

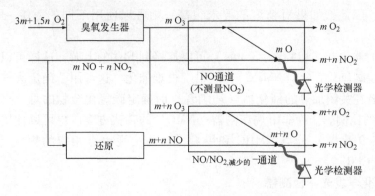

图 7.41　化学发光检测器的原理

磁场并置换其他气体,因为这些气体不是磁性的。为了使得这些效应可以测量,已经开发了非常不同的顺磁检测器(PMD),它们是氧天平(磁机械式装置)、磁气动装置,环形腔–氧传感器和热线–氧传感器。许多解决方案并存的事实表明,没有一种方法明显具有优势。

1. 磁机械式传感器

磁机械式传感器(氧天平)有一个可旋转的"哑铃",它的球体充满氮气或者是实心石英构成。这些球体(或其他成形体)位于一个磁场中(图 7.42)。如果顺磁性的氧气在磁场之间流动,则充满氮气的球体会被推出磁场。尽管作用在球上的力与氧的浓度成比例,但是如果在哑铃强力向外旋转时,则非线性减小的磁场会在测量中带入非线性度。

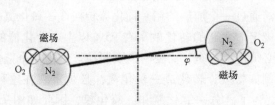

图 7.42　磁机械式传感器的原理

这个方法已经使用了将近 80 年,早期一根大指针或者一面可以投射到光尺上的镜子与哑铃一起转动,这种偏转现今电子化地测量和显示。也可以通过在哑铃上的绕组进行电子测量,该绕组可产生恢复力矩。然后,流经绕组的电流是将哑铃保持在静止位置所需的恢复力矩的一个度量,因此也是氧含量的一个度量。由于在该变型方案中,哑铃保持在静止位置,因此不会由于向外旋转而产生非线性度。氧天平例如在 Dräger 和 ABB 的设备中使用。

2. 磁气动式传感器

一个测量废气中氧含量的可能性是一种如图 7.43 所示的磁气动式传感器。分析物可以流入两个交替驱动的电磁体之间的磁场中。由于顺磁特性，氧将越来越多地聚集在电磁体刚好接入的磁场中（图左侧）。两个电磁体内各有一个氮气喷嘴。在左侧，在喷嘴前面的压力比在右侧的压力高，因此，用作两边之间压差传感器的薄膜会偏向右侧。轮到右侧电磁体的电流通电，则膜会向左侧偏转。因此，薄膜的偏移可以作为分析物中氧含量的间接的指标。该膜是电容式传声器的一部分，出于清晰的原因，该膜未完全插入，其信号最终可以追溯到氧含量。例如，这个解决方案是 Horiba 公司的偏爱。

即使只有一侧有磁体，也可以通过交替的磁场使得取决于氧的浓度的薄膜产生一个周期性的偏移。例如西门子使用这个简化的原理。

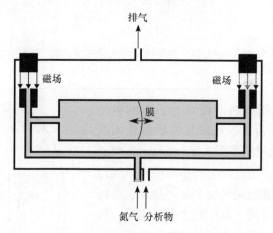

图 7.43　磁气动式传感器的原理

3. 环形腔传感器

像氧这种顺磁物质会随着温度的升高而失去其导磁能力。利用这种特性的传感器称之为热磁传感器，最重要的设计是环形腔传感器［Krupp52］。其中，含氧分析物流经的管道的一侧被外部磁场穿透，另一侧则被加热到远高于 100℃ 的温度（图 7.44）。电磁体侧会吸引未加热的氧，通过这种方式在磁场一侧产生流入管道的流体（磁性风），由于连续性，该气流会继续进入加热侧并再次从管道中流出。通过倾斜测量管，使其叠加一个附加的对流，该对流可以用于调节，但也可以用这种传感器对位置敏感地进行测量。可以通过在两个支管之间形成交叉连接来构建传感器，这些支管在装置的进气口处分开，并在气体排出前再次汇合。尽管这两个环不一定必须是严格的圆形，但是这两个分支和重新融合分支给这种类型的传感器命名为环形腔传感器。这个横管必须配备用于流量测量的设备。为此通过两个绕组实现电加热，当空气流过时，在两个绕组之间建立温度梯度。绕组之间的温度差引起电阻差，这个电阻差可以通过电桥电路来检测。这种方法相对于改善的磁机械式和磁气动式方法失去了意义。

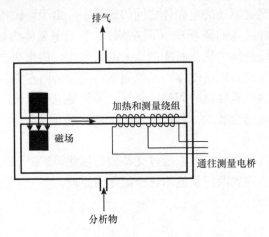

图 7.44　环形腔－氧传感器的原理

4. 热线传感器

热线传感器利用加热金属丝上的氧的消磁（图 7.45）。首先，冷的、仍然具有顺磁性的氧被吸入下方安置电磁体的磁场中。在那里，氧通过热线消磁并上升。由此产生的循环使得热线冷却下来，可以通过其电阻的改变来测量，它是样品中氧含量的一个量度。其中两个含有测量气体以及两个含有确定浓度的参考气体的四个室连接成一个桥路。这种测量原理并没有在工业中广泛使用。

7.8.3.8　FTIR－光谱仪

在 FTIR－光谱仪中，样品由一个时变的红外光谱来辐照。这来自宽带红外线光源的光束，

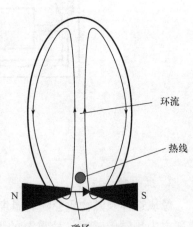

图 7.45　顺磁的热线－氧传感器的原理

通过一个半透的分光镜被分成两部分光束，一个部分光束在入射光束的方向上继续传播（在图 7.46 中向右），另一部分光束反射到垂直入射光方向（在图 7.46 中向上）。上面的平面镜固定放置，右边的平面镜可由电机驱动沿光束方向移动，可以使用参考激光进行监视（未显示）。两束反射光束在分光镜上再次相遇。如果两个平面镜与分光镜的距离精确一致，则部分光束叠加在一起。除了轻微的衰减之外，合成的光束再一次拥有源光束的强度。如果两面平面镜位置相差四分之一波长，则因此部分光束行程总共相差半个波长，这就使得部分光束相互抵消（相消干涉）。以迈克尔逊（Albert Abraham Michelson，1852—1931，美国物理学家）命名的干涉仪的工作原理是时变的，但不是单色滤波器。

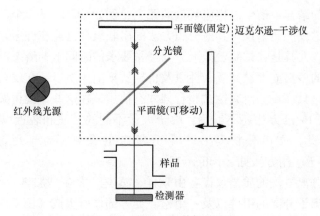

图 7.46　FTIR－光谱仪的原理

检测器根据平面镜位移记录不同的红外－强度，通常远低于 1mm。样品的吸收光谱是通过傅立叶变换从该信号中计算出来。

该方法可以检测通过 NDIR 也能检测得到的那些气体，但不限于气体的吸收范围。由于平面镜的移动和复杂的信号处理，最初测量持续时间是有问题的，但是现代设备实现了几赫兹的采样率。

7.8.3.9　气相色谱仪

气相色谱法是分离气相中不同组分的方法。气相色谱仪不是独立的测量设备，需要在出口处安装合适的检测器以检测分离出的气体组分，例如火焰离子检测器或质谱仪。带有惰性载气（例如氮气）的气相（流动相）流经称之为分离塔的加热的，内部涂覆的细管（内径 0.5mm 或更小），该管因其长度而缠绕通常为几十 m 长的线圈。一些气体不与内涂层相互作用（固定相），而是迅速通过分离柱。其他气体首先被吸收，然后才慢慢释放。不同的、取决于与固定相相互作用的流体时间影响气相色谱仪中的可用于分析的物质分离。

气相色谱仪是相当大的设备，但近来已大大缩小了体积直到微型－气相色谱仪，其分离柱作为常规的电子导电板上的组件。

7.8.3.10　质谱仪

质谱仪是一款非常普遍的分析仪，顾名思义，它能够使废气成分根据其质量进行区分。尽管许多先前已经提及的分析原理是以物理效应为依据的，但它们却不能检测所有物质，而每个原子和每个分子有一个质量，而且原则上是可以检测的。除了可检测性外，也还需要明确性，这对于质谱仪来说并非总是如此，因为不同的物质有着相同或者相似的质量，以及因为在仪器中也可能导致分子裂解。使用专门用于某些物质的质谱仪，可以克服这个独特性问题，例如相对便宜的氢气质谱仪。常用的通用质谱仪通常与连接在质谱仪上游的其他方法（其他分离方法，例如气相色谱法）相组合，或用作与质谱仪平行的独立的方法，例如 FTIR［BeFeKrMa13］。

从大量的可能的结合中衍生出相应数量的概念，例如 GCMS 是一个带有一个前置气相色谱仪的质谱仪。质谱仪与其他分离方法的串联组合已经在许多领域证明了自身的优势，然而，尤其是在试验台架上，与经常要求的时间上的瞬态产生了目的性的矛盾。质谱仪的多功能性被其复杂性以及价格所抵消，所以，在发动机试验台架上没有标准，并且只在一些研究性试验台架才有使用，在这些试验台架上，像 NDIR、CLD 或者 FID 的标准方法还不够用。由于大量不同的方法和装置以及质谱处理所需的经验，因此，质谱分析是一个十分复杂的领域，对于更深入的介绍见 ［Gross13］，对于应用方法见 ［Lafferty13］。

无须其他分离方法的质谱仪设备由采样、蒸发（大多是加热）、离子化、依据质量和电荷的离子分离的组件以及一个检测器等部件所组成（图 7.47）。一个通过价格和结构尺寸基本上决定了、给不同形式的质谱仪以不同的名字的准则就是离子的分离。一种经典的方法是扇形场，其中磁场垂直于离子束。这种扇形场质谱仪在许多领域已被更紧凑的布置所替代，例如四极质谱仪，其中离子束从安置的四根杆之间穿越，在四根杆之间施加一个调制电压 ［Walte94］，以及飞行时间质谱仪（TOF，Time－of－Flight），其中离子在电场中加速后根据其通过时间而分离 ［Cotter97］。此外，也有一些装置将两个不同工作的质谱仪结合在一起（串联质谱仪）。

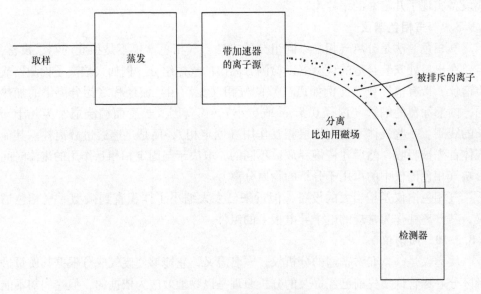

图 7.47　质谱仪的原理图

7.8.3.11　颗粒测量技术

已经提到了大量不同的测量参数，例如透射光的浊度、明亮表面的不透明度、颗粒质量、颗粒数目、颗粒物的尺寸分布、由颗粒尺寸分布得出的肺部沉积表面积（LDSA，Lung Deposited Surface Area）和颗粒的组成。这些测量参数中的某些参数与某些目的相关，因此，可以从尺寸谱、LDSA 和化学成分中评估对健康的危害程度，然后必须定义合适的测量方法来确定这一点。在这些情况下，首先定义测量参数，然后开发合适的方法。而相反，在其他情况下，最初开发了诸如浊度法之类的非专用方法，然后从所使用的方法中得到测量参数（例如浊度）。

在很明显，迄今为止为了车辆的批准上市而实施的颗粒质量测量方法是不充分的，联合国/欧洲经济委员会（UN/ECE）的污染和能源工作组（GRPE，Working Party on Pollution and Energy），从 2001 年开始一直从事于测量技术和其应用的后续开发。这个机构的工作因颗粒物测量程序（PMP，Particle Measurement Program）而众所周知。其目的主要是包括尺寸在 nm – 范围内的颗粒，而这些颗粒不能充分地体现在颗粒质量中，但这对废气的健康损害程度有着本质上的重要意义。重要的一点是由此引入的带有冷凝粒子计数器的粒子计数。该工作组的工作主要反映在联合国 – 指导方针 ［§R49］ 和 ［§R83］ 中，这融入了欧洲的立法中。

1. 浊度计

如果光源透过含有颗粒的气体样品，其中部分会被吸收，这种现象被称为可见的深色烟雾，不透光烟度计采用了该原理。同样，不使用肉眼看不到浊度的颗粒浓度也采用该原理。废气由一个通道引导，一侧是一个光源，另一侧是光接收器。如果光源和接收器位于同一侧，且在对面有一个平面镜，则通道的长度被双倍地利用。一个辅助风扇会形成一个气幕，防止镜头被熏黑。

当光线穿过废气时，光线的削弱程度遵循朗伯 – 比尔定律（Johann Heinrich Lambert，约翰·海因里希·兰伯特，1728—1777，瑞士科学家，他以皮埃尔·布格尔（Pierre Bouguer）的工作为基础，致力于研究光在媒介中的衰弱。）（August Beer，奥古斯特·比尔，1825—1863，德国科学家，他在兰伯特（Lambert）的工作上继续研究）。该定律的众多写法之一是

$$\frac{I_{\text{Ausgang}}}{I_{\text{Eingang}}} = e^{-Anl} \tag{7.65}$$

I 是光的强度，光每次穿过该线路前、后的强度。A 是颗粒物的横截面，n 是颗粒的数量，l 是被透视的线路的长度。在相同的横截面下，理论上可以进行粒子计数，事实上，横截面变化很大，而且没有更复杂的测量技术（将使烟度计变得多余），就无法进行估算。因此，由不分光烟度计给出的数值是比吸收率

$$k = A \cdot n \tag{7.66}$$

不分光烟度计在实践中主要是由服务性部门的废气测试者使用。对于试验台架上的应用，仪器也同样适用。除通用标准 ［ISO 8178］ 外，［ISO 11614］ 还对不分光烟度计提出了特殊要求。主要优点在于价格低廉，但对于型式认证的新的废气排放标准而言，其分辨率往往不够精细，既不能确定颗粒质量也不能确定颗粒数目，并且与其他废气成分（例如水蒸气和褐色 NO_2）的交叉敏感性可能会起到干扰作用。

2. 滤带法

在滤带法（图 7.48）中，废气通过纸质过滤器。为了不进行长时间的积分，而是为了作为时间的函数进行测量，过滤器被设计为连续运动的带，该带从一侧的绕卷上解开，并缠绕到另一侧的绕卷上，因此时间分辨率可能为约 1min。在废气流过滤纸带后，确定其光学的、不一定是必须仅仅用眼睛可以看到的黑度。变黑主要是由碳烟引起的，在具有高灵敏度和低碳烟含量中，还可以检测到通过 SOF 和硫酸盐引起的过滤器的变色，测量的可比性由［ISO 10054］来保障。该标准将其定义一个从 1 到 10 的无因次黑度值为直接测量参数，称作 FSN（Filter Smoke Number，过滤器烟度值）。此外，也可以使用其他测量参数，例如从 1 到 9 的黑度［Kuratle95］以及一种 Bosch 使用的从 1 到 10 的黑度。这些参数间的换算有一部分是可以自动进行的。也存在经验的近似公式用于将黑度换算为碳烟质量浓度，但是所有都是有条件的而且不是准确的，例如依据［MIRA65］换算。

误差的来源主要是不密封性，它使得废气的稀释和在纸质过滤器上的冷凝作用，它可以通过干燥的运行条件和存储条件以及必要时通过仪器内部加热来抵消。

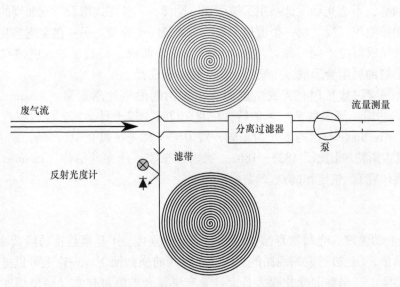

图 7.48　运用滤带法测量碳烟的原理。滤带的黑度是废气中碳烟含量的指标

3. 静电碳烟测量

静电碳烟测量是使碳烟颗粒带电，并测量带电电流。带电经常分两步进行，首先产生离子，然后这些离子通过与颗粒的接触转移电荷。这种两级的过程称为扩散过程，该设备称作扩散充电器（DC，Diffusion Charger）。以此为基础的理论在［IntrTipp11］中进行了描述。提供了不同的可能性用于产生离子：通过富含能量的光线（UV），通过放射性同位素或者主要通过金属丝表面上的电晕放电（金属丝在几 kV 的电压下充电）。除了扩散过程外，在平板电容器中直接充电也是可能的

［Hauser04］。原则上，这种传感器甚至适合于串联安装在车辆中，但是在那里已经实施了电导率测量。

颗粒的充电主要取决于它的表层，根据经验公式也可以确定质量。与颗粒计数器连接后可以确定平均颗粒尺寸。

4. 颗粒质量

目前通常有两种方法可以确定粒子质量，称重和新的光声法。从理论上讲，没有实际意义的可能方法是通过充电（需要的电荷的测量）或颗粒的燃烧（可以测量所得的 CO_2）进行分离。

（1）称重

颗粒的质量同样可以借助于过滤器来确定。不同于浊度测量，但也不使用连续运动的滤带，而是将过滤器在废气流量中固定在过滤器固定架上，并且整体上测量限制时间内的全部质量。随后过滤器将会从过滤器固定架上取下并称量。立法者规定了可能的过滤材料（无纸）。过滤器的空化质量必须通过厂商的规格或者在测量前的称量来获知以及（在最后结果中）减去。在准确的实施下，这种方法是可以非常精确的，但也是非常昂贵的。过滤器必须安装进去，在测量后又要重新取出，并移到天平上称量。待测的碳烟的装载量是如此的少，以至于过滤器的黑度只有在实际的行驶循环后，而不是在旧的法规 NEFZ 循环（章节 7.8.1.2）后才可以看得出来。在处理过程中，过滤器既可能因为震颤而丢失碳烟，也不能进一步吸收污染物，同样也要避免静电荷。由于质量小，精密天平必须在有空调的条件下使用。由于法规规定的行驶循环与实际循环之间对天平的量程的要求是不同的，必要时要投入更多天平。至今为止，这些流程经常是手工完成的，为了运输可能使用诸如密闭的培养皿。将来这些工作可以由机器人来完成，从长远来看，可以设想的是装置中采样和称量的小型化以及一体化。

（2）光声法

光声法（PASS，Photo Acoustic Soot Spectrometry，光声碳烟光谱法）通过光脉冲的辐射以及对由此产生的声波的处理来确定废气中的质量浓度，而无须进行称重［SchiNTL01］。为此，废气要经过声学的共振器（图 7.49）。一个激光器以周期性的闪光照射样品，由于碳烟吸收非常宽频带的光，因此不需要特定波长的激光器，但是废气中的其他气体成分也可能吸收光并且使其自身膨胀从而产生声波，所以那些会被其他废气组分（主要是水和 CO_2）强烈吸收的波长段是不合适的。通过碳烟颗粒对辐射的吸收会导致温度波动，从而导致周围气体的周期性膨胀和收缩，如此产生的声压通过设计成共振器的测量室使自身加强，并通过拾音器采集，以此方式获得的信号可作为碳烟浓度的一个量度，灵敏度为几个 $\mu g/m^3$。测量要求废气的压力和温度维持在规定范围内，这可以通过集成在装置中的调节系统来实现，因此采样位置的压力和温度允许在一个较宽的范围内。为了在试验台架外部以及在车辆中投入使用，该设备要足够紧凑。

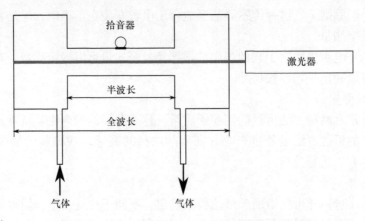

图 7.49　光声法的原理。$\lambda/2$ – 共振器位于中间

该方法特别适用于碳烟颗粒，但气体也会吸收某些特定的波长。作为诸如 NDIR – 方法的替代方案，当用调制激光激发时，可以通过拾音器在光声室中记录扩展。气体的光声光谱法（PAS）将来可能会进入 PEMS 领域。

5. 颗粒计数

在过去，颗粒质量是最重要的法规标准，然而现在，确定颗粒数目更加复杂。一个显而易见的想法是，用光栅对颗粒计数，但是因颗粒尺寸大小而落空了。一种常见的方法是冷凝颗粒计数器（CPC，Condensation Particle Counter）。原则上，这表示一个光栅，如果增大粒子，便可以计数，发生这种情况是因为含颗粒的气体在温度略高于环境温度的温度下被蒸气饱和。如果使用正丁醇作为蒸气发生介质，则由于其高挥发性，必须确保不影响附近的碳氢化合物测量。一旦颗粒/蒸气混合物冷却下来，蒸气就会冷凝，最初以液滴的形式凝结在颗粒周围。这些颗粒液滴现在可以以不到 10% 的误差用光学方法计数，但是单位时间只能计数一定的数目，通常发动机中的颗粒浓度过高，因此需要对气溶胶进行可变稀释，从而确定测量范围。该结构的图解如图 7.50 所示。

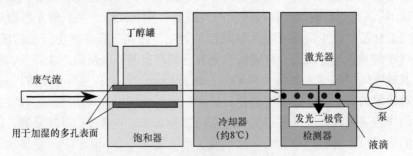

图 7.50　冷凝颗粒计数器的原理

对于空气动力学直径小于 100nm 的颗粒，法拉第杯（FCE，Faraday Cup Electrometer）也适用于颗粒计数，对于非常低的颗粒浓度和大颗粒，也可以采用不凝结的直接光学计数。在实际废气中存在的颗粒大小和数量排除其使用的可能性，立法者还指定了 CPC 的用途。但是，法拉第杯和光学计数器可以用作校准 CPC 的参考。

6. 尺寸分布的确定

虽然对于颗粒的尺寸分布的确定没有法定的要求，但是这在个别情况下，例如废气后处理装置的开发是很吸引人的，并可以更好地评估健康风险。

一种相当简单的方法是使用过滤器，在某个尺寸以下的颗粒通过过滤器，而更大的颗粒则不能通过，边界范围内的颗粒具有一定的概率，这也取决于形状和组分。因此无法以这种方式记录连续的尺寸谱。

一种更先进、实际中通用的方法，称作为差动流动分析仪（DMA，Differential Mobility Analyzer），借助于重力来分离不同大小的颗粒。区别的标准不是直接的几何尺寸，而是质量。为此，借助于放射性同位素，例如 α - 辐射体、镅 241，使颗粒带电并置于水平场中（在图 7.51 中的棒状中心电极与外壳之间）。在电场中，水平方向静电引力起作用，而垂直向下方向主要是地心引力以及还有扫气空气起作用。在电极的开口下方中仅吸收一定比例的颗粒，然后传送到颗粒计数器。流往计数器的带有"选定的"颗粒的输出流体，称作为单分散气溶胶（monodisperses Aerosol）。如果提高电压，则会产生更强的水平偏转，否则会撞击到电极开口下方的更重的颗粒现在会继续传输给计数器，通过改变电压，可以有目的地选择更轻或更重的颗粒分数进行计数。与 CPC 结合的 DMA 在这种运行模式下被称作 *DMPS*（Differential Mobility Particle Sizer，差动流动颗粒分级器）。通常的做法是，电压从一个低的初值开始连续升高直到达到最大电压，并且循环重复地进行。由此，得到了一个连续的质量谱，其中时间上的分辨率受到电压循环的时长的限制。在这种运行模式下，DMA/CPC - 组合称作 SMPS（Scanning Mobility Particle Sizer，扫描流动颗粒分级器）。用一个气溶胶发生器和一个参考装置进行校准。

与所描述的 DMA 相似，颗粒可以用电晕放电来充电。可以通过电离器后面布置的多个环形电极来测量离散质谱，电压的时间变化在这里由空间分辨率来代替。该装置称为 DMS（Differential Mobility Spectrometer，差动流动光谱仪）［Reavell02］。

根据颗粒大小分离颗粒的测量原理是级联 - 撞击器。它在一个喷嘴和随后的挡板的级联组合中使用了与尺寸相关的流动特性。由于这些阶段中的几何形状不同，因此在每个挡板上会沉积不同的尺寸分数，并对其进行称重，但是在分析汽车废气时并未使用级联 - 撞击器。一种变型是低压电动撞击器（ELPI），它以与 DMA ［Wiegleb16］类似的方式处理带电粒子。

7. 组分的确定

化学组分的准确的分析需要化学实验室分析或者气溶胶 - 质谱仪（一种质谱仪，在所含的组分分析之前使气溶胶成分蒸发）。通常已足以区分三个主要的颗粒

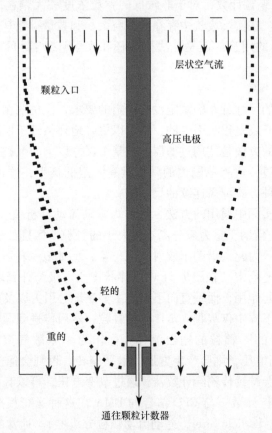

图 7.51 在差动流动分析仪中，在电场中的颗粒的质量分离

种类：碳烟、SOF 和硫酸盐。

在 Horiba 的颗粒分析仪中实现了一种可能的解决方案。颗粒在耐温石英过滤器上过滤后，首先在氮气氛中蒸发有机化合物（Thermodesorption，热脱附），将其氧化，并测量红外分析仪（7.8.3.1 小节）中按照式（2.1）产生的二氧化碳。在氧气氛中，残留的碳烟可以氧化成 CO_2，在同一分析仪中进行测量。由于这些方法测量的碳烟和 SOF 质量在 1μg 以下，如果对组分没有兴趣的话，它也适用于测量最小的颗粒质量。硫酸盐会还原为二氧化硫，并且同样在一种红外 - 分析仪中检测。然而该测量方法不是在废气流中实时进行测量，样品的研究需要持续 4min。

7.8.4 采样

在开发过程中，原始废气通常在废气后处理（催化器，颗粒过滤器）之前被分流，而在废气后处理后则是最终废气，如同从车辆排气管中排出的废气。由于当今的车辆通常会组合多种废气后处理方法，因此它们之间可能会有其他采样点。在特殊的采样条件下，例如在堵塞的颗粒过滤器前，必须要注意到废气测量系统规定的压力范围，该通常在大气压附近几十千帕压力范围。对于车辆的型式认证（乘用车是在转鼓试验台上），最终废气是意义重大的，然而它不是直接分支到分析仪中，而是依据立法者规定的方法事先稀释，并收集在袋子中。

此外，在开发中，有时在废气再循环后的进气管进行测量。如果已知废气的 CO_2 浓度，则进气管的 CO_2 浓度会提供有关混合的废气的比例的信息，即关于废气再循环率的信息。在该处的采样必须在很宽的压力范围内能正常进行，无论是对自然吸气发动机还是对增压发动机。这里的温度低于废气中的温度。

在未稀释的直接测量中，在采样点与分析仪机柜之间使用了一根为避免冷凝而加热的软管，与之相反，用于型式认证或车型认证之前的准备工作的稀释系统更为复杂。这里投入使用的方法称作为定容采样系统（Constant Volume Sampling，CVS），下面会再进行详细介绍。由于在稀释的废气中的浓度更低，而另一方面，由于 CVS 方法的惯性，所以，对分析仪动力学的要求也更低了。因此，许多制造商提供了用于直接测量（高动态）和 CVS 测量（改进灵敏度）的不同分析仪。在 CVS 中，可以稀释整个废气流。

7.8.4.1 定容采样系统（CVS）

如图 7.52 所示，如在大多数的车辆试验台上，也有在个别的发动机试验台架上进行稀释的测量。废气在加热的稀释通道中（从物理意义上来看，这是一根由于几米长的长度而有着巨大的位置空间需求的管道）与环境空气混合，由此产生的混合气是恒定体积流动的，如果文丘里喷嘴以临界状态运行，即喷嘴中的流量达到声速，那么这可以通过在图中没有描述的，在稀释通道之后的文丘里喷嘴以及在其后面的鼓风机来实现。稀释通道中的流量可以在 $1m^3/min$（两轮车）至 $200m^3/min$（商用车）之间，具体取决于试验台架的类型。

从稀释通道中获得具有恒定比例的废气，并且收集到透明塑料袋中，这个系统构成了在试验循环内排放的时间积分，同样的透明塑料袋也可用于来自环境的参考空气。废气测量技术的制造商也提供装有这些袋子的机柜，以及可以通过短的管路供给到分析仪机柜。用惰性气体冲洗后，透明塑料袋可以再次使用。

这种方法确保恒定气体流量的分析，如果来自发动机的废气量增加，在稀释流中废气的比例提高，其测量值也由此升高。由于高的稀释度，使得废气中颗粒和分子相互之间的接触变少，因此，在采样后很少发生化学反应或者物理反应（例如颗粒聚集），这是一个能够将废气完全稳定地存储在采样袋中而不会造成严重偏离原样的前提条件。由于一氧化氮的不稳定性，它会在袋中反应部分地生成二氧化氮，因此，对袋中的不同氮氧化物进行比较测量是没有意义的，排放法规也不需要。袋中的废气收集对于颗粒测量没有意义，在不带袋的稀释通道中使用部分流稀释（7.8.4.2 小节）或自带颗粒采样传感器（PSP，Particulate Sampling Probe）的 CVS。如果将颗粒收集在不流通的过滤器上，则也可以实现一个循环或另一个指定的时间的积分。

如果将来的排放标准达到了当今分析仪的检测极限，那么额外的稀释可能会成为问题，即分析仪必须变得更加敏感，或者必须开发 CVS 的替代品。将来，来自稀释空气、其从环境中获得且经过过滤的有害物质也可能会对测量产生影响。

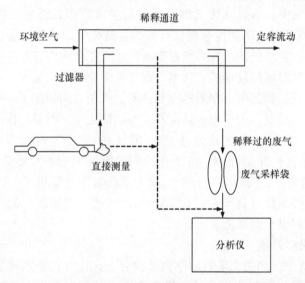

图 7.52　依据 CVS 方法的稀释测量系统示意图。虚线表示在尾管上直接测量，
以及附加的操作功能，在稀释通道中无采样袋测量

7.8.4.2　部分流稀释

加热的传感器吸收了尾管中的一部分废气流。必须通过精确调节使吸收的传感器流量与被测的废气流量之比（7.1.3 小节）保持恒定。稀释通道（也称为微通道）位于传感器与颗粒测量设备之间，作为附加设备，以使颗粒分析仪中的流量均匀。由于仅排出一部分废气并需要进行稀释，因此原理上可以像 CVS - 通道一样工作的微通道可以做得非常紧凑，可以安装在测量柜或移动设备中。该方法在［ISO16183］中定义，它符合［§R49］和美国［§CFR］第 86 部分的规定。

7.8.5　标定

使用参考气体校准分析仪，该参考气体包含规定浓度的待测物质，同时也使用零气体（主要是氮气，很少使用氦气）校准，分析仪将其识别为零浓度。

应该注意的是，提供的零气体具有不同的纯度。在高的氮消耗的情况下，除了在储罐或瓶子中大量储存外，现场从空气中提取也是可能的，除了对这些设备投资外，还必须考虑到运营成本。

参考气体浓度的典型误差为 ±5%。混合气体在储存数年后，其变化范围可能超出公差范围。可以用作零气体的相同气体可以用作参考气体的稀释组分。校准气体的英语术语为"Span Gas"，应避免偶尔反译为"Spanngas"，因为该术语在德语中具有不同的含义。审核气体（Auditgas）一词有时与校准气体（Kalibriergas）同义使用，但通常是指与单一来源的校准气体不同的一种气体，它包含几种定义浓度的气体，例如，为了证明分析仪对其他典型废气成分的交叉敏感性。

假设浓度与各自的分析仪的输出值之间呈线性关系，则使用一种参考气体和一种零气体进行校准就足够了。在许多分析仪中，这种线性关系只是近似的。使用不同浓度的参考气体也可以校准非线性。另一种可能是在分析仪机柜中采用可选择稀释的参考气体进行校准，然而，其精度达不到不同浓度的精确预混合参考气体的校准精度。

考虑到完全更换气体所需的几分钟等待时间，在校准过程中，许多测量设备会自动地进行零气体与参考气体之间的切换。

与其他测量任务相比，测量气体组分的一个特殊之处是许多分析仪对其他成分（例如经常为水）的交叉敏感性。用纯气体校准不能消除这些问题。

校准和检查颗粒物和碳烟的测量方法需要使用测试气溶胶。可有燃烧器和发生器二种形式产生气溶胶，燃烧器产生来自于气体燃烧火焰（丙烷、丁烷），或液体燃烧火焰（汽油、柴油、乙醇）的，具有可调平均粒径和浓度的碳烟作为测试气溶胶，发生器产生替代气溶胶［VDI3491］。可以通过雾化液体（例如油、DEHS［Di - Ethyl - Hexyl - Sebacat]，癸二酸二乙酯），固体或冷凝过程来生成替代气溶胶。

7.8.6 测量设备的实现

7.8.6.1 固定式废气 - 测量系统

标准分析仪，至少是 NDIR、CLD、PMD 和 FID，会集成到测试柜里，测试柜通常放置在观察室内，并且在分析仪旁边是通用的操作基础架构，一个用于自动化的接口，以及置于前端的手动操作的触摸屏。由于过去的单个分析仪的尺寸可以缩小，因此在机柜中安装了两条管线（废气后处理前后）。

除了电压供给外，分析仪的共用基础设施主要是一个泵和一个阀门矩阵，阀门矩阵将各种气体（除了测试柜里贮存的校准和工作气体外，还有待测气体）分配给分析仪（图 7.53）。

分析仪的校准气体和工作气体（依据［ISO 6141]）通过一个连接管引至测试柜的背面。除压缩空气外，通常为 100kPa 表压供气，该表压在测试柜外通过减压器（在小型试验台上直接安置在气瓶开关阀上，在多分枝安装的设备上安置在试验台附近的传输点上）来调整。校准气体的典型消耗为每分钟几升，测量时一直在消耗的工作气体，像氢气、燃烧用空气以及氧气的消耗量要低一些，用于扫气或者气动气门控制机构的无油压缩空气消耗量要高一些。不仅校准气体也包括废气再一次离开分析仪，并且必须在测试柜的"出口"从该空间中排出。用于 FID 的氢

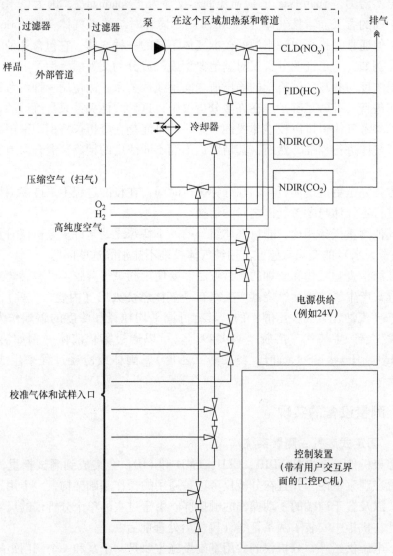

图 7.53　典型的测试柜结构。在虚线内部范围内，所有引导废气的
元件和管道被加热。并不是所有的阀门都出现在图中
CLD—化学发光 – 检测器　FID—火焰离子检测器　NDIR—不分光红外线分析仪

气和燃烧空气通常会消耗掉，如果在故障情况下 FID 的火焰没有点燃，这些气体也可能逸出。

　　每分钟几升的废气流通过加热的软管进入测试柜，设备中的气体也必须加热（190℃）前行以避免冷凝。传输到分析仪是个例外，其测量受到水分的影响（例如 NDIR – 分析仪），废气在进入分析仪前通过冷却和凝聚将湿气从废气中去除。泵也要加热。由于加热连接和分析仪规格（规格涉及高于室温的热平衡下的典型工作温度），因此在进行可用测量之前，该测试柜必须根据制造商的要求运行一段时间（可能数小时）。除关闭电源外，有些测量系统还具有待机功能，可以缩短测量暂停后的加热时间。当废气进入测量系统时，使用陶瓷、烧结金属或玻璃纤维过滤器将粗颗粒从废气中去除。

在测试柜中使用的管道要能不影响废气而且也不能腐蚀，理想的是不锈钢或者 PTFE （Polytetrafuorethylen，聚四氟乙烯，商标是著名的特富龙（Tefon））。也可以使用成本更合适的塑料代替 PTFE。

7.8.6.2　PEMS（便携式废气测量）

由于可以精确定义测量条件，因此在试验台架上进行的先前测量循环具有可重复性，因此也是可比较的，除了与现实差异外，发现许多制造商都针对这些精确的条件优化了排放。即便循环偏差很小，排放也成倍增加，一些制造商将非法功能集成到其控制单元中，这些功能可以识别试验台运行，然后针对行驶状况标定发动机的运行性能。因此，除了试验台循环外，还引入了实际行驶过程的排放测量（RDE，Real Driving Emissions）［Borgeest17］。

实际行驶过程的排放量测量的前提条件为：要求将最重要的分析仪组合在移动测量设备 PEMS 中（图 7.54）。商用车自 Euro Ⅵ 开始进行实际行驶过程的测量；对于乘用车，才刚刚在 Euro6d – TEMP 中引入 RDE（7.8.1 小节）。

图 7.54　带有便携式排放测量系统的车辆

废气量测量装置（EFM，Exhaust gas Flow Meter，7.1.3 小节）在废气路径中是如此集成的：使废气系统中的背压变化尽可能地小，在此之后直接取样而不带存储袋。除颗粒计数外，PEMS 中的分析仪还测量一氧化碳、二氧化碳、氮氧化物和碳氢化合物。该分析仪与固定式测量系统相似，只是碳氢化合物测量有其特殊性。由于通常用于测量的火焰离子检测器（7.8.3.5小节）需要将氢气作为燃料气体，必须将其作为气瓶携带，因此还使用了其他分析仪；也有不进行碳氢化合物测量的PEMS，但是，这并不符合所有现行法规。NDUV分析仪在PEMS中也用于氮氧化物的测量。

除了连接到排气系统外，PEMS还需要在车辆后方或行李舱中稳定安装、电源和数据接口（与固定系统相比，GPS用于定位）。

7.9　热力学状态参数的测量

三个最重要的热力学状态参数分别为温度、压力以及容积。当前的气缸容积可以通过曲轴转角和由此确定的活塞位置获得，也可以通过对内燃机几何尺寸的测量得出固定的气缸容积，或通过CAD数据来确定，而温度（7.9.1小节）和压力（7.9.2小节）则需要相应的传感器测量获得。

7.9.1　温度测量

表7.9表明，在内燃机中有很多处的气体和流体的温度需要测量，此外，还包括一些固体的材料表面温度，比如气缸盖。不是所有的温度测量都是用于热力学问题的，温度传感器也可以用来监测一些部件和流体的许用工作温度。所以，在试验台架上，一台内燃机安装十多个温度传感器是很常见的。

表7.9　内燃机上需要测量的温度实例（具有安全余量）

测量位置	最小值/℃	最大值/℃
气体:		
进气空气	− 20	60
增压空气	− 20	250
废气	0	1000
缸内充量	0	2000
液体:		
燃料	− 20	100
冷却介质	− 20	150
润滑油	− 20	150

现在常用的温度传感器有陶瓷热导体（NTC, Negative Temperature Coeffcient, 负温度系数）、金属冷导体（PTC, Positive Temperature Coeffcient, 正温度系数）、半导体PTC、陶瓷PTC和热电偶。热电偶可以根据温度变化主动地产生电压，所有其他传感器则是根据温度的变化而被动地改变电阻。在PTC中，电阻随着温度

的升高而增大（低温时导电能力最强）。在 NTC 中，电阻随着温度的升高而降低（高温时导电能力最强）。此外，还有一些集成电路传感器，它们使用晶体管的基极和发射极之间电压 – 温度关系或齐纳 – 二极管的击穿电压。在 7.3.2.2 小节中，把布拉格 – 光栅作为光学应变仪来讨论，其温度影响最小。然而，未补偿的温度对折射指数的影响可以用于传感信息。布拉格传感器的电势自由度是有利的。

陶瓷热导体由于其合适的价格已成为汽车中标准的温度传感器。由于陶瓷热导体的指数形式的特征曲线，以及其百分之几的高的测量误差，几乎没有在试验台架上使用，目前，陶瓷热导体的测量误差也可以达到 1%。在很多汽车上的应用的半导体 PTC 的温度测量范围过小（最高只到 150℃），并且测量误差过大。陶瓷 PTC 基于其突变式的特征曲线而适合用作温度开关，而不适合用作测量传感器。在试验台架中，应用最广泛的温度传感器是金属 PTC（以下用广泛使用的概念——电阻式温度计来命名）和热电偶。

除了测量精度外，还必须考虑到传感器代表了与环境相关的热桥，传感器本身也会影响需测量的参数［VDI3511］。在大多数情况下，这一误差在规定公差的范围之内，但是如果超出范围，否则必须通过第二个测量点，借助于精确的影响模型，以计算的方式校正影响。

此处介绍的方法会涉及测量点。非接触式方法可避免通过传感器散发的热量，并且自身不会在测量位置暴露于可能的高温下。缺点是它们不适用于隐藏的测量点。非接触式温度传感器的范围从简单的红外传感器到热像仪。由于对分辨率和精度的要求中等，现在热像仪的价格为几百欧元，可在测试台架上提供有用的测量服务。

7.9.1.1　电阻式温度计

金属 PTC 也称为电阻式温度计，是由一条细长而弯曲的导体组成的，该导体像薄膜一样涂在耐热的陶瓷基板上。电阻式温度计的测量范围大约为几百摄氏度，其中，由于材料（铂、陶瓷、玻璃）的不同，薄膜传感器中温度变化是首要问题，对于更大的温度范围，必须切换到热电偶。更罕见的是盘绕的版本。导体的材料通常是铂，偶尔也会用镍，但会降低对高温的适应性。

参照［EN70751］，通常铂传感器在 0℃ 时电阻为 100Ω，简称为 PT100，很少会有更大电阻的版本，例如 PT200 或 PT1000。温度系数可以达到 $3850 \times 10^{-6}/K$。它的精度可以达到千分之一，因此是现在可供使用的最精确的温度传感器。铂传感器通常用雷默（Lemo）– 插头连接在一个四线电路中（两根导线间馈入的测量电流为 1mA 或更小，两条高的连接导线直接测量传感器上的电压，而无须同时测量电源线上的电压降），以最小化测量结果对连接线的依赖性。

7.9.1.2　热电偶

每当两种不同的金属接触时，两种金属之间就会形成热电电压，或简称为热电压。这一效应称为热电效应，或赛贝克 – 效应（Thomas Johann Seebeck，1770—

1831，德国物理学家，发现了热电效应）。热电电压取决于材料配对和温度［Körtvely15］。用于测量目的的金属配对称为热电偶，根据英文用法，也称为热电配对（Thermopaar）。但是，在其他金属配对上也会无意中产生热电电压。可以将根据热电电压与恒定参考金属（典型的是铂）进行比较而分类的不同金属列表称为热电系列，除了表格表示外，还可以用图形表示热电系列。例如图7.55所示的。该图显示了不同金属在100℃下与铂配对的电压，其中，在0℃时串联了具有相同材料配对的极性相反的参考元件。其他系列也具有不同的温度，有时具有不同的测量方法，并且偶尔会使用铂以外的其他金属作为参考。比较不同来源的值时，应考虑到确定方法的多样性。

图7.55　在100℃时热电电压系列（参考元件0℃）（数据来自［Stöcker14］和［Isabelle］）

下面用铬-金属丝或铝-金属丝作为例子来介绍，如果将它们连接在一个点上，则会产生一个热电电压，因为没有闭合的电路，因此仍然是无效的。当在第二个点建立连接时，电路才会闭合。同样在该处产生一个热电电压。如果两个连接具有相同的温度，则两个热电电压总和会相互抵消，只有当两个连接在不同温度下产生不同的热电电压时，才会出现合成的热电电压不等于零，该电压实际上充当了电路中的电压源。

如果某些材料配对是首选的，因此对连接器和电缆绝缘层都有标准化的名称和标准化的颜色（表7.10）。在发动机领域，标准类型为"K"，可通过黄色或绿色连接器识别。如果希望获得更高的灵敏度，则可以使用"J"类型，对于扩展的温度范围，则使用"S"类型。热电偶类型之间的差异不仅在热电参数，而且在对不同环境条件的耐受性。在较高的温度范围内，热电偶的老化速度非常快，所以，通常情况下将热电偶用在较小温度范围的测量中，以此来保证使用寿命。

表7.10　在发动机测量技术中的标准-热电偶。

铬-P：90％镍、10％铬　　铝：96％镍，2％锰，2％铝

类型	材料	温度范围/℃ ［IEC 60584］	最大温度时的热电电压 /mV ［IEC 60584-1］	20℃时灵敏度 /（μV/K） ［HoroHill 11］	插头颜色
J	Fe/CuNi	-210~1200	69.54	51.45	黑
K	**铬-P/铝**	**-270~1372**	**54.88**	**40.28**	**绿或黄**
S	Pt10Rh/Pt	-50~1769	18.69	5.88	橙色

　　IEC 60584 – 2 定义了三个精度等级，其中在最高等级 1 中，某些元件的精度可与电阻温度计相媲美。但是，必须根据具体情况进行比较，因为在 1 类中热电偶类型之间的要求也有所不同，这些要求对于温度的规定有时是指绝对的，有时是指相对的。

　　实际使用中的一个问题是，一个热电偶与评估电子器件用铜导体的连接会形成寄生热电偶（图 7.56）。实际上，这个问题很容易解决。如果已知热电活性金属与铜之间的接触点（冷端，Cold Junctions）的温度，则可以作为精确确定的、系统的误差，这个误差可以通过模拟电路、数字特性场或后续方法进行校正。在早期，通常将冷连接置于冰中，以实现确定的最低温的低热电压。如今，两个冷触点都是导热的，但在等温模块上是电绝缘的，其温度通过另一个温度传感器来测量。如果等温模块的温度在典型测量应用中比测量点的温度更低，那么该温度传感器的热电压更小，且该温度传感器的公差比测量点处的热电偶公差的作用更弱。在大多数情况下，提供的热电偶已经接线，如果接线是由用户完成的，则两条接线必须由与热电偶相同的材料制成（热导线，Thermoleitung），或者至少在相关的温度范围内是热电中性的（补偿线，Ausgleichsleitung），尤其是在合金中不能始终精确地将其固定时。按照［IEC 60584 – 3］，热导线和补偿线有清晰的标识，由热电偶 – 类型的字母组成，后跟 X 表示导热线或 C 表示补偿线。要注意连接器和电缆的颜色，因为除了［IEC 60584 – 3］外，其他方面的标准化和非标准化的标记系统都很常见，最著名的例子是常见的黄色 K 连接器。

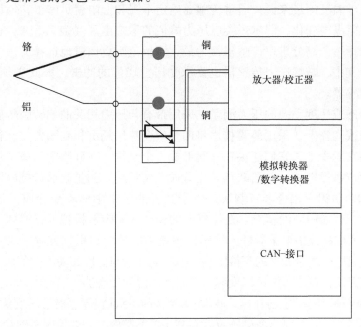

图 7.56　热电偶的评估电子器件

热电偶虽然可以单独安装使用，但通常会选择一种由两种金属焊接而成的，具有可复制质量的热电偶。通常，热电偶不能不受保护地使用，而是内置在一个几乎很薄的笔形的壳体中。但是，未受保护的热电偶的一个优势是质量轻便，因此，它会迅速跟随待测温度。否则，壳体将首先必须达到周围环境的温度，然后直到热电偶也同样达到周围环境温度为止。可以提供热电偶不同的壳体型号，因此也可以找到具有低热惯性的型号。图 7.57 显示了具有安装在测量点的不同的可能性（焊接、钎焊和插入）的应用示例。

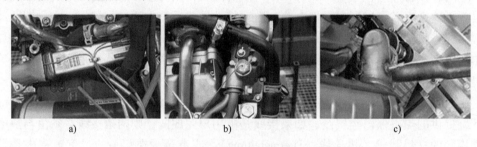

a)　　　　　　　　　　b)　　　　　　　　　　c)

图 7.57　在发动机上热电偶的应用
a）热交换器的仪表（热交换器前后的两个圆形孔眼）
b）将热电偶焊接到孔中　c）通过焊接螺栓插入传感器

7.9.2　压力测量

尽管对于温度测量来说，通常传感器给定下限和上限就足够了，但许多压力通常都在一定范围内变化，偶尔还会以压力峰值的形式出现（表 7.11）。有时候，为标准范围选择一个高分辨率传感器，为最大测量范围更慷慨地选择另一个传感器是有意义的，其中，常规压力传感器也要承受压力峰值的冲击，因此必须进行选择，以免损坏传感器。

对于静态或适度动态的压力测量，采用带有与压力相关的偏转膜传感器。在氧化的金属膜或陶瓷上，采用薄膜技术将四个应变片气相沉积到陶瓷上，很少采用厚膜技术压制在陶瓷上，它们连接在一起形成一个全桥。在硅膜中，离子注入或扩散也可用于形成桥接电路，硅的缺点是比普通金属更脆。测量膜通过抗腐蚀的金属保护膜（例如，由镍 - 钼合金）制成，位于其后的腔室中而不受介质的影响。腔室内充满液体，例如用硅油填充。在传感器的壳体内有带有模拟的，或如今普遍使用的数字接口的成品评估电子器件。传感器中使用的桥电路根据方程式（7.33）几乎完全地补偿温度对测量元件的直接影响，但不能补偿与温度相关不大的敏感度变化或弹性变化。因此，在壳体中可以安装一个附加的温度传感器，以便内部电子器件也几乎完全补偿这种影响（主动补偿，aktive Kompensation）。传感器可实现优于 0.1% 的精度。传感器的一种变型是将硅膜设置在共振振荡腔内，并处理频率的变化。

传感器通常位于试验台架上方的测量臂中，并通过软管连接到测量点。其优点是传感器与发动机高温的解耦和抗电磁干扰，不利之处在于软管的体积，它不利于测量动力学，在不利的条件下甚至会形成振动柱，并且软管中可能充填危险性的介质。

表 7.11　相对于大气压（100kPa = 1bar）的发动机压力测量示例

测量位置	最小/100kPa	最大常规/100kPa	最大峰值/100kPa
气体：			
进气空气	-1	1	4
增压空气	-1	4	8
废气	0	1	3
缸内充量	-1	100	>100
液体：			
燃料（低压）	0	6	15
燃料（共轨）		系统压力（当前最大为3000，参见 2.1.2.1 小节）	2·系统压力
润滑油	0	16	32

示功图测量

压力测量的一种特殊应用是分度，确定缸内压力。有时会在概念上区分高压（气缸内部压力）和低压（入口、出口压力）。在高压示功图测量时，可以在高温下高动态测量高压。在出口的低压示功图测量时，温度甚至可能高达 1000℃。

示功图测量时，压力是时间的函数，但通常是活塞上方气缸容积的函数（$p - V$ 图），可以根据曲轴转角计算出容积。曲轴转角通常已经在试验台架上记录下来（本章 7.2 节），但是看起来可能分辨率不够。在测功计后方有角度编码器的情况下，由于轴系的扭转而引起的微小误差不能被排除。在这些情况下，必须在发动机上安装一个附加的旋转编码器，分辨率不应大于 1°。对于喷射系统的研究、爆燃测量或声学研究，应该考虑 0.1° 的分辨率。

在示功图的测量中通常会用到压电式传感器，石英（SiO_2）是一种广泛用于压力传感器的压电材料，不适用于 300℃ 以上的温度。根据所用石英从晶体到晶体轴的切割角度，性能可能会略有不同。在某些情况下，尤其是使用耐高温的压电陶瓷时，例如正磷酸镓（$GaPO_4$），它具有与石英相同的晶体结构，但是用镓原子和磷原子替代了硅原子。除了适用于高达 970℃ 的温度外，$GaPO_4$ 的敏感性约为石英的两倍。以前使用的硅酸镓镧（Langasit，兰加斯特）已被 $GaPO_4$ 所取代。

一些传感器在水回路中冷却，其运行情况自然比较复杂，因为用户必须将冷却连接到试验台架上，并使用避免沉积的去离子水的封闭回路。

传感器上的另一个负载也会影响测量结果，这就是气缸盖上高的振动幅度，有些传感器会利用内部振动质量来补偿。压电晶体应位于传感器的前边缘，因为凹入的晶体需要一个压力通道，在该压力通道中可能发生管道振动。同样，诸如碳烟沉积等也会影响传感器的性能。

　　为了不必在发动机上钻更多的压力传感器通道，一些汽油机的气缸压力传感器集成在火花塞中，柴油机集成在电热塞中。另一方面，如果需要额外的通道，则必须在气缸盖上钻孔，以匹配传感器的形状并提供螺纹。对于某些传感器，其提供者会提供根据传感器轮廓分级的特殊钻头，以及其他安装的辅助工具。典型的直径为 4 ~ 15mm，部分插入中间套筒，部分拧紧。

　　电荷放大器用于处理压电式压力传感器信号，专业的示功图测量系统，包含用于在各个点同步记录测量值的多通道单元，这些测量值可以通过计算机进行进一步的处理，因此可以通过 $p - V$ 图或随时间变化的压力曲线来处理。在某些限制下，某些数据记录器和存储示波器也适合用作示功图测量系统，但应事先根据专业系统进行检查。

7.9.3　气象站

　　测量的可重复性通常要求在非空调试验台架上，记录气候边界条件下的空气温度、气压和空气湿度。在试验台架上为此所需的传感器通常集成在一个设备（气象站）中。温度传感器和压力传感器已在本节中进行了介绍。在使用外部传感器时，要注意确保安装装置时免受冷凝水的影响。湿度传感器由两侧都接触的电介质组成，如果从环境中吸收水分（湿度），则两个触点之间的电容会发生变化。根据测得的参数可以导出其他参数，例如露点、水蒸气压力和水蒸气饱和压力。由于自动化通常只记录气候值（如果在试验台架自动化中选择这些值来记录），因此，在测量之外，在气象站内进行较长时间的附加记录也是很有用的。

7.10　发动机机内分析

　　内燃机机内分析的目的至少是定性的，最好是定量地描述气缸内部混合气形成和燃烧过程。最重要的测量参数是流速、物质浓度和温度随位置（二维或三维的）和时间的变化。大量不同的光学方法用于描述这些参数。由于这些方法通常在两个方面都很昂贵，一方面是由于所采用的测量技术，另一方面是与发动机的适配性，因此，尝试在此领域进行计算机仿真就不足为奇了。计算机辅助的流动过程计算（CFD，Computational Fluid Dynamics，计算流体动力学）尽管在工作量方面不应被低估，建模需要花费大量的时间，并且在许多情况下，大量的数字工作量使普通的计算机望尘莫及，而且通常还必须通过测量来验证仿真模型。由于高度复杂性和必要的经验，专业的开发部门和研究机构才保留使用发动机机内分析的能力。高度复杂性的优点是不仅可以凭经验来优化发动机，而且还可以最精确地了解发动机中的工作过程，从而节省开发过程的递归。

　　本节首先将解释散射、荧光（与散射现象一起处理）、多普勒效应和白炽效应等最重要的物理效应，然后讲解基于这些效应构建的测量方法。

7.10.1 物理效应

7.10.1.1 散射

当细小的固体颗粒或液滴处于气相中时，它们会根据波长、入射方向与观察方向之间的夹角以及粒径来散射光，一个常见的例子是蓝天。但是，从宇宙飞船朝天空的同一方向看的宇航员却看到天空是黑色的，这是因为大气中的气溶胶和分子会散射阳光。从天空是蓝色而不是白色的事实中认识到对波长的依赖性。根据天空的视线方向和太阳的位置可以呈现不同的颜色这一事实认识到角度的依赖性。云中的粗粒气溶胶的液滴尺寸远大于波长，其散射特性与无云天空中的细小气溶胶相比具有不同的散射特性，在无云的天空中，许多粒子的尺寸量级在光学波长范围内（纳米粒子）或更小（分子）。在下文中，将对基本的散射现象进行概述，出于详细的物理考虑，建议参考 [DaviSchw02]。

1. 弹性散射

弹性散射这个概念是从力学中借用的。在发生弹性碰撞时，碰撞双方（碰撞对）不会保持永久变形。在发生弹性碰撞的情况下，总会获得动量和动能。特别是在移动的和几乎不移动的碰撞对之间发生碰撞的情况下，这导致移动的碰撞对在碰撞过程中保留其动能、动量和速度（对于不移动的碰撞对，这些值在碰撞之前和之后为 0）。将此概念转移到固态的、假设的粒子上的光量子的反射中，这意味着在弹性散射的情况下，光量子的能量和波长不会因反射而改变。单色（一种颜色的）光以弹性散射方式反射，同时保留其颜色。在散射多色光时，颜色看起来可能会发生变化，这似乎是自相矛盾的，但这是由于并非所有光谱分量都沿相同方向散射（色散）。与波长相比较小的粒子上的弹性散射称为瑞利-散射（John William Strutt，约翰·威廉·斯特鲁特，第三任瑞利男爵，1842—1919，英国物理学家，在弹性散射的研究中发挥了关键作用。）。由于光的波长为几百 nm，因此甚至更小的粒子也基本上是单个原子和分子，因此这种尺寸量级的其他粒子称为纳米粒子。在内燃机中，它们也可以是最小的碳烟颗粒。如果粒子的大小等于或大于波长，则此散射称为米-散射 [或洛伦茨（Lorenz）-米（Mie）-散射]（Gustav Mie，古斯塔夫·米，1868—1957，德国物理学家。他研究了此后以他命名的散射）（Ludvig Valentin Lorenz，卢德维格·瓦伦丁·洛伦茨，1829—1891，丹麦物理学家，他研究了光散射。不要与同期在相似领域研究的 Hendrik A. Lorentz 相混淆。两种类型的散射都适用于不同的物理定律，这在 [DavSch02] 中有详细介绍。一个本质的区别是，在米-散射中，波长的影响会随着粒径的增加而消失。随着粒径的增加，粒子的形状也起了作用，因此基于圆形粒子的 Lorenz 和 Mie 理论已经扩展到包括非圆形粒子 [BarbHill90]。

2. 非弹性散射和荧光

在弹性散射的情况下，散射光保留其波长，而在非弹性散射的情况下，波长会发生变化。每个瑞利－散射都伴随着非弹性散射，非弹性散射能力要弱几十倍，以其发现者命名为拉曼－散射（Chandrasekhara Venkata Raman，钱德拉塞卡拉·拉曼，1888—1970，印度物理学家，1930 年获诺贝尔物理学奖，研究了光的散射。）。发出与入射光不同波长的光的另一种效果也是众所周知的，因为它就来自于我们的日常生活：荧光。两种现象都具有物质依赖性，这使得描述燃烧室中的物质分布成为可能。

拉曼－散射是在分子受到能量激发时发生的，然后恢复到接近激发前存在的能量的能量状态。当回到精确的原始能量水平时，就会发生瑞利－散射。但是，由于分子振动，在激发和松弛后，能量的状态可能会略有偏离。如果振动能量稍高一些，则散射光所包含的能量要少一点，因此波长会变长。这种形式的拉曼－散射也称为斯托克斯－拉曼－散射（Sir George Gabriel Stokes，乔治·加布里埃尔·斯托克斯爵士，1819—1903，爱尔兰数学家和物理学家。除了流体力学，他还主要从事光学研究）。于是，振动能量也可以更低，在这种情况下，散射光不仅发射原始的激发能量，而且还另外给出丧失的振动能量。因此，拉曼－散射光也可以是更短的波，这种拉曼散射情况也称为反斯托克斯－拉曼散射。拉曼－散射光谱是物质的典型特征，因此可以帮助描述物质分布和温度分布。

在荧光中，先前通过入射光激发的载流子下降到更低的能级，激发与降落之间存在时间上的延迟。荧光是不散射的，但是在散射现象的背景下考虑它是有意义的。对于荧光来说，很典型的是：与拉曼散射相比，发射光的波长离激发光更远。在荧光中，波长始终大于激发光中的波长。荧光光谱不是线光谱，而是连续的，其强度远高于拉曼－散射。像拉曼－散射一样，荧光可用于物质识别。如果荧光覆盖拉曼－光谱，则通过荧光来进行拉曼－散射分析会变得困难。如有必要，然后必须将物质添加到分析物中以抑制荧光（猝灭）。

荧光的一种特殊情况是磷光，其中扭曲作为余晖而变得可见。与正常的荧光相反，能发生磷光的物质明显少得多。这些物质被称为磷光体（不要与相同名称的化学元素混淆）。

7.10.1.2　多普勒效应

在日常生活中，声学方面的多普勒效应是熟知的［Christian Doppler，克里斯蒂安·多普勒，奥地利物理学家，1803—1853，他试图用水波解释光学多普勒效应（根据今天的知识来看是错误的），但他正确地描述了声学的多普勒效应］。

例如，如果声源是一辆车，向观察者移动，音量增大，若背离观察者移动，音量减小。当观察者相对于固定声源移动时也会出现多普勒－效应。取决于是观察者还是声源在移动，两种情况适用于不同的公式［Gerthsen］。

这里对声学上的多普勒－效应不感兴趣，但对适用于光和其他电磁波的光学多普勒效应很感兴趣。与声学效应的不同之处在于，光的传播不会与空气等介质相结合，因此不存在是观察者移动还是光源移动的差别，而只需考虑观察者与光源之间的相对位移。根据狭义相对论，这种相对性的间接结果是光速的恒定性，而与观察者无关。根据［Einstein05］，偏移观察者的波长 λ 可由源波长 λ_0 和观察者与光源接近的相对速度 v 来表示

$$\lambda = \lambda_0 \sqrt{\frac{1 - \dfrac{v}{c}}{1 + \dfrac{v}{c}}} \tag{7.67}$$

此方程式也同样适用于源和观察者分离的情况，此时速度取负值。在包括爱因斯坦在内的文献中，通常针对速度的相反方向给出此公式（分子和分母相交换）。真空中的光速 c 为

$$c = \frac{1}{\sqrt{\varepsilon_0 \mu_0}} = 3 \times 10^8 \, \text{m/s} \tag{7.68}$$

式中　ε_0 和 μ_0——分别是电场和磁场常数，对于气体而言

$$c = \frac{1}{\sqrt{\varepsilon_0 \varepsilon_r \mu_0 \mu_r}} \tag{7.69}$$

式中　ε_r 和 μ_r——分别是材料特有的相对介电常数和磁导率，在实践中，对于所有
相关气体，它们均假定为 1，因此可以使用真空中的光速进行
计算。

如果光源以频率 f_0 发射，则用多普勒效应计算接收频率

$$f = \frac{c}{\lambda} = f_0 \sqrt{\frac{1 + \dfrac{v}{c}}{1 - \dfrac{v}{c}}} \tag{7.70}$$

如果发射器与接收器并不在光束的轴上移动，而是以与光束倾斜的角度 φ 移动，则

$$f = f_0 \frac{1 + \dfrac{v}{c}\cos\varphi}{\sqrt{1 - \left(\dfrac{v}{c}\right)^2}} \tag{7.71}$$

有趣的是，与声学多普勒 - 效应相反，由于分母项，对于 $\cos\varphi = 0$，频率也会发生偏移，比如，当源以 90°的角度经过观察者时（横向多普勒 - 效应）。如果两个空间坐标系相对于彼此移动（例如，两个物体处于共同移动的坐标系中），则借助坐标变换［Einstein05］，从光速的恒定性出发，从一个坐标系的角度来看，时间（由光束在两个点之间的传播时间定义）在另一个相对运动的系统中通过的时间更慢。这种相对论性的时间膨胀是爱因斯坦狭义相对论的一个基本发现，并用分母来

表示。时间膨胀仅在接近光速的速度下达到相关的数量级，在发动机中典型的流速下，方程式可以简化为

$$f \approx f_0 \left(1 + \frac{v}{c}\cos\varphi\right) \tag{7.72}$$

此方程式对应于固定源和移动的观察者情况下的声学多普勒 – 效应，对于低速下的相对多普勒频移

$$\frac{f - f_0}{f_0} \approx \frac{v}{c}\cos\varphi \tag{7.73}$$

[Einstein05] 的研究表明，相对论的多普勒效应也会随着运动而改变强度，这种效应也仅在光速附近以相当大的数量级出现，并且自身比频移更难以测量。同样，在接近光速的速度下，角度也会发生变化，这在测量技术方面也是无关紧要的。

在测量技术的应用中，多普勒 – 效应在反射粒子上出现两次，首先是在源与粒子之间，然后在粒子与检测器之间。在这种情况下，一般有

$$f = f_0 \left(\frac{1 + \frac{v}{c}\cos\varphi}{\sqrt{1 - \left(\frac{v}{c}\right)^2}}\right)^2 = f_0 \frac{\left(1 + \frac{v}{c}\cos\varphi\right)^2}{1 - \left(\frac{v}{c}\right)^2} \tag{7.74}$$

相对于光速而比较低的速度，有

$$f \approx f_0 \left(1 + \frac{v}{c}\cos\varphi\right)^2 \tag{7.75}$$

对于相对的多普勒频移，在低速时，有

$$\frac{f - f_0}{f_0} \approx 2\frac{v}{c}\cos\varphi + \left(\frac{v}{c}\cos\varphi\right)^2 \approx 2\frac{v}{c}\cos\varphi \tag{7.76}$$

对比方程式（7.72）可见，有反射情况下的多普勒频移大约是没有反射情况下的两倍。

7.10.1.3　白炽效应

加热的颗粒可以通过发光（白炽）来识别。在理想情况下，粒子的特性类似于黑体，其与温度相关的发射光谱由普朗克的辐射定律 [Planck00] 来描述（Max Planck，马克斯·普朗克，1858—1947 年，德国物理学家，主要研究黑体的辐射。）：

$$u_f \, \mathrm{d}f = \frac{8\pi h f^3}{c^3 \left(e^{\frac{hf}{kT}} - 1\right)} \mathrm{d}f \tag{7.77}$$

u_f 是在频率 f 和 $f + \mathrm{d}f$ 之间的频谱范围内的能量密度（物理文献中经常使用希腊字母 ν 来表示频率），h 和 k 是自然常数（普朗克常数和玻尔兹曼（Boltzmann）常数），c 是光速，T 是热力学温度。用

$$f = \frac{c}{\lambda} \qquad (7.78)$$

由此可推导出

$$\frac{\mathrm{d}f}{\mathrm{d}\lambda} = -\frac{c}{\lambda^2} \qquad (7.79)$$

通过转换和取绝对值，可得

$$|\mathrm{d}f| = \frac{c}{\lambda^2} |\mathrm{d}\lambda| \qquad (7.80)$$

因此，频率符号可以转换为等效的波长符号

$$u_\lambda \mathrm{d}\lambda = \frac{8\pi hc}{\lambda^5 (e^{\frac{hc}{kT\lambda}} - 1)} \mathrm{d}\lambda \qquad (7.81)$$

除了称为白炽的可见辐射部分外，该光谱还包含不可见的紫外线和主要的红外部分（热辐射）。频谱上波长的最大值 λ_{max} 根据维恩的位移定律移动（Wilhelm Wien，威廉·维恩，1864—1928 年，德国物理学家，研究热辐射。）

$$\lambda_{max} T = 2897 \mu\mathrm{mK} \qquad (7.82)$$

在较短的波长方向上温度 T 升高。从日常生活中就可以知道这种变化，随着温度的升高，最初会感觉到红色的辉光，然后辉光的颜色从橙色、黄色和白色（约 5400℃）变为蓝色。可测量的光强度取决于颗粒的数量、颗粒大小和颗粒温度。

7.10.2　测定方法

下面介绍两种测定浓度的方法，即相干反 - 斯托克斯 - 拉曼 - 散射（CARS）和激光诱导荧光法（LIF），一种测量碳烟浓度和颗粒尺寸分布的方法，即激光诱导白炽法（LII）和三种测量速度分布的方法，即激光 - 多普勒 - 测速法（LDA），定量光切法（QLS）和粒子图像测速法（PIV），对此没有通用的德文名字。CARS 和激光诱导磷光法（LIP）也适用于测量温度分布。在这种关系下，必须要提及燃烧室的内窥镜，这意味着发动机内部工作过程是可见的。为了更深入地了解光学方法，读者可以参考 [Dracos96] 和 [Zhao12]。

7.10.2.1　相干反 - 斯托克斯 - 拉曼散射

相干反 - 斯托克斯 - 拉曼散射（CARS）用于测量浓度分布和温度分布。对此，使用两种不同波长的激光进行激发，在用另一波长照射后，分子以两个特征波长（斯托克斯和反斯托克斯）向回辐射，并处理相干反斯托克斯 - 辐射。测量的实际可达到的时间分辨率约为 10ns，空间分辨率为几 mm。该方法具有不同的变体，并且在理论上和实际应用中都非常复杂，在 [Taylor97] 中进行了详细处理。

7.10.2.2　激光诱导荧光

激光诱导荧光（LIF）是一种用于测量温度分布（例如显示火焰前峰）和浓度

分布（例如显示喷射到气缸中的燃料）的方法。

为了发出荧光，必须首先用具有物质特异性的波长来激发这种物质。也可以同时用两个波长激发。对于非自荧光物质，需要添加荧光物质（Tracer，示踪剂）。常见的示踪剂是甲苯、二甲基苯胺，1，8 -（邻亚苯基）萘（俗名荧蒽，源于会发出荧光）、各种醛、丙酮、2 - 丁酮、3 - 戊酮、2，3 - 丁二酮（二乙酰）或二氧化氮。具有所有基本属性的表格在参考文献［Zhao12］中。

用脉冲激光（例如 10ns）激发，其他光源原则上是合适的，但是荧光信号的强度和空间分辨率会更差。适用于待测量的物质/示踪剂通常是波长为 248nm（氟化氪）或 308nm（氯化氙）的稀有气体卤化物准分子（术语激基激光器对于稀有气体卤化物是正确的，但是一般用法几乎总是将它们计为激基激光器。），以及 Nd：YAG - 激光（钕掺杂的钇铝石榴石），其在 266nm 到 532nm 的可见光范围内用倍频器辐射。荧光信号的波长取决于温度，强度取决于浓度。激光通常扩展到一个光带以照亮气缸中的平面。增光摄像机或将荧光灯偏转到摄像机上的镜子垂直地位于观察平面上，这种布置也称为平面 LIF（PLIF）。为了降低摄像机对外部光线的敏感性，应该只记录几百 ns 的时间段，在该时间段内在激发脉冲后可能会发出荧光。

7.10.2.3　激光诱导磷光

对于激光诱导磷光需要添加耐温示踪剂。金属非常适合作为磷光体（发光物质），因为在金属中，外电子层被占据，而内电子层则与之相反（过渡金属，稀土），例如镝。它们以百分之几的浓度掺入无机晶体中，在能量上将金属原子彼此隔离开来。常用的是用镝掺杂的钇铝石榴石（Dy：YAG）。磷光谱的温度依赖性用于测量温度分布。对于许多磷光体，除了光谱之外，还可以评估随温度降低的磷光持续时间。除了流动中温度分布的二维测量之外，磷还可以作为涂层涂覆在表面上，因此，例如在［KnAnAlRi11］中，在发动机运行时，用作空间和时间上高分辨率地测量气缸的壁温。

7.10.2.4　激光诱导白炽

激光诱导白炽（LII）或激光诱导辉光技术是一种用于确定和显示燃烧室中碳烟分布的测量方法。用激光使碳烟颗粒发光，并测量热辐射。

并非所有的激光能量都能转换为热辐射，一部分能量也会导致颗粒蒸发，或者通过热传导再次释放。热传导绝不仅仅是干扰性的，紧密连续的记录可以描述不同区域中的颗粒的冷却速率（TiRe - LII，*time resolved LII*，时间分辨 LII）。如果假设颗粒是理想的球形，则体积与表面积之比与半径成比例地增加，大颗粒的冷却速度更慢。因此，颗粒尺寸的空间分布可以由冷却速率的空间分布来确定。在激发之后或甚至在激发期间，紧接着仍然强烈的蒸发加速了放热。由于在激发后在燃烧室的热力学条件下的辉光仅持续约 100ns（废气中的辉光明显更长），因此，很难以高分辨率的方式显示辉光过程中的冷却情况，解决方案是在激励与测量之间提供具有可变时间间隔的多个激光脉冲。

试验设置与 LIF 的相似，在 LII 的情况下，通常也会形成一个二维的光幕，以激发切割平面发光。再次，用增光相机记录垂直于该平面的辉光。为激光选择的波长越短，可以转移到颗粒上的能量就越多，但在紫外线范围内激发时，白炽与多环芳烃的荧光强烈叠加，多环芳烃在燃烧中会作为中间产物出现，因此可以在 532nm 时达成折中方案。由于这个波长是可见的，所以它也便于激光的对准。

7.10.2.5　激光多普勒测速仪

测量气缸内速度分布（在汽车工业以外也有许多其他应用领域）的常用方法是激光多普勒风速仪（Laser - Doppler - Anemometrie，LDA），也称为激光多普勒测速仪（Laser - Doppler - Velocimetrie，LDV）。考虑到以前复杂的测量装置，值得欢迎的是，最近有一些将光学器件集成到火花塞插入件中的设备进入市场。但是，这些装置比量产的火花塞在发动机上更加突出。理论上最简单的原理是将激光束对准流动中的颗粒，并测量通过多普勒 - 效应改变了的反射光束的频率。此时，出现了两个问题：哪些颗粒适合作为目标？如何使用这种方法确定整个燃烧室中的速度分布？第二个问题引出两个实际应用的变型，即单束法和双射线法。

1. LDA - 颗粒测量

对颗粒的要求是激光束的反射、颗粒在流动中的"浮动"，在燃烧室的热力学边界条件下的至少短期稳定性以及颗粒对测量装置和燃烧室的无害性。当然，颗粒引入技术的实际适用性也是一个标准。

可以很好地记录的反射需要足够大的颗粒，因此米氏 - 散射（7.10.1.1 小节）是一种可能的散射机理。但是，主要是在后来提出的双光束方法中，太大的颗粒会使分辨率变差。流动特性也限制了颗粒尺寸的上限。

对颗粒稳定性的要求可以取决于应用，在固体颗粒的情况下通过燃烧或在液体颗粒的情况下通过蒸发受到限制。充满氢气的肥皂泡在光学上非常适合，但对许多应用来说对颗粒过于敏感。因此，只要测量目的允许，它们由于当时的温度而在上死点附近蒸发，就可以使用油滴，否则应该使用特殊的耐温硅油。如果超过其蒸发或分解温度，则应考虑使用固体颗粒。由于这些不应该是易燃的，所以提供陶瓷颗粒。

最后一点是无害。颗粒不应该沉积在光学器件上，对发动机来说，特别重要的是，如果发动机长时间用于试验，则它们不会起磨损作用。在这方面，长寿命的陶瓷到是不利的。事实证明，氧化镁、氧化铝和二氧化钛是切实可行的折中方案，特别是后者，在许多应用中是广泛使用的标准解决方案。

2. 单光束法

激光辐射到测试室内，与激光束成一定角度 φ 是一个检测器，检测器用于检测颗粒上反射的光束，并使用已经解释了的多普勒 - 效应公式处理其频移。该方法几乎不使用，因为对观测角度 φ 的依赖性而需要复杂的校准和与辐射激光的频率相比，频率变化小，难以测量。如果在激光与传感器轴的交点处测量流速，为了扫描多维流场，必须在每个测量点移动激光和传感器。

3. 双光束法

在双光束 – 激光 – 多普勒 – 风速仪中（图7.58），两个相同波长 λ 的激光束（通常由激光器通过分束和转向产生）以一定角度 ϕ 交叉，从而在相交区域形成有线间距的干涉图案

$$a = \frac{\lambda}{2\sin(\phi/2)} \tag{7.83}$$

具有垂直于干涉图案的速度 v 的颗粒穿过并以频率散射该干涉图案

$$f = \frac{2v\sin(\phi/2)}{\lambda} \tag{7.84}$$

如果一个颗粒从任何角度 φ 进入，则

$$f = \frac{2v\cos(\varphi)\sin(\phi/2)}{\lambda} \tag{7.85}$$

作为这种干涉图案模型的替代方案，也可以首先分别计算一个颗粒上的两个多普勒频移散射信号，然后进行叠加。这种计算更加耗时，因为典型的多普勒项首先也会出现在中间步骤中，就像在单光束法中一样，但最终结果等同于方程式（7.84）。如果仅测量干涉图样区域内的速度，与单光束法一样，必须针对每个测量点移动布置以便记录多维流场。由于颗粒在所有方向上散射，因此可以轻松地对齐接收散射光以进行评估的光学器件。

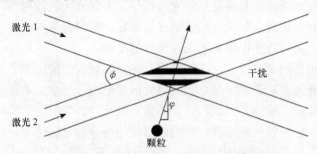

激光 1

干扰

ϕ

φ

激光 2

颗粒

图 7.58　双光束 – LDA 的原理

7.10.2.6　定量光切法

定量光切法也称为多普勒全局测速仪（Doppler – Global – Velocimetrie，DGV）或平面多普勒测速仪（Planare Doppler – Velocimetrie，PDV），与单光束激光 – 多普勒 – 测速仪相似，但测试体积被平坦的、通过激光光束的扩展在一个平面上产生的所穿透。根据以这种方式获得的平面速度分布，可以通过光幕的平行位移来确定整个体积上的速度分布。传感器技术不同于常规的 LDA – 光学器件，以便显示一个平坦的流场，而无须通过机械旋转或移位进行扫描。

7. 10. 2. 7　粒子图像测速

在粒子图像测速（Particle Image Velocimetry，PIV）中，激光拉伸出一个光幕，照亮切割体积中的一个平面。在需要光学接近发动机的摄像机的帮助下，在短距离内拍摄照明的平面。在两个短的快照之间，每个粒子在流动中移动了一小段距离（图 7.59）。这些运动矢量例如，通过模式识别软件进行分析并提供速度矢量。

几台摄像机还可以另外对流场进行多维记录，并在任何切面（层析成像仪）中记录流场。借助图像处理软件，还可以从 PIV 中获取并显示压力分布。

一种变体是 PTV（*Particle Tracking Velocimetry*，粒子跟踪测速），其中不是跟踪平面中的所有粒子，而是仅跟踪单个粒子。这通常由多个摄像机来完成，不仅在一个平面上，而且在三个维度上。

PIV 经常还需要根据章节 7. 10. 2. 5 引入人造颗粒。

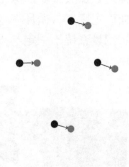

快照 1 → 快照 2

图 7.59　PIV 的原理

7. 10. 2. 8　光学火花塞

通过燃烧室内的光纤可以很容易地使用自然白炽。图 7.60 显示了带有集成光纤的火花塞。这些在径向上位于实际火花塞上方，因此可以在整个圆周上进行亮度测量。借助于处理光学信号的装置，可以分析燃烧，特别是可以详细研究诸如爆燃之类的不规则现象。

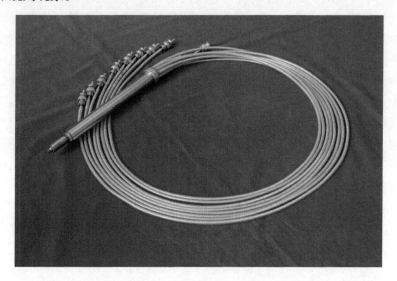

图 7.60　带有八根集成光纤的火花塞（照片：SMETEC GmbH）

LaVision 将红外 - 光谱仪集成到火花塞中（图 7.61），以便确定燃烧室内 CO_2 和其他吸收分子的浓度。光谱仪由宽带的、强大的红外源所组成，该红外源通过光纤辐射到探头中。探头上靠近点火电极的反射镜将红外光反射回传感器。因此可以例如确定废气再循环率 [Vanhaelst13]。

测量系统不一定与火花塞相连，也可以实现作为独立的传感器或与电热塞结合使用。

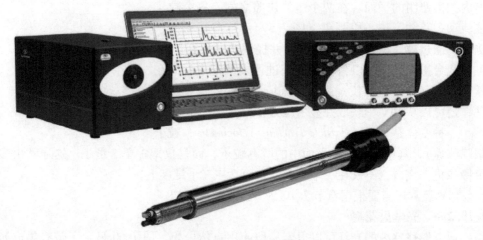

图 7.61 带有集成红外 – 光谱仪的火花塞

7.10.2.9 内窥镜检查

部分光学（玻璃）试验发动机与量产发动机有明显的不同，如果需要对"正常"发动机进行光学观察，则解决方案是通过钻孔插入内窥镜。虽然内窥镜在很多应用中都是管状的，但是在这里，短管足以将发动机内部的图像传输到安装在内窥镜外部的摄像机。相反，内窥镜也可以用来把激光辐射到燃烧室。管道中的传输通常由典型的棒状透镜来完成。内窥镜尖端受蓝宝石或石英窗保护，该窗口应与燃烧室壁大致齐平，否则会被遮挡或凸出得太多而影响流动特性，甚至可能进入活塞的运动轨迹。与光学发动机相比，其缺点是光学器件的光学损失和小的视角。特别是在应用中，内窥镜除了必须在可见光范围内，而且也必须在紫外线范围内透射，因此要对透射质量做出让步。可以通过在端部的旋转棱镜或摄像机进行改进，但这些方法目前还不适用于发动机内窥镜。

第8章 控制、调节和自动化

在过去发动机上只包含很少的电子元件，试验台架也没有机电系统，而只是一个机械系统，主要是依靠人工操作。这就使得它们虽然结构简单，但是在日常的运行中需要大量的手工劳动，并导致测量的不准确性。而今，试验台架实现了操作既方便又安全，重复性的任务可以自动完成，不同传感器的测量结果可以同步采集和记录下来。除了测试设备本身工作，建筑技术装备大部分也是自动化的。试验台架可以在企业范围的信息技术里集成，比如可以访问中央数据库，虽然连接到办公室的 IT 系统也会带来风险。图 8.1 概述了许多层面，在这些层面，在当今的试验台架上，数据可以得到处理，功能可以得到控制。

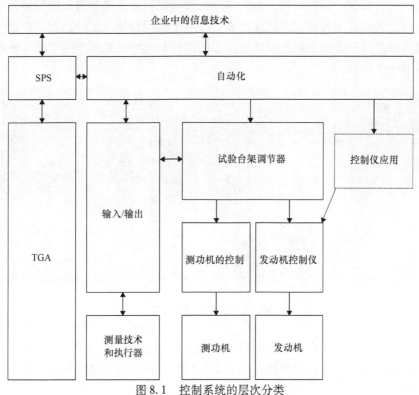

图 8.1 控制系统的层次分类

SPS—储存器可编程控制 TGA—建筑技术装备

8.1　试验台架调节器和运行模式

在道路行驶中，驾驶员踩下加速踏板，结合车辆的行驶阻力特征曲线（详见第 6 章）可以得到一个运行工况点。在试验台架上，不仅内燃机或它的控制器，而且测功机的控制都要设置一个运行模式。这是试验台架调节器的任务。操作者可以通过调节器的操作元件手动控制发动机，但通常是通过自动化来实现的。

8.1.1　调节器的结构和操作

试验台架调节器由供应商专门搭建。常用的调节器包括 EMCON（AVL）、TOM（FEV）、DCU3000（D2T/FEV）、SPARC 或其前身 x – act（Horiba）。通常，硬件由工业 PC 机（工控机）组成，模块化是由多个接口模块拓展，完全适合在 19in[⊖] 插槽上使用（图 8.2）。电源可以使用 230V 交流电压，或工业上广泛使用的 24V 直流电压。软件可以安装在带有附加的实时核的 PC 操作系统（Windows/Linux）中。前板包含两个或三个旋钮，通过旋钮为试验台架直接提供最重要的设置参数，以及一个屏幕，屏幕可以显示最重要的参数。通过菜单，在菜单中借助于其他按钮来导航，可以实现特定的功能，如调节器的参数化。有些调节器允许使用多个前面板，可以分别布置在观察室和试验台架室。对于试验台架功能的访问，可以分为多个权限层面，其中最低层面只是试验台架的运行和允许一些基本的功能，最高层面也允许进一步设置。

图 8.2　试验台架调节器

不同的台架主要是在安全性回路的处理上有所差异（比如紧急停止按钮），这些可以集成或进一步存储到单独的设备上。同样，测量技术的连接也有差异，这些

⊖　1in = 25.4mm。

测量技术可以连接到调节器或自动化系统中。

8.1.2 试验台架的运行模式

通常，一个稳定的工作点往往是以特定转速值和转矩值的组合形式，经历一个确定的时间来实现。但试验台架也可以以一个车辆行驶循环来运行，在该循环中，如在汽车上，松开或给定加速踏板。为此可以假设一个恒定的行驶阻力或者也可以是一个可变的阻力（Road Load Simulation，道路负载仿真），这个可变的阻力在最简单的情况下，依据第 6 章里的方程式，或者依据一个真实的行驶模式给出。

8.1.2.1 工作点和稳定性

在设置工作点时，试验台架调节器不仅给发动机控制器，而且也给测功机预先设置一个共同的工作点。这个任务听起来微不足道，但是要考虑到发动机和测功机是通过轴来连接的，随之而来的就是二者要以相同的速度旋转，此外，在不加速运行模式下，发动机获得的转矩应该与测功机的转矩相等，因此如果想要调节两个参数（转速和转矩），可以有两种调整环节（发动机和测功机），但是有非常多的调整参数（图 8.3），这样就可以直接给发动机和控制器预设转速或转矩，测功机也是一样的，这就已经是 2×2 个参数了。实际上，发动机侧可以预设很多其他参数，比如加速踏板的位置，或者甚至是发动机内部参数，如进行发动机冷却研究时的冷却介质温度。理论上测功机的变换器也可以对转速和转矩以外的其他参数进行调节，但这既没有意义，也不常见，只要考虑将内燃机作为试件就可以了。如果将所有可能的预设同时组合，那么这个系统就是超定了，也就是参数之间可能会有冲突，这些参数不能像预设的那样同时并存。

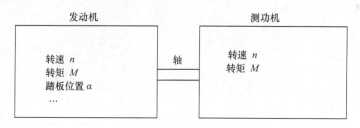

图 8.3 设置工作点时可能用到的参数示例

对于具有两个调节参数的一个稳定运行，试验台架调节器必须精确地预设两个独立的参数，这可以是直接调节参数，或以其他参数作为替代，从这些参数中获得调节参数。必须要确定的是：哪些参数通过内燃机预设，而哪些参数通过测功机预设。可能的组合是：当测功机预设一个转矩时，将内燃机调节到一个转速。与之相反，台架在功能上实现不了的，是它不能将内燃机不仅调节到一个转矩，而且也调节到一个转速，而与此同时，测功机不确定地运行（如果这样的话，就对测功机没有要求了）。台架在功能上同样实现不了的还有：不仅内燃机，而且测功机预设一个转速，而转矩不确定。因此，必须要给内燃机预设一个参数，而测功机预选另一个参数。

　　一个常见的术语是斜杠前给出发动机侧需调整的参数，斜杠后为测功机侧需调整的参数。按照这个约定，比如研究发动机的控制时，M/n 运行状态指的是发动机保持转矩，而测功机调整到一个转速。本书遵循这个约定。然而，个别情况下也使用相反的符号（测功机/发动机）。

　　在考虑一个工作点是否以及如何完全可调之后，接下来的问题是，是否所有可能的工作点都是稳定的。稳定性意味着，如果一个调节参数是发散的，那么这个偏差是必须限制的。另外，应该通过调节干预使得有偏差的调节参数重新回到原始值。这种实用的稳定性定义避开了在调节技术中可能的稳定性定义中的大多数问题 [LutzWend14]，不过在这一点上已经足够了。

　　在工作点上，发动机和测功机的转矩和转速是相同的，发动机和测功机的特性曲线也在工作点相交，如图 8.4 所示。在图 8.4a 中，如果发动机转得更快，测功机的阻力矩比发动机的转矩上升得更快，因此，发动机又回到原来的转速上。相反地，如果发动机的转速向下偏移，然后发动机的转矩大于测功机的转矩，发动机再次向工作点加速。图 8.4b 与此相反，当发动机转得更快，相对于测功机，发动机负荷转矩过小，转速不断上升。在图 8.4b 中，发动机转得越慢，则相对于测功机失去了转矩，并会到达静止状态。如果测功机的特性曲线更加陡峭，工作点是稳定的，当然要注意一些特殊情况。

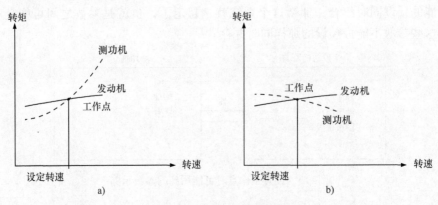

图 8.4　发动机和测功机特性曲线在工作点的重合位置
a）稳定工作点　b）不稳定工作点

　　这样一种特殊情况是两条特性曲线有一个相似的坡度，并在工作点上存在一个尖锐的夹角。特性曲线是理想化的，在实际中会有一个较宽的公差，这个公差是通过诸如零部件公差、温度影响，或者在记录和显示特性曲线时的不准确性所引起的。因此，按照图 8.5，工作点在理论上刚好稳定，但实际上这个公差可能导致不必要的转速波动。

图 8.5　两个有公差的特性曲线以一个锐角方式重叠

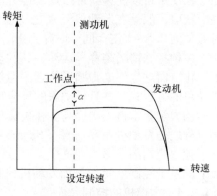

图 8.6　α/n 运行

另一种特殊情况是特性曲线相互垂直。一种在实际中很重要的运行模式是 α/n 模式，即试验台架调节器给予发动机节气门位置（α），通过测功机保持转速（n）（图 8.6）。这种模式也适合于手动操作。测功机的特性曲线也是一条垂直线。另外，可以将这条垂直线想象成急剧增加的线。因此，这种运行模式是稳定的，然而，首先要检验惯性大的水力测功机，实际上在多大程度上达到了这种理想的保持恒定速度的特性。

8.1.2.2　试验台架的动力学

一个工作点能保持多久的稳定，取决于试验的目的和试验台架的能力。有时要区分稳态、瞬态和动态测量之间的不同，以及相应的稳态、瞬态和动态试验台架之间的能力。个别情况下也会使用高动态测量和高动态试验台架的概念。稳态试验台架是保持工作点超过 1s、1min 或更长的时间段，而瞬态试验台架只在秒级范围，然后要切换到一个新的工作点。在动态运行状态下，实施行驶模式，而不必为了测量而等待稳定工作点。这些概念是不规范的，尤其是动态和高动态之间的界限是随意的。例如，当测功机模拟变速器的换档过程，并由此引发的传动系统的波动，会由高动态测量表达出来。

除了调节器和测量技术的能力，测功机的惯量和其可调节性也是动态性能的决定性参数。在采用水力测功机时，对于负荷的变化，长的调节时间限制了稳态测量的应用。

8.1.2.3　道路 – 负载 – 仿真

道路 – 负载 – 仿真不是研究设置一个稳定的工作点，而是实施一个在道路上真实的行驶循环。在最简单的情况下是车速的变化过程，这个过程作为一个实况有目的地构建，就是为了测试一个确定状态次序下的发动机特性，或在车辆上获取试验模式。即使就数据保护法而言这值得怀疑，但在美国，普通的终端客户的行驶模式已经可以在现场记录下来，并通过远程信息处理系统传送。这个车速变化过程在试验台架的调节器上程序化。为了以后在试验台架上发动机以同样的方式运行，可替代地，也可以采用加速踏板的操作模式。在行驶过程中，可以测量和对测功机预设附加的负载力矩，但通常只是预设一个假设的，或基于地理数据确定的路段模式

（坡度，如果需要，也可能是道路状况），以便于通过式（6.4）和式（6.5）来计算负载力矩。该方程通常作为二阶多项式存储在测试台控制器中。道路－负载－仿真的先决条件是测功机能够足够快地适应其负载转矩，一般情况下，道路－负载－仿真包含一个推力阶段，这个推力阶段只能通过电力测功机来复制。

　　为了真实地表示发动机侧的道路负载，换档程序必须现实地模拟变速器传动比。在使用自动变速器进行预设运行情况时，换档程序可以从变速器控制单元的软件中获取，但是在发动机开发之初通常尚未应用。液力变矩器的转矩转换（起动时通常为2.5～3倍，同步时降为1）也可以通过多项式来建模。

　　一种特殊情况是赛车运动，其发动机是为了一个或几个相当著名的赛道而进行了优化，而这也称之为圆形仿真。但是也可以集成一个复杂的车辆动力学仿真来取代简单的方程式，并且传动系的反应也可以包括在仿真中，在这种情况下，对测功机的动力学要求再一次提高。在仿真环境中，发动机的这样一个接近现实的相互连接也称之为发动机在环仿真（Engine－in－the－Loop）。为了避免混淆，硬件在环这个独立应用的术语，在这个关系方面应该加以避免，因为它主要显示了在模拟环境下的电子控制单元（例如发动机控制器）的连接。

8.1.2.4　内燃机的控制

　　尽管已经开发了一种负载装置的控制方法，以在发动机试验台架控制器中工作，但并非为此目的而开发的内燃机的连接会变得更加困难。

　　如之前所示那样，由试验台架调节器预设的典型的参数包括转速 n、转矩 M、加速踏板位置 α，或者有必要的话也可以设置特殊的发动机参数。如今的发动机都配有电子控制单元（详见第2章2.7节）。车辆驾驶员是通过操纵加速踏板来控制混合气，老一代的车辆是通过钢缆来操作，而新一代的车辆是通过电子节气门（E－Gas）来影响混合气的形成。在汽油机中，在均质混合气运行状态，实施的是量调节（详见第2章2.1节），其中节气门是执行机构。在很多发动机上，节气门也可以手动操作，在服务站这是常见的做法。当节气门由一个不能接收信号的电子执行机构驱动，或者当进气是在放弃节气门的情况下，通过可变配气定时来调节时，直接驱动只能被排除在外。在汽油机直接喷射的分层充气运行状态和在未来的燃烧方式中，旨在实现均匀的空气/燃料混合物（尽管直接喷射），通过喷射实现质调节，在这种情况下，节气门保持开度恒定。柴油机始终通过改变喷射量而不对空气量进行相同程度的匹配来进行质调节。在较早的柴油机中，在直列泵中通过调节机构的调整来机械式地实现质调节，或在通过机械式控制的分配泵上的油门杆来实现质调节。后来，通过控制单元和分配泵或泵喷嘴单元中电磁阀的激活来调节喷射量，而没有任何实际的机械调节可能性。在共轨系统中，喷射量同样也没有实际的机械调整可能性，而是经由在喷射器中的电磁阀的激活来匹配，通过轨压调节来支持［Borgeest20］。在这一点上，应该指出，与在汽油机上不一样的是，当今的柴油机的节气门有其他任务，不适用于"混合气供给"。

　　执行器作为试验台架调节器的附件来提供，试验台架调节器通过这些执行器来操纵加速踏板、节气门或其他调节机构。执行器称为油门杆调整器或节气门调整器，这两个概念是根据应用情况来显示的。它们基本上由具有稳定和精确的机械结构的伺服电动机所组成，这机械结构往往是模块化的结构，其不仅是线性运动，而且可以是旋转运动。由于机械式执行机构不可避免地存在间隙和公差，因此，主要应当注意其精度，常用的设备能达到千分之几的控制量。作用力至少应为 100N，更确切地说要达到 200N，设置任意一个值的持续时间不应超过 100ms。绝大多数执行器都配有一个可调节的力量极限。在采购时也要考虑在试验台架室内能够合适地安装，例如直接地或者通过在基础底板上，或在墙上的托架来安装。当采用带钢缆的加速踏板时要考虑到，加速踏板移动只是有限的自由度。驾驶操纵杆调节装置通过模拟量的电压输入或数字量，典型的是通过 CAN 总线来控制的。驾驶操纵杆调节装置的成本在 10000 欧元左右。

由于如今的加速踏板（踏板位置传感器，缩写为 PWG）通过两个电位器给发动机控制单元两个电信号（另一种是选择几乎无磨损的 PWG，它能通过磁铁和磁场传感器产生两个信号），放弃试验台架上的机械执行器显然是有意义的。其中，试验台架调节器直接或通过电子中间模块（电子节气门模拟器）向发动机电控单元提供两个 PWG 电压。旧版的 PWG 有时只有一个电位器，以及用于可信性试验的附加开关，这也应该能够模拟电子节气门模拟器。然而，出于安全性原因，两个电位器的不同标识符（图 8.7），即角度特性曲线/电压特性曲线，尚未标准化，但

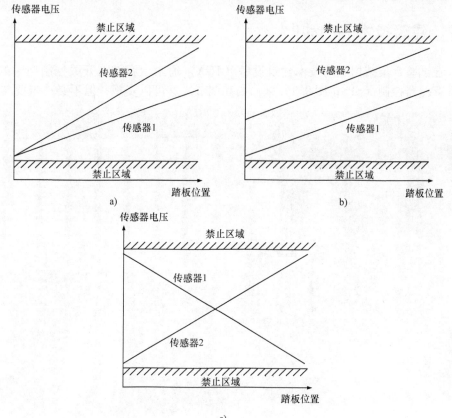

图 8.7 双电位器 – 加速踏板的共同特性

必须是已知的。如果这些不是由发动机制造商提供的，那么可以用替代的方式自身测量原始的 PWG。即使在今天，通过使用机械式执行器也可以节省大量的精力。如果原来的加速踏板除了两个电位器外也集成了开关，例如，强制减档开关，可以用监控开关代替第二个电位器，所以，电子节气门模拟器必须能够通过附加的数字输出来复制它的功能。电子节气门模拟器可以用模拟量的方式连接到试验台架调节器上，但通常是通过一个数字总线来实现（本章 8.4 节）。

如果在车辆中加速踏板经由总线（如 CAN 总线）连接到发动机控制单元，就可以提供：加速踏板位置直接从试验台架调节器经由总线传送给发动机控制单元。以前，这类加速踏板是不常见的。

在试验台架上的排气背压经常不对应于原始排气背压，此外，对试验目的来说，改变运行中的发动机的排气背压是有意义的。在这种情况下，集成另一个靠近发动机的执行器，这个执行器由试验台架调节器来控制，即一个排气阀，其结构类似于一个节气门。对于发动机量产配置的内置排气阀，例如在一些乘用车上用于声学目的，或在商用车上用来支持发动机的制动效果，可以通过发动机控制单元来替代直接控制，只要该发动机控制单元的软件允许以任何方式（通过 CAN 总线或一个应用接口）进行控制。

8.2　建筑技术的自动化

在试验台架结构中的技术建筑设备（TGA）通常由容纳在开关控制柜中的可编程存储器控制（SPS，图 8.8）来控制和调节。这可以实现，但不必一定要与试

图 8.8　SPS 用于建筑技术的控制，CPU 为中央处理单元（Central Processing Unit）

验台架自动化联网。SPS 是带标准化的硬件的，成本合适以大批量生产的控制单元，同时简单地通过标准化的编程语言来与其任务相匹配。试验台架供应商履行此任务，用户不接触这个 SPS 的编程。对 SPS 的构造和编程感兴趣的读者可以参考〔WellZast15〕。

8.3　试验台架的自动化

试验台架自动化在等级上位于试验台架调节器之上，并可以给出诸如测量循环或设定值等内容。它也可以用作调节器的远程服务。如果来自传感器和测量装置的信号不会出现在试验台架的调节器中，那么它们也会结合在自动化控制中，并进行进一步处理或显示。操作员通常可以使用数字和图形显示控制元素来配置自己的窗口。通常也可以使用第三方软件（例如 Simulink）进行进一步处理。虽然用于楼宇自动化的 SPS 通常是自主运行的，但来自 TGA 的数据也可以传输到试验台架自动化系统中，用于显示并可以进一步处理，并且可以将命令返回给 SPS。如果在试验台架上工作时要使用发动机控制单元，或者要从发动机控制单元中读取数据和测量值，则也可以通过试验台架自动化系统（或者通过单独的 PC）来实施。试验台架自动化甚至可以自动应用控制单元，例如以迭代方式优化参数。试验台架自动化系统与控制单元应用软件之间经常遇到的接口是由 ASAM 标准化的 ACI（Automatic Calibration Interface，自动校准接口）〔ACI〕。

可以采用具有常规操作系统（Linux/Windows）的标准 PC 来实现试验台架自动化。与其中用户看不见操作系统的试验台架调节器相反，自动化计算机像办公室 PC 一样高负荷地运行，并通过操作系统界面进行报告。自动化系统软件只是一个独立的软件包，可以与其他 PC 常用程序（文字处理、电子表格、电子邮件、仿真程序……）并行启动。这意味着试验台架自动化也是与其余的 IT 基础架构相链接的。因此，试验台架运行的结果可以手动或自动地传输到文本文档或表格中，并存储在中央服务器上。

由于试验台架运行者必须有大量信息要过目，因此通常给自动化系统的计算机装备两个显示器。操作系统由实时扩展补充，在计算机启动时或自动化系统软件启动时启动。但是，必须为事件保证响应时间的关键实时任务（调节器、监控），应在调节器中计算。

自动化软件（例如 AVL 的 Puma、D2T/FEV 的 Morphee、Horiba 的 Stars）由供应商在交付试验台架时提供。它通常通过 CAN 总线与试验台架调节器进行通信，试验台架调节器与来自不同制造商的自动化程序的组合，应该可以通过接口进行，但实际在功能上并不总是完全无缝对接的。有许多科研领域的研究所，用自主研发的自动化系统工作。

与未连接到自动化系统的测量设备和传感器的通信，可以通过 CAN 总线进行。

具有 AK 协议的串行接口（RS232）（本章8.4节）也是很常见的。

统计学上的试验设计（DoE）

工业试验台架通常利用率非常高，使用时间非常昂贵。因此，在开发过程中应该努力以最少的试验获得最大的信息量。以发动机控制单元的应用为例，台架试验期间要确定数千个设定值（Labels，标签），当然并非所有超过 10000 个标签都需要在试验台架上进行试验。如果发动机只有一千个标签需要设置，那么假设对每个标签需要测量大约一百个不同的值（实际上，16 位标签通常具有 2^{16} 个可能值，此外，很多标签不是标量值，而是特征曲线或多维特性场），因此，可以获得一个 100^{1000} 理论数量的可能的组合。虽然经验丰富的应用者不会盲目地尝试所有可以想象到的数值组合，但组合的多样性仍然很高。如果自动化地应用台架，则不能使用试验人员的经验。很明显，要进行的试验数量必须限制在合理的数量内。除了开发人员或应用工程师的经验之外，越来越多的自动化方法在设定方面越来越重要。

在试验台架上进行大量的试验用于优化单个发动机参数，或由多个单独参数加权构成的目标参数，此外经常还有一些边界条件，如排气限制值，在任何情况下都不能超过这个限值。因此，要优化（最大化或最小化）的目标参数 z 经常以未知的方式取决于要改变的变量 x_1，x_2，$\cdots$，x_n。例如，这些可能是在控制单元标定时要调整的标签，也就是说

$$\dot{V} = \frac{\rho_{\text{Luft}}}{\rho_{\text{Abgas}}} \frac{p_1}{p_0} \lambda_a \left(0.79 + 0.21 \frac{m + n/2}{m + n/4} \right) \frac{n_0}{2} V_{\text{H}} \tag{8.1}$$

函数 f 有时可以定性地估计，有时是完全未知的，因此需要使用不同值进行试验。如果函数具有一个精确的最优值，则使用经典的数学优化方法，如梯度法 [HankBour08] 可以迅速接近目标，其中每个迭代步骤对应于一个试验。另一方面，如果该函数具有多个局部最大值或最小值，则这些方法迅速导向下一个局部最优值，但往往忽略全局最优。还有其他所谓的超启发式方法，在这种情况下，也可以通过智能的试验找到全局最优，具体包括进化算法 [SchHeiFe94]、遗传算法 [SchHeiFe94]、模拟退火算法 [KirGelVe83] 或内尔德 – 米德（Nelder – Mead）方法 [NeldMead65]。然而，这些方法不如简单的优化方法那样有目的性，因此需要大量的尝试。

DoE（Design of Experiments，试验设计，统计学试验规划）试图通过采用统计方法，以尽可能少的试验获得尽可能多的信息，而且在这里往往也是最合适的方法，但需要一些经验。可以通过智能选择试验和通过几个参数的同时变化来减少试验数量。因此，在试验前应制定周全的试验计划。对于非常简单的问题，这个试验计划仍然可能是在纸上的，当然，对于许多影响参数，采用一个软件是有意义的，软件可以支持试验计划的构建。最后，试验台架自动化必须执行这个试验计划，所以，许多试验台架供应商提供可选的 DoE 模块，它可以无缝地集成到自动化系统中。DoE 是一个非常全面的话题，具有广泛的统计学背景基础。作为入门级参考文

献，推荐［Klein14］。

8.4　试验台架的内部网络

在前面的章节中，已经考虑到了从传感器技术，通过试验台架调节器，再到自动化的试验台架技术的许多层次结构级别，这里将考虑如何将这些层面相互联系起来。

由于发动机试验台架主要是机械结构，几个传感器类似地连接到各自的测量装置上。此外，部分传感器技术也是纯机械式的（例如压力计、测功机反力矩的测量）。除了如今试验台架中拥有大量的电缆连接外，模拟信号的传输对电磁辐射也很敏感。如今，人们正在努力在试验台架上的设备之间传输尽可能少的模拟信号，以便实现良好的电磁兼容性和采用少量的导线。因此，测量值首先通过串行接口和 AK - 协议传输（8.4.1 小节）。数字总线系统的使用，理所当然地需要大量的传感器和测量仪器，好在仍然可以使用串行接口上的 AK - 协议。

台架也常常安装现场总线（Profibus）（8.4.2 小节）。在更新的安装方案中，它将被 CAN 总线（8.4.3 小节）所取代，CAN 总线也用于车辆中的控制单元的数据连接（网络），最新的发展趋势是基于来自 PC 数据连接的知名的以太网总线系统（8.4.4 小节）。

8.4.1　AK - 协议

PC 机的串行接口大多采用 AK - 协议（RS232，以工作组命名），AK - 协议在试验台架上仍然很常见。该协议不描述通信的物理层面，因此它不一定绑定到串行接口，而是诸如与 TCP/IP 连接到 USB 和以太网。它由一组标准化的短命令（4 个字母和可能的参数）组成。第一个字母表示：是否是一个控制命令（S），从 PC 到设备（E）的输入命令，或读取命令（A），其命令支配设备，发回数据。其他 3 个字母不遵循固定的模式。设备以重复执行命令的方式对原来的响应进行应答。由设备产生的命令集由其制造商预设在设备文档中，其中不同制造商的类似设备的差异是很小的。

8.4.2　现场总线

现场总线（Profibus）来自工业自动化技术，长期以来是工业上应用（Feldbusse，现场总线）的主要数据总线之一［IEC61158、IEC61784］。它存在三种变型，对于试验台架而言，只有变型 ProfibusDP（分散的外围设备）是重要的。尽管它正在被 CAN 总线所取代，存储式可编程控制仍然经常通过现场总线连接到现场设备（智能传感器和执行器）以及其他控制设备。

现场总线是连接到所有用户的线形总线电缆，由一根符合 RS485 标准、带有确定特性（依据［ISO 8482］）的双绞线所组成。在实践者中，正式指定为 A 型的电缆被称为"淡紫色电缆"，此外，还有一种较不常用的电缆类型 B。作为替代方案，也可以使用光纤，但并不常用。电缆长度小于 100m 时，数据速率可高达 12Mbit/s，这对于单个试验台架来说应该是足够的。如果使用一个现场总线连接更大的测试区域（更多的试验台架），则允许的数据速率会下降，此时可以将长的总线通过中继器分成更多的节段。

一台设备，只有当被赋予特权的设备（主人，主设备）邀请时才能访问总线。所有非特权设备（即传感器和执行器）都称之为从设备（仆人）。主设备是总线上的控制器。相对于其他"主设备/从设备 – 总线"，现场总线的特殊性是多个主设备的许可。这样，几个主设备之间也可以进行无冲突的访问，访问权又依次在各主设备之间传递。

8.4.3　CAN 总线

在［Borgeest20］中给出了对 CAN 总线的详细描述，这里从试验台架的角度来介绍其主要特征。

类似于现场总线，CAN 总线是扭绞的双金属线，几乎任何数量的设备都可以通过短的缝合线对连接在一起。在车辆的 CAN 开发中，控制单元理解为"设备"。在试验台架上，以类似的方式理解为自动化设备、调节设备、测量设备和操作设备（图 8.9）。此外，在试验台架上通常还配置带 CAN 总线接口的简单的传感器和执行器。另外，来自车辆的不同的控制单元经常连接到发动机电缆线束上，如发动机控制单元、中央电气系统或特殊的控制单元，该特殊的控制单元在试验台架上模拟更多的车辆控制单元的主要功能。虽然电缆线束中包含的 CAN 总线不一定非要连接到试验台架上，但通常有意义的是可以从控制单元中读取数据或写入数据。理论上，试验台架上的所有装备都可以连接到单独的 CAN 总线，实际上，已经验证，需要定义更多的子网，以便在发生故障时将其影响限制在子网上，因为不是所有的消息更多地通过同一条总线运行，总线负载也可以在子网上得到缓解。

| 测量模块 | 试验台架调节器 | 加速踏板执行器 |

图 8.9　CAN 总线和现场总线的结构

与现场总线相比，CAN 总线没有特权设备。每个设备都可以随时发送消息。消息在起始位之后的第 11 位或选择性的第 29 位中具有标识，其在发生冲突的情况下决定哪个消息继续发送或被取消。在发生冲突时总线的分配称为仲裁。与现场总线相反，数据包中既没有指定发送方，也没有指定接收方。所以，每个消息首先被发送给所有的通信用户，根据标识，每个参与者自行决定是否以任何形式使用或拒绝该消息。

乘用车中的车辆通信不能识别标准化的应用层，每个车辆制造商自行决定，甚至可能以不同的方式为不同的车辆以哪种优先权和哪种意义传递哪些消息，只是由CAN 标准定义的物理层面 ［ISO 11898 - 1、2］ 和对传输介质的访问 ［ISO 11898 - 1］（主要的是仲裁）是标准化的。列出的标准与这里所使用的"高速 CAN"有关，此外，在车辆中还有 CAN 总线的能量管理和其他变型，这些在 ［ISO 11898］的其他四个部分中有描述，在这里我们不感兴趣。另一方面，在自动化技术领域，有一个应用层面受限的标准化（CANopen），该应用层面也部分地在试验台架上使用。它定义了给定设备的制造商特定的配置文件，诸如输入/输出模块 ［CiA401］、传感器和调节器 ［CiA404］ 和绝对角度传感器 ［CiA406］。

8.4.4　基于以太网的通信

家庭或办公区域的 PC 通信通过以太网进行，在网络中数据的传输控制和分配由此构建的协议层 TCP（Transport Control Protocol，传输控制协议）和 IP（Internet Protocol，因特网协议）来进行，合在一起作为 TCP/IP 来标识。因此，基于以太网构建的现场总线也以基于 IP 来标识。来自 PC 领域的成本更合适的技术，也越来越多地用于工业通信，取代了老式的现场总线和 CAN 总线。在目前的基于 IP 的现场总线竞争中，业界最终的决定尚不清楚，目前 EtherCAT 和现场总线似乎处于领先地位。

EtherCAT 由权威的自动化技术公司开发，但不是专有解决方案，而是在标准［IEC61158，IEC61784］ 中考虑方法。一个特殊性是在 EtherCAT 上的 CAN 应用协议（CAN Application Protocol over EtherCAT，CoE），可以轻松地迁移 CANopen 配置文件，［EtherCAT14］ 中有所介绍。

看到名字 Profinet 联想到 Profibus，这绝不是偶然的，它的开发是由同一个组织协调进行的，即位于卡尔斯鲁厄的 Profibus&Profinet International，就如 Profibus 开发的时候那样，Profinet 存在许多变型，这里一个重要的目标是从 Profbus 轻松迁移到 Profinet。与 Profibus DP 最相似的是 Profinet IO，这在 ［Popp10］ 中有详细介绍。

8.5　试验台架的外部连接

在经典的 IT 结构中（目前在许多公司的软件中已经消失），试验台架与运营管理层面相连，管理层面又与办公 IT 和商业软件相连。在技术上，通过以太网和TCP/IP 实现连接。通过办公室 IT 连接到互联网（Internet）。通常，即使没有与公司的其他结构耦合，也可以与互联网连接，例如远程维护（自动化 PC 或整个试验台架），甚至可以进行远程控制操作。

外部连接与内部运行的结构连接更容易实现数据交换和维护，可能的情况是不仅可以从观察室，而且也可以从开发部门操作试验台架。数据交换需要调节访问权限，并保护这些权限以防止未经授权的、错误的或恶意的访问。根据设备的不同，几乎无人值守的遥控操作在技术上是可能的，特别是在更大的测试领域，少数员工将会监督现场的大量的试验台架。然而这通常已是足够的了，即试验运行通常只在公司的其他地方进行，因此将遥控简化为简单的数据传输，当然这必须几乎是实时的。

与互联网的连接本质上打开了同样的可能性，但也可能使公司门户大开，因此，如果这是故意的话，诸如供应商或客户都有可能连接进来。这同时在相当程度上提高了读取未经授权的数据，或从外部对系统进行破坏的风险。

基于安全性隐患，尤其是一直与互联网连接，因此，无论如何都应该尽最大可能不与外部世界联网。更确切地说，应该定义具体的联网目的，这个必须以最小的连通性来实现。

第9章　建筑技术装备

在建筑中安装技术装备之前，就需要关注建筑本身的建设（本章 9.1 节）。建筑技术装备（TGA）的重要组件包括电源供给装置（本章 9.2 节），电源供给不仅给试验台架供给电能，而且在作为电机的制动运行状态时，试验台架还向外导出大量的能量；水供给装置（本章 9.3 节），在试验台架上经常用水来冷却；压缩空气供给装置（本章 9.4 节）；空气供给装置，包括加热和冷却（本章 9.5 节）；废气排放装置（本章 9.6 节），储气室（本章 9.7 节）和防火装置，包括火灾探测装置和灭火装置（本章 9.8 节）。最后本章 9.9 节讨论了试验台架的项目计划，由此可以明显看出，与 TGA 相关的工作量最大。其他的 TGA 部分，如储罐系统，已经在之前的章节中与确定的试验台架部件一起考虑了。TGA 的很大部分需要定期维护 [VDMA24186]。

9.1　上层建筑

发动机试验台架可以与实验室、车间、办公室或其他测试台集成到现有建筑物中，但也可以拥有一个自己的建筑物。一个中间层是"建筑物内的建筑物"的形式，如更多的试验台架集中在一个大厅时，经常采用这种模式。在这种情况下，几个带有测试台的简单建筑物可以作为外部建筑结构放置在大厅内部。在这种情况下，大厅也可以部分向侧面开放。

一个关于集成在已有的建筑物中的原则，是"短距离"的企业政策，如为了尽可能让不同的、参与发动机开发或者试验测试的设备，更好地在一起工作。另一个原则是尽可能减少基础面积的需求。然而，发动机试验台架不一定必须与建筑物中的其他设备兼容。例如，在邻近有一个微型系统技术试验室在运行，振动技术上的解耦费用是非常高的。如果一个发动机试验台架必须集成到原有的建筑物中时，建筑技术上的花费可能会特别高，可能原本都没有预计到。在这种情况下，诸如在建筑物中布线也会变得非常困难。

然而，一种替代方案是拥有独立的试验台架建筑，这个建筑可以是用砖头或混凝土搭建的，但当前应用越来越普遍的是模块化的金属建筑，这些模块是通过商用车供应的，模块上总的试验台架技术都已经预装配了。在现场余下的工作是各模块组装、连接到已有的供给技术装备上，做一些调试工作和试运行。因为这些模块结构的外表层是由波纹金属表面组成的，所以也称之为集装箱。然而它们与货运集装箱有所不同，特别是这种建筑的尺寸方面，与货运集装箱相比，并没有标准的尺寸规定。可以想象，如今不常见的模块结构是由水泥块制作的，诸如它也用在热电站那样。对于这类集装箱式的试验台架的空间分配，可以根据有利于可运输性和可装配性要求做出妥协（图9.1）。

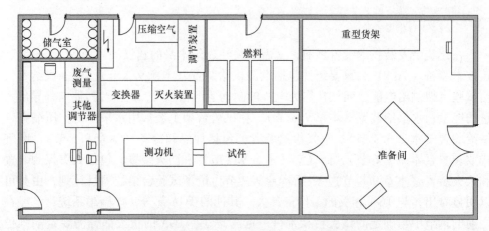

图9.1　一个试验台架建筑的示例性平面图。在集装箱结构形式中，
应避免使用诸如气瓶室与观察室之间的偏心墙，尽量让所有的墙尽可能居中放置

　　一个集装箱式试验台架通常建立在一个条纹状的基础上，这个基础可以实现钢板式集装箱的底部通风（图9.2）。制造者会在稳定的钢支架上焊上3~4mm厚的壁面。在采购和装配时要注意防腐性和耐候性。暴露在外界的接缝必须重叠。其内侧至少在试验间范围内，需要用油毡或不可燃的矿物毛织物。

图9.2　在集装箱结构方式中一个试验台架的条纹基础

对于这类有着自己特有建筑的试验台架，供暖装置是必不可少的，同时，如果可能的话，观察室也应配备空调装置。在观察室和准备间中也应该能够控制在舒适的工作温度，在其他房间空间中原则上要调节到保证无霜。考虑到长期的运行费用，连接到中央供暖系统而不是电供暖装置也是有意义的，尽管这样会提高所需的投资费用。因为试验台架上的许多零部件都只能在 40℃ 以下的环境中工作，为了避免由于不在指定的温度下运行时影响测量精度，要防止工作温度超过这个数值。一种防止来自外部加热的简单措施，是在试验台架结构之上附加一个顶棚。

9.1.1　试验台架室

在底板或格栅（在试验室行走于之上的）下面会有一个收集盘，这个收集盘主要用于收集机油，但也收集诸如水（冷却介质、冷凝水）等液体。在最深处会设计有一个出口，排空过程可以是手动实现，也可以通过一个泵来实现。之后安装的试验台架往往会发现上面有工业平板的地面，或者有略微下沉的瓷砖，用于油气分离后的废气排泄。应该给试件周围留出足够的空间，使其能够正常工作，以及能够有足够的空间放置附加的测量设备或工具车。试验台架装配所要通过的门要足够通过一辆叉车，叉车从准备间可以行驶到试验台架的试件侧。观察室的通道为了方便，对着测功机一侧。试验室的内部应该有一个吊车轨道，不仅仅要能吊起试件，在必要时也要能把测功机吊起来。一个典型的几百千瓦的电动测功机重几百千克。为了之后要进行的试验研究，试验室内的许多地方都应该备好两相和三相插座盒。使无证件或证件少的发动机在测试台架上快速投入使用的一种可能性（例如，用于研究竞争对手的发动机），是将试件与外面停着的车辆布置好缆线；在这种情况下，试验室与停车点之间的缆线要尽量短。

9.1.2　观察室

在试验台架的正面是观察室，站在观察室内，透过防弹玻璃窗可以看清试件。窗户旁边有一个安全门，作为进入试验间的直接通道。自动化系统和试验台架调节器摆放在观察室内，人们可以在观察室内用目视观察。观察室内也经常整合废气分析设备。在有很多个试验台架的试验区域，多个试验台架的观察室设计成一个狭长的房间，这个房间作为走廊，同时也可以进出试验台架（位于观察室一侧或两侧）。一个完美的、令人专注的工作空间对试验间隔声的要求很高，隔声至少要到40dB。在一个建筑上没有集成的试验台架里配置空调是有意义的，如果没有空调至少也要有一个供暖装置。

9.1.3　技术室

在集装箱式的试验室方案中，比较典型的布置方案是技术室与试验室在同一个平台上，在建筑集成的设计方案中，技术设备通常布置在试验台架的上面和/或下面。在技术室中可放置诸如储气罐、储油罐、灭火装置、压缩机、开关柜、变换器、变压器、热交换器、废气后处理装置和稀释泵等装置。那些放置有可燃流体（燃料）或可燃气体（燃料或用于废气分析的可燃气体和标定气体）的房间，必须要考虑到存在爆炸的危险，需要配备相应的通风设施和合适的电气设备。

9.1.4　准备室

因为工业试验台架运行时有着较高负载，而且试验花费很贵，所以，在试验室的试件上的工作应尽可能地少。为了减轻负担，尽可能在试验间外准备好试件本身也是很有意义的，这也使试验间保持自由，使得试件更有效率且更安全地工作成为可能。在准备间，可以把发动机支承好。准备间往往是试验台架区域内最大的那个房间。在准备间除了可以准备试件外，也可以做拆解，比如通过寿命试验评估其磨损程度。

9.2　电气安装

一个带电力测功机的试验台架，测功机连同变换器是最大的用电设备，另一个用电设备是风机，如有必要还会有用于空气、水、燃料、润滑油的电加热装置，空气压缩机，用于水、燃料、机油的泵，测试设备，计算机以及带附属设备的接线盒和其他用电设备。

电力测功机有一个特点，即不仅会消耗电能，而且大部分时间会作为制动器以发电机模式运行，由此产生电能。在这种状态下，试验台架与一个中央热电站是相似的，它们之间的区别在于，运行是以试验为目的，而不是以电量需求为目的。由试验台架产生的电能可以供给建筑物中其他用电装置使用，或者按照需要商谈的合同将电能输送到公共电网。控制平均电压的变压器应该在试验台架附近，从而减少导线的损失，同时也为了节省导线的费用。一般会供给试验台架 230V 的相电压（相对于零线的三相电压），或 400V 的多相网路线间电压（三相之间的电压）。

9.3　供水和冷却

可能的用水设备包括空调装置和水力测功机，同样洗手盆等生活用具也是用户。安装这些工业上常用的设备或者家庭常用设备，要注意的是可能的额外要求，这些要求由各个仪器提出，并包含在其说明书中。为了防止石灰或其他沉积物沉淀，可能要求放置一个附加的过滤器，或者甚至一个水处理装置，在这方面，特别是水力测功机，尤其敏感。经过滤和处理好的水在冷却后可以多次使用，空调装置大多采用闭式水循环工作，这种形式往往也需要冷却。

建筑物的空气调节装置需要冷却。一种可能性是在屋顶上或者试验台架旁边放置一台封闭循环的热交换器，它除了更大的尺寸外，其他的方面可以参照汽车冷却器来构建，并且通过一个风扇来协助散热（图9.3）。一种替代方案是使用湿式冷却塔，这种方案更有效，因为附加的蒸发热量被抽走，而且开放式的系统可以更好地与外界换热，但其缺点是会产生高昂的维护费用，并且可能会产生一些非常有危险性的微生物。2010 年，在乌尔姆（Ulm）的一个中央热电站的冷却塔中，许多人感染了嗜肺军团菌，其中的几个人死了。2013 年在沃斯坦（Warstein），2014 年在尤利希（Jülich）和 2015/2016 年在不来梅（Bremen）还发生过其他严重事件。因此，2017 年，关于蒸发冷却系统、冷却塔和湿式分离器的条例［BImschV42］生效，该条例对开放式再冷却系统的操作员施加了义务，以减少危险。

通常必须在热水回路中考虑来自微生物，特别是军团菌的风险，尤其是在不动的水和温度在 20 ~ 60℃ 之间的水，一定要避免吸入人体，如果需要，要将水进行灭菌处理。

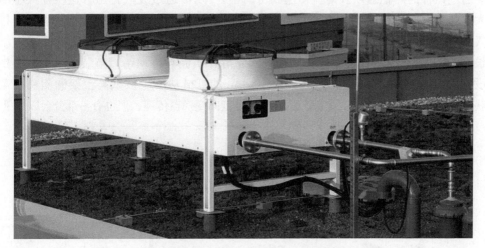

图 9.3　屋顶上方封闭型的再冷却装置

9.4　压缩空气供给

基础底板下面的空气弹簧的运行、气动阀门和泵，以及废气测量技术的扫气都需要一个工业上典型的压缩空气供给。试验室中应该有自由的压缩空气的连接装置可供使用，如用于排气或者气动工具的运行。所允许的压力级别要根据所使用的设备的说明书来选取，常用的是 400kPa。压缩空气必须经过冷却和干燥处理，对于很多设备（主要是废气测量技术的扫气）来说，压缩空气还不能含油。因为无油的空气也可能含有油渣，可以通过查阅［ISO 8573 - I］来确定空气质量的精确规范要求，如有必要的话，可以向提供使用压缩空气设备的供应商咨询。同样，所提供压缩空气的容积也要根据使用者的规范来给定，其中，如果保证并不会所有的压缩空气使用者都同时工作时，可以取一个小于总和的数值。计算时要把泄漏损失的量也算上。一个单独的试验台架可达到 300L/min 的用气速度。如果合适，压缩空气可以从公司中的可用供气中获取（Shop Air，商用空气），或者为试验台架准备一个独立的空气压缩机。

9.5 换气

建筑技术装备方面花费比较大的是送风和排风，因为一方面来自试验室的高的损失功率必须要被带走，另一方面，排风可能是试验室环境中一个巨大的噪声源。如果为了满足精确定义的环境要求时，还需要进一步的费用。

图 9.4 是一个试验台架功率流的例子。内燃机的机械功率是 100kW，5kW 主要通过试件的热辐射以及对流传递到房间中，90kW 通过废气排出，这些损失中的大部分都会向室外散出，而排气装置也会向试验台架传递热量，比如说 10kW。排气装置的零件处于高温状态，通过热辐射向试验室传递的热流以温度的 4 次方增长。80kW 通过发动机的冷却介质循环和润滑介质循环传递给调节装置，图 9.4 中没有考虑调节装置自身的功率损失。100kW 的机械功率会被试验台架的测功机截获，如在电力测功机中，大部分的能量会继续向变换器传递，但也有一部分会以热量

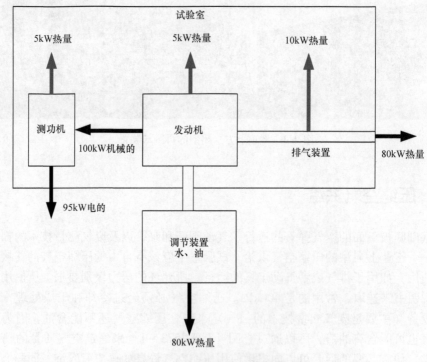

图 9.4 一个试验室内的能量流示例

的形式散去。比如发动机的效率是 27%，对于一台柴油机来说本身是一个很不错的数据，因为只有在一个优化运行工况点才能达到这样的效率。向试验室的散热量为 20kW，作为对比，日常居住的房子中的供暖设计为大约 $100W/m^2$。所以，一个诸如 $20m^2$ 的小型试验室产生的损失功率，可以为 10 倍面积的日常居住房间提供加热功率。

对于一个拥有多个试验台架的试验区域来说，其好处是几乎不可能各个试验台架在同一时间耗散相同的功率。对于耐久试验台架来说，存在一个"同时性系数"，在实际的设计中，要在总功率中乘上此系数，该系数接近 1，最不利的情况是所有试验台架同时处于最大功率。在某些特定的研发试验台架上，通常"同时性系数"达到最小值。

试验台架室的冷却可以通过便携式鼓风机对发动机特别热的区域，或者在发动机各个测量点，对温度热敏感的区域进行补充冷却。

除了热损失外，不仅仅在有缺陷的条件下的运行材料的蒸气，还有少量的废气泄漏，以及通常在 40℃ 以下产生的各种蒸气自由扩散。这里的通风用来维护空气质量以保护在那里工作的人员。当发动机直接从试验间吸气时，通风改善了空气组分的可重复性，在最高的要求下，需要一个单独的、用于进气空气的调节装置。从这个角度来看，不仅所交换的空气流量很重要，空气要尽可能均匀地分布在试验间内，而且关键的安全性在于要避免诸如在限制的区域内汽油蒸气可能达到一个可燃的浓度。这可以通过分散得很开的进风口和排风口来实现，这样同时还可以降低噪声水平，但辅助风扇也可能使得噪声达到临界状态。

试验台架外的噪声水平低于预定值，10.9.1 小节中提到了预定值，排气经常是最大的噪声源。这些噪声以低速通过大截面，通过消声器和通过排气出口巧妙的设计来衰减。还有更有效的降低噪声手段，是带冷却装置的封闭循环系统，那样做的话，空气的清洁是个问题，且成本会明显高很多。外部的噪声保护可通过远离住宅和降低噪声的外观设计，如植树、围墙或反射器来实现。

应该通过防火格栅切断空气流动，而且如此设计，可以确保没有雨水流进试验台架。

进气空气的定义湿度可以通过复合式干燥机和加湿器来调整。由于空气的干燥（通过冷却和冷凝）会花费许多能量，并且较高的空气湿度会对试验台架造成长期的损害，对燃烧空气采用专有的调节装置，而并不与试验室内所有的空气一起调节是非常必要的。对于一个气候试验台架来说则恰好相反，要对整个试验室内的空气的温度、湿度和密度进行调节。可通过热交换器，或者更有效的是通过在制冷循环回路中的蒸发器来冷却空气，用电加热或通过可能存在的任何过程热进行空气加热。

9.6　废气

废气并不是通过房间的通风，而是独立地通过一个在排气装置尾管的喇叭口被吸走。废气的体积流量 $\dot{V}$ 可以通过发动机的泵气容积来计算，泵气容积是最高转速 n_0 和排量 V_H 的乘积，当然还要求进行一些修正：

- 一台四冲程发动机的每个气缸每两转完成一次泵气，所以应该取转速的一半。

- 通过反应式（2.1）描述了理想的燃烧过程使得气体容积比进气体积扩大了。如果燃料的平均总分子式为 $C_m H_n$，那么需要 $m + n/4$ 摩尔的氧气（O_2），生成 m 摩尔的二氧化碳和 $n/2$ 摩尔的水蒸气，而忽略冷凝部分。由于进气空气的成分中氧气只占 21%（体积分数，后同），其他成分占 79%，这部分气体几乎不变地出现在废气中，其结果是，当 $n/m = 2$ 时，废气容积的增长约为 7%。

- 根据方程式（2.3），不是 1 的过量空气系数 λ_a 会影响进气口的容积比。

- 增压提高空气流量，所考虑的系数近似地对应于绝对增压压力 p_1 与大气压力 p_0 之比。

- 由于废气温度的原因，废气的密度 ρ_{Abgas} 要比空气密度 ρ_{Luft} 小，这使得废气体积增大。在 450℃ 时废气体积变为原体积的两倍。

$$\dot{V} = \frac{\rho_{Luft}}{\rho_{Abgas}} \frac{p_1}{p_0} \lambda_a \left(0.79 + 0.21 \frac{m + n/2}{m + n/4} \right) \frac{n_0}{2} V_H \tag{9.1}$$

按照在［§TRGS554］中给定的公式，对 UMA - 试验位置，经常要确定抽气量，因为在 UMA 中，发动机同样会达到最高转速。该方程式为［在引用的源中，体积流被命名为 V，发动机管理和排放净化系统（UMA）的研究，在来源中也称为排放研究（AU）］

$$\frac{\dot{V}}{m^3/h} = 0.0363 \cdot 1.2 \frac{n_0}{r/min} \frac{V_H}{l} \tag{9.2}$$

其中，系数没有特别的依据。但是，对于乘用车的最低要求是 $600 m^3/h$，对于商用车的最低要求是 $1200 m^3/h$。

例如：一个乘用车发动机（汽油机和柴油机）试验台架的排量为 2L 以下，最高转速假定为 9000r/min，最大绝对进气压力通常取 300kPa，最大耗气率为 1.2，燃料由长链的碳氢化合物组成，$n/m = 2$。

由方程式（9.1）计算得到 $674 m^3/h$，由方程式（9.2）计算得到 $363 m^3/h$，对此，可取最低值为 $600 m^3/h$。为了确保完全抽气，应该使用方程式（9.1）。为了室内通风时没有废气被重新吸入，推荐使用三倍大小的设计值，也就是约 $2000 m^3/h$。

可以在试验室内或者室外安置鼓风机，可以将废气传送给一个可选装的废气净化装置、一个消声器和一个烟囱，再向外排出。在烟囱上可以安装一个导流板，帮助排气。

9.7 储气室

试验所用或废气测量装置标定所用的气体必须储存在试验室外的储藏室中。这个储气室可以是一个密闭的房间，也可以是一个开放的仓库，密闭的房间应该作为易燃易爆房间来对待，当意外发生时也可能泄漏有毒气体。一个敞开的区域要保证足够的通风换气，然而，也不能随意进入。

表 9.1 显示了一个最低配置的示例，在大型的工业试验区域，往往会有其他气体，以及不同浓度的专用气体。往往通过金属气瓶来贮藏气体，每个气瓶常见的尺寸大小为 50L。

表 9.1 储气室中典型的最低配置

气体	用 途
He 中 40%（体积分数，后同）的 H_2	火焰离子检测器用燃烧气体
高纯度的人造空气	火焰离子检测器用燃烧空气
O_2	化学发光检测器用臭氧准备阶段
N_2	所有分析仪和顺磁检测器载体用惰性气体
O_2 22.5%	顺磁检测器的标定气体
在 N_2 中 CO 9.5%	CO - 非色散红外光谱用标定气体
在 N_2 中 CO 3000×10^{-6}	CO - 非色散红外光谱用标定气体
CO_2 19%	CO_2 非色散红外光谱用标定气体
在 N_2 中 NO 9500×10^{-6}	化学发光检测器用标定气体
在 N_2 中丙烷 6500×10^{-6}	化学发光检测器用标定气体

9.8 防火和防爆

可能造成发动机试验台架失火的原因在于：基于高温（如发热的废气装置）、高的安装电功率和存在与很多其他工业装备相比多得多的可燃的液体和气体。在大型试验区域，出现假的或者真的火灾警报几乎是例行事件，除了法律规定之外，必须根据可能的损害来设计火灾保护，如一个复杂的试验台架集成到一个更大的研发建筑物中的损害，比随意放置的、成本合适的试验台架可能更大。在高校内要注意，对试验台架不熟悉的人的逗留（但是，如果安全说明没有许可，这不应该发生）。

9.8.1 结构防火和防爆

使用气态或者其他易爆燃料时，应该至少要建一座非承载外墙，在爆炸发生时衰减向外部环境传递的压力，而内墙则应该承受住压力波。墙壁向外的柔韧性可通过活门来实现，然而，非承载的外墙被摧毁得越彻底，建筑内的压力波和喷射的火焰的扩散效果就越弱。

较高的空气流量以及对溢出或泄漏的气体的监控可以减弱爆炸的危险。

电气设备必须是防爆的。如果只出现一种气态燃料，且它比空气重（燃油蒸气），那么电气和其他潜在的点火源都要尽可能往高处放，如果它比空气轻（天然气、氢气），那么应尽可能往低处放。潜在的点火源要远离可能容易泄漏的地方（如接合器、阀门、法兰）。

内墙，包括集成在一起的窗户（如试验室与观察室之间），必须要能延缓火焰的扩散。根据［DIN 4102 - 2］，通常试验室、观察室和准备室的防火等级达到 F60 就足够了，它可以抵挡 60min 的火灾。对于气体和燃料储存室，防火等级 F90 比较合适。关于内窗，要考虑的是：防火性是否足以超过规定的时间（如 G60）或者是否采用防火玻璃（如 F60），这种玻璃在火灾时会起泡，因此，可以额外地阻碍火焰的传播（如通过热辐射和热传导）。管路和电路的防火工作的落实也是非常重要的。

9.8.2　火灾警报系统和灭火系统

根据［DIN 14675］和当地消防部门规定的火灾警报系统和灭火系统，包括一个传感器和一个带消防队 - 操作区和执行器的火灾报警中心（方便地将其安装在合适出警的位置，并远离潜在火源的地方）。传感器应该能识别火灾情况，并以手动操作火灾警报作为补充方式。执行器包括灭火系统、装置内和其周围环境中的声学和光学报警器，以及消防队的自动报警系统。

9.8.2.1　传感器

火灾可通过烟雾颗粒、光或热来检测。两种不同的传感器的组合使用，可以防止错误的警报。

烟雾颗粒传感器类似于房屋、酒店和办公室安装的传感器。它们包含一个黑色小腔，在这个小腔中利用烟雾颗粒对光的反射来处理信号。当废气吸收装置失效时，烟雾颗粒传感器就会做出响应。它也会对类似的颗粒做出光学反应，这种颗粒比如在砌墙时会释放出来，如果报警不需要另一个不同的传感器的信号，那么当有灰尘工作时应该解除报警。热传感器对火灾时的热辐射做出反应，它能够检测出阴燃大火的概率很小。此外，可使用的传感器还包括能对可见光或紫外线做出反应的传感器。但在这种情况下，可能会由于闪光灯触发错误警报。

除了自动化的传感器外，在非常好的、易于接触的位置要安装手动操作的火灾报警器。为了防止无意的触发，操作按钮会被一个圆盘遮盖起来，这个圆盘在操作前需要破坏。在各种情况下，这个操作必须能单独地触发报警。

在试验室内通常会布置一个 CO 传感器，它原本不是用来防火的，而是在废气抽吸设备出现故障时保护人身安全的。火灾时这个 CO 传感器同样也会响应，然而，这个传感器只是对燃气做出反应。

9.8.2.2　灭火系统

火灾的发生需要可燃物、氧气和高于可燃材料燃点的温度。防止可燃的材料是预防火灾的一个问题，在内燃机试验台架中理所当然地要限制使用。当然，在发生火灾时，应通过自动关闭的龙头和关闭泵来中断可燃燃料的继续供给。当然，也应该终止新鲜空气和压缩空气的进一步供给。

灭火系统的出发点是阻碍火灾时氧气的供应以及降低温度。通过水的蒸发，会带走热量（超过 2MJ/kg），所以水作为灭火剂会产生很大的冷却作用，产生的水蒸气对氧气供应只有稍微恶化的效果。流体燃烧时汽化特别迅速，因而，容积比燃烧的流体要增加 1700 倍，从而导致一个爆炸性的火焰扩散。通过水的雾化可以规避这种风险。此外，细小的水雾滴还可以笼罩住热辐射。可以通过高压实现雾化，所以在试验台架中往往会安装高压水雾灭火系统。与用液体膨胀或粗雾化系统（例如喷淋头）灭火时相比，这种方式不仅可以防止液体燃烧时发生爆炸，而且还可以使水的汽化均匀分布，并更有效地阻止氧气的供给。根据经验报告，试验台架上的电气不会受到水雾的伤害，经过干燥后试验台架就可以快速继续投入运行。

高压水雾灭火系统由一批水瓶和至少一个氮气瓶组成。需要注意的是，当温度在冰点附近时，无法确保此系统可以正常工作。发生火灾时，氮气以高于 10MPa 的压力将水挤压入管路。为了保证压力，管路长不宜超过 10m，在灭火系统中喷头分开布置，负责将水雾化。

手动灭火装置常常使用粉末（无机盐），粉末以一个窒息层的模式遮盖住火焰，并阻止催化作用。粉末喷洒装置对于自动地、大面积分布而言不如喷雾灭火系统合适，并且有可能留下更明显的遗留性伤害。采取手动灭火和通过消防部门处理时，会用到以水为基础的泡沫，由于其导电性和要求较大的流量，由于自动化的系统不可能做到有目的的施放，所以这里采用泡沫的方式不是很合适。按照组合的方式，一些粉末和泡沫彼此不能兼容，这主要是在采用手动灭火系统时需要注意的。

在密闭的房间中，用排挤氧气的气体可以非常有效地窒息火焰，尽管这种手段同样也会窒息在房间中的人员。因此，对于高校的试验台架或试验台架附近有非试验人员（如客户）时，不适合采用这种系统来灭火。此外，由于这个原因，这样的灭火剂只能在警报发出后有一定的延时才能使用，以便人员能够疏散，但在此期间，火势已经蔓延。在采用这种灭火剂时，永久性的、保险的逃生途径特别重要，这是显而易见的。使用这种窒息气体的房间必须有明确的标识。即使在最高可能的噪声水平下，报警信号必须是明显可感知的。在噪声水平要求采用听力防护设备的情况下，需要附加一个光学报警。这种窒息气体的优点是不会对试验台架造成遗留性的损伤。这些气体不仅在灭火效果，而且在对生物的窒息效果方面都是不一样的。卤化烃（一组含有卤族元素的碳氢化合物）是非常合适的，但出于保护环境的目的，除了在很少量的例外情况下，是禁止使用此类气体的。常用的是二氧化碳，在灭火时出现的浓度中，其危险性不仅涉及对空气的排挤，而且也涉及呼吸时的伤害，CO_2 浓度达到 5%（体积分数）时就已经对人体有危险性。只有浓度超过 CO_2 浓度 10 倍以上，才对人体有危险性的安全气体包括稀有气体、氮气、IG – 55（一种氮气/氩气的混合物，商标名称为 Argonite/ProInert）和 IG – 541（一种氮气/氩气/CO_2 的混合物，商标名称为 Inergen）。还存在特殊的氟化合物，例如 $CF_3CF_2C(O)CF(CF_3)_2$（商品名 Novec1230），它们被认为对人体的危害较小，对环境的危害也较小。

9.8.3　气体报警系统

气体报警系统有一个双重功能，通过在空气中高的碳氢化合物爆炸（主要是可能通过燃料蒸气产生的）的检测，应该可以预防火灾和爆炸。此外，它还可以对空气中的有毒气体，主要是 CO 做出警报。原则上，所有的传感器都要安装在那些能够最真实地计算出各种气体的有危险性浓度的地方。对于碳氢化合物传感器，如果有地面槽，可能还有当燃料在泄漏的情况下可以收集在一起的其他区域时，传感器就安装在燃料储存室。在试验间需要安置二氧化碳传感器，主要是应对废气不能按规定被抽走的情况。在气瓶室安装其他传感器也是有意义的。

9.9　试验台架的项目设计、检查清单

在规划一个试验台架之前，通常已经做出了有关应用目的的决定，这个目的是最终构建试验台架的动机。对于一个提供服务者，如果构建的试验台架并不是为了自己的需要，那么需要进行市场调研。然而，需要检验的是，是否针对一个确定的目的构建的试验台架，对于其他的目的可能没有意义。典型的应用是耐久性试验、功能试验研究、排放试验研究、环境条件（气候和机械条件）测试、产品测试、零部件测试、运行材料（燃料、润滑介质、冷却介质）的试验研究，控制单元应用试验研究或声学试验研究。需要进一步检验的是，是否需要构建自有的试验台架，或者应该委托给提供服务者。在零部件测试方面，需要考虑的是，使用一个发动机试验台架是否有意义，或者使用一个专用的零部件试验台，或者同时使用二种试验台架。

关于试验台架使用的确定，接下来的问题是，这个试验台架对哪些试件是适合的。是否要检验用于乘用车、商用车、大客车、船舶、轨道机车、小型飞机、工程机械、农用机械、生产工具或二轮摩托车的发动机，原则性的问题经常已经与使用目的一起回答了，但试件也是要精确界定的。试件的功率、转速和转矩，决定了测功机的选择。功率大小对于损失功率和通风尺寸来说是决定性的。试件的功率可能与法规相关（比较 10.1.2 小节）。当功率差异非常大时，整个功率谱可能不再能通过一个单独的测功机来合理地显示。必须决定是否应该测试纯内燃机或混合动力，也应该在开始时就计划对混合动力驱动进行后续改装。如果安装空间有限，也

要规定试件的最大几何尺寸，从而使得大客车和轨道机车平置的发动机能够得到它们所需的大空间。除了这些参数外，燃料也是需要确定的，尤其要确定，是否只使用市场上常规的标准燃料，或者为了研究目的，也使用其他燃料。与规格密切相关的是试验台架预期的使用寿命，因为一台"典型"的发动机 20 年后的参数可能与当今的发动机不一样，因此要考虑到功率会进一步提高，使用其他燃料，也许还有更小的结构尺寸的发动机。一个重要的细节是，发动机是否应该使用原装的排气系统。还有一个需要尽早弄清楚的细节是试件的旋转方向，因为一些测功机，主要是水力测功机，只有一个旋转方向。

这些关键参数需要定义，随着任务书的制订开始细节工作，这些细节工作在每个试验台架上都是不一样的。以下的检查清单是好帮手。

1　试件描述（仅作为信息）
2　建筑
　　2.1　隔声（评判水平）
　　2.2　电气安装（照明、开关、插座盒、电缆、保险盒）
　　2.3　地面/底盘
　　2.4　吊车导轨
　　2.5　空气调节
　　2.6　防火
　　2.7　燃气报警
　　2.8　储罐设施
　　2.9　其他安装设备
　　介质供给见 6.
3　加载设备（类型、功率、转速、转矩、旋转方向）
　　3.1　转矩测量法兰（精度、转矩、转速、动力学、线性度、温度影响、零点飘移、可再现性、惯性矩、环境条件）
　　3.2　角度/转速传感器（分辨率、精度）
　　3.3　调节装置、锁止装置
　　3.4　测功机－基础
　　3.5　变换器和控制器
4　机械部件
　　4.1　振动台或振动基础
　　4.2　试件安置
　　4.3　轴的连接（轴的类型、转矩、转速）
　　4.4　轴保护
　　4.5　介质－对接系统
　　4.6　支架、摇臂

4.7 其他结构, 如冷却风机

5 冷却系统

5.1 测功机冷却

5.2 频率变换器冷却

5.3 内燃机冷却介质的调节

5.3.1 环境条件

5.3.2 原始循环 (运行温度、温度 - 调节范围、调节 - 精度、额定冷却功率时提供的流量、压力降、最大的系统压力)

5.3.3 辅助循环 (设备入口温度、压力)

5.4 内燃机润滑介质调节 (其规范与冷却介质类似)

5.5 燃料调节 (调节范围、调节精度、供油和回油压力)

5.6 如有必要, 其他调节装置

6 介质供给/排泄

6.1 包含防火格栅的试验间通风

6.2 燃烧空气供给 (通过试验间通风或独立)

6.3 废气系统 (原始装置、排气喇叭口、排气量、过滤器、消声器、防火)

6.4 燃料 - 供给 (调节见第 5 章 5.5 节、导管、接口、防火、压力、排风、密封检测)

6.5 发动机润滑油供给 (如果不是从发动机油底壳自行供给)

6.6 压缩空气供给 (压缩机、导管、连接)

6.7 水供给 (压力、导管、连接以及有必要的话的处理、密封检测)

6.8 收集盘 - 排泄

7 供电设备 (输电、反馈)

8 测试技术 (转矩/转速见 3.)

8.1 燃料消耗测量 (测量范围、精度、动态特性、许用燃料、供给压力、温度范围、环境条件)

8.2 进气质量测量 (测量范围、精度、动态特性、温度范围、环境条件)

8.3 漏气量测量 (测量范围、精度、动态特性、回流气体测量、环境条件)

8.4 废气/烟度测量 (采样点、样品采集、稀释、需测量的成分、测量范围、精度、动态特性、温度范围、环境条件、标定气体、工作气体)

8.5 压力测量技术 (应该在哪里测量压力? 所有固定安装的传感器的清单, 包括测量范围、许用压力、工作条件和精度、输出信号)

8.6 温度测量技术 (应该在哪里测量温度? 所有固定安装的传感器的清单, 包括测量原理、测量范围、许用温度、工作条件和精度、输出信号)

8.7 缸压采集和显示系统

8.8 气象站 (测量范围、精度、输出信号)

9 自动化/操作

9.1　试验台架调节器和自动化系统（特殊接口、电子油门、专用选择、自动化 – PC、运行系统、显示器）

9.2　测量/控制器的标定（硬件接口、应用软件）

10　文件资料

11　需遵循的法规

12　包装/运输

13　建造、安装、试运行、验收

14　指导/培训

　　项目计划伴随着高昂的费用并且包含非常多的细节工作，这些细节工作并不能通过上面的检查清单立刻展现出来。然而，这些细节工作也包括试验台架的结构造型，对此，起决定性的作用是，这些细节工作最终对试验台架所要完成的任务是非常合适的。然而，项目计划会存在部分任务，有必要外包解决，包括结构措施、建筑技术装备（TGA）、火灾保护和环境污染保护。同样，储罐装置的设计对于运行者来说往往不是核心任务。所以，工业上常规的做法是，运行者不需要亲自完成这些项目计划。

　　采购不仅在企业内部，而且在公共环境中都要首先给出合乎规定的程序。在大学里，如果试验台架由政府采购的话，许多州也要求一个 DFG（德国研究基金会）大型设备申请。以这样的方式在市场上短时间内采购可供的、价格合适的试验台架。对于 DFG 流程，应该有一个多年的提前时间和时间上要花费超过一千个工时的计划。这份费用当然也包括一些有需要的活动，如项目计划和供货的验收。DFG流程只包括实际的设备，不包括与之相关的建筑结构措施。对与联邦政府当局有偏差的版本，包括建筑物的施工在内的完整构建做出评估，使得流程的难度明显增大，应该在准备阶段就讨论清楚。对于发动机试验台架来说有一个特殊的问题，就是市场提供的产品并不总是直接可比较的，比如测功机，并不以统一的功率级别提供，或者一些供应商将功能性有差异地捆绑在设备中，所以，在个别情况下，会出现所提供的功率并不是要求的组成部分的情况。按照作者作为申请者和评估者的经验，通过 DFG 也没有按照统一的标准进行验收。比如，在内容方面，评估者要注意的是在高校里的学术环境和前瞻性、基于研究和教学方向的必要性、试验台架运行的足够的人员配备（在德国很多州的高校中是最难的问题）、特别正式的是可提供产品的可比较性和详细描述。DFG 流程的结果是采购的推荐，包括推荐的最大采购额度（通常比最合适的供应商的报价总和低约 20% ~ 30%），或者不推荐。如果申请成功，建议采购，州政府释放资金，测试台架可以官方公布标书。不允许向可能的招标参与者提供有关批准预算的注释，但这会有所帮助。以最低价格满足规格的供应商将获得合同，那么，属于标书的组成部分的任务书必须是完美无缺的。在公共采购法中，将没有资质的投标人排除在外的可能性非常有限。

第10章 安全和环境

就像每个试验室环境一样，一个发动机试验台架也会对那些在试验台架工作的人员或在试验台架附近逗留的人员以及安置的高级设备，具有显而易见的潜在风险。此外，工业化的试验台架的损坏将导致停工，并且会危及后续开发项目的工期计划。

试验室还必须考虑到对环境的损害。必须要区分以下两种情况：严格地避免意外事故（比如导致燃油渗漏到土地里去），以及在运行过程中不可避免的副作用（比如噪声），这只需将其降低到一定的程度即可。适当性一方面由适用的法律（见本章10.1节）和公司政策来定义，另一方面由经济因素来考虑、定义。在环境保护方面的法规涉及扩散法规（噪声和废气），以及水和土地法规（泄漏）。

安全不仅仅通过技术以及组织的措施来保证，态度问题才是决定性的。一种对自然的恐惧感确保我们的祖先在巨大的自然危险之下存活了下来，这种感受在人工环境下完全失效。许多人害怕飞机，但是作者认识的人除了新手之外，没有人对相当危险的汽车驾驶还心存恐惧，因为人们觉得习以为常了。这个比较表明，越是我们日常感觉安全的地方，越是存在着危险。

在发动机试验台架上特别危险的是旋转的部件、电气设备的线路、可燃的液体、可燃的气体和有毒的气体。基于通常很狭小的空间，在进入的时候需要注意有跌倒危险的障碍物。除了在试验台架上特殊的危险外，一般的危险，就像在每一个工作场所都存在的危险那样，也不容忽视。

10.1 法律依据

法律依据在德国由立法者（议会）颁布的法规和国家行政机构（例如部委）附加的条例所组成。在劳动保护中一个特点是，行业协会作为受公法管辖的机构，也可以发布具有约束力的事故预防条例。

此外，欧洲的法律是以指导方针（也叫指令）和条例的形式存在的。欧洲的指导方针是对国家立法者的要求，而不是直接的法律，但对重要条例的了解表明，它可以在给定的时期内，预期到将会采用哪种直接的立法。欧洲的条例是欧盟直接具有法律效力的法规，并且尽管有相同的概念，但是它与依照国家法律制定的条例没有任何共同之处。

判例法填补了立法中的空白或不明确之处，了解相关裁定可以避免意外。

在奥地利和瑞士适应这种规则，在奥地利，通常在很大程度上使用相同的法律术语。但是，该国的事故保险机构没有德国行业协会的权力。在奥地利和瑞士，国家和联邦州/州之间的任务分配的组织形式有所不同。瑞士不是欧盟成员国，虽然直接采用了欧盟的一些法律规定，但与产品相关的法规主要是促进内部市场的参与，它并不直接适用于瑞士。

10.1.1　劳动保护的法律依据

在德国，对于现实的劳动保护的基本的法规是劳动保护法规［§ArbSchG］（为了不和职业安全法混淆，它定义了对职业安全的运行机构的要求）。

10.1.2　环境保护法

环境污染对自然或人有损害性的影响。排放，就是有害物质的排出或是物理的影响（例如噪声）作用。由于在试验台架上主要与排放有关，而环境污染与排放有密切的联系，因此，在德国关于废气和噪声的全部法律标准都整合到普遍得到维持的联邦环境污染保护法规［§BImSchG］，以及将这些法规具体化的条例中。这些法律标准的结构与那些劳动保护法规相似。除了联邦环境污染保护法规外，与劳动保护相对的还有附加的州级环境污染保护法规，甚至可能是市政法规，在个别情况下也必须要遵守。根据个人的经验，在设备建设规划中可以期望地方当局及时参与其中。由于环境保护法规的发展很快，关于当前的大约 30 个条例的最新概况在网上可以找到，例如［@WikipB］。

一个根本性的问题是，试验台架的建设是否需要环境污染法律方面的审批程序，如果是，是否需要参照 §19 BImSchG（缺少社会参与）的一个简化的程序，或者需要参照 §10 的一个完整的程序。［§BImSchV4］给出了这个问题的答案，它的附录 1 中，列出了所要求的审批程序，索引 10.15.1 是针对发动机试验台架的。

由于汽油通过蒸发以碳氢化合物的形式释放到环境中，所以存储和加注时［§BImSchV20］是有约束力的。对于其中少量存储或应用的设备，存在特殊规定。在条例 §2 中对储罐库的当前定义，不适用于试验台架的燃料箱，这可能不是该法规的预期主题。因此，20.BimSchV 的应用可能会引起争议。加油期间，燃油的蒸发是具有重要意义的，它需要对全部蒸气进行过滤或者回吸（油气回收）。如今，通常会配备相应的油罐车，因此需要准备与燃油供应商协商好合适的油箱接头，即便条例不是强制性地应用。

［§BImSchV26］定义了所允许的电磁辐射。在此需考虑的高频和相同磁场通常不会在试验台架的环境下以临界数量级出现。但是在大型的试验场，所考虑的电

能供给的低频辐射变得很重要。

　　［§ BImSchV28］定义了内燃机的排放极限值，这对内燃机的开发有极其重要的意义，因为它实现了欧盟规定的限值。对于试验台架的运行，这些法律条款的本意没有在条例中涉及。

　　［§ BImSchV32］对于在居民区和其他的敏感区域的不同类别机器的投入使用和运营，定义了噪声极限值，条例的焦点更倾向于习以为常的干扰，例如叶片式鼓风机，而不是工业设备。条例对于内燃机驱动产品的开发也是适用的，这些规定都在附录中列出来了。除了这个条例，还要注意到有关噪声的另一个法律源，［§ LVArbSchV］涉及劳动保护，噪声技术指导（［§ TALärm］）作为附加的管理规则。实际上，最重要的是 TA 噪声，为了保护环境免受运行噪声干扰，通常其应用性要遵循 § 22BimSchG 中的相关内容。在试验台架建设中，外部的噪声保护是一个重要的成本要素，如果不遵守适用的法规，随后的修改会带来更大的花费。

　　［§ BImSchV39］对于环境污染法律具有相当重要的意义，这个条例定义了空气质量的极限值。来自内燃机的典型有害物、氮氧化物和颗粒是条例的对象。对于试验台架的运营者来说，本法规实际重要性仍然很小，因为在内燃机运行时附近的空气很难超过空气质量的极限值。此外，尽管在各处这些指导方针都是适用的，当然也适用于测试站点那些地方，但空气质量通常只在很少的站点测量。条例的第 7 部分给出了在德国的排放总量，并笼统地提及了未来的措施，而没有直接定义运营要求。

　　作为附加的管理法规，需要注意空气的技术指导（［§ TALuft］），由于其年代久远（2002 年的最新版本），它不再适应各个方面的最新技术状态，因此目前正在进行广泛的修订。因为它直接针对许可机构，因此与根据 4. BImSchV 进行许可的装置建设者和运营者间接相关。如果有未遵守 § 22 BImSchG 规定的运营者义务（这里出现当局的评估回旋空间），许可机构可以在个别情况对其要批准的设备安排测试。在这种情况下，同样可以应用 TA Luft。

　　［§ BImSchV42］于 2017 年生效，其目的是控制第 9 章中描述的开放式湿式冷却系统的微生物风险。

　　自 2019 年起，有关中型燃烧系统、燃气轮机系统和内燃机系统的法规［§ BImSchV44］不适用于试验台架。

　　这个环境污染法律在此期间主要是以欧盟指导方针为基础的，因此，奥地利的环境污染法律虽然组织结构形式上有所偏差，但是就内容而言是相似的。瑞士的环境污染法律不是以欧盟法律为基础的，并且在某些方面更加严格。

10. 1. 3　水法和土地法

　　水的法律的基础是家用水法［§ WHG］，水法的目的是使地表水和地下水得到保护。该法律在§5 中定义了一个通用的义务。其中包含了具体的避免泄漏的要

求。在对水的保护领域，对可能带有对水有危害的物质工作的设备，必须根据 §63
对其合格性进行测试，实际上，政府很可能会排除在水保护区进行建设的可能性。
补充的联邦州法律标准会将各州统一的关于处理对水有危害的物质［§ VAwS］的
设备的条例，综合到少数段落中。在奥地利，水的法规是相当重要的法律标准
［§ WRG］。在瑞士，水保护法［§ GSchG］是各州的指导法律。

土地法长期以来都是基于许多法律源分散定义的，直到 1998 年，联邦土地保
护法［§ BBodSchG］出台，构建了一个与环境污染法律和水法律具有可比性的、
相关的法律。§4 中规定的避免危险的义务，§7 中给出了预防性义务，此条与水
法的尽职调查具有相同的实际结果。环境损害的补救措施将通过环境损害法
［§ USchadG］得以规范，尤其是设备运营者的责任。

10.1.4　建筑法

私人建筑的法律与公共建筑的法律是不同的。私人的建筑法律尤其规定了在居
住区附近建筑时的睦邻关系。而公共的建筑法律又区分为公共管理的建筑规划法律
和建筑布局法律，这与设施的建设本质上是相关的，特别是当它是用自己的建筑物
建造的，或者与现有建筑物的使用变化有关时。建筑法律的重要法律标准是建设法
规书［§ BauGB］，但对于系统的建设和变更有更大现实意义的是联邦/州的法律标
准，以及更频繁使用的是地区性的法规。因此，在这里不能给出一般建议，而只是
推荐，在计划开始之前及时与市政当局取得联系。

10.2　如何确定危害?

试验台架最主要的危害是众所周知的，并会在后面的段落提及。尽管如此，应
该简要讨论确定危害的程序。

危害的概念表明对人、有价实物或其他物品存在伤害的可能性。对人的伤害可
能是死亡、受伤或健康损害（通常会持续较长的时间）。人身伤害通常会导致失去
工作能力。在技术设施的运行中，危险通常是不可避免的，然而这个风险的确影响
到：使得一个危害导致实际的伤害。在风险情况下，其结果经常理解为伤害的可能
性和规模的乘积，对此，在实际中其难度就在于对伤害程度和规模进行定量的评
估。这两个因素经常只可以做估计，而不能精确地确定。尤其是伤害程度，只有物
品损失和资本损失是可以计量的。而人员的伤害，为了可以计量和相比较，必须或
多或少地与随意性的金额相提并论。如果一个风险超过了可以接受的程度，不再被
看作是危害，而是一个危险，在这种情况下，危险需要被清除，也就是通过降低伤
害的可能性或程度，使风险降至可接受的阈值以下。不幸的是，可接受阈值的定义
仍然是随意的，因为在设备的运行过程中零风险是不可能的。在确定危害时，除了
风险外，还经常包含这些风险的可控性，因此，可以给出如下理解：伤害这件事，

如果事先宣布只进行了很少关键性的评估,那么它就只能视为一个没有警告的事件。

一个在汽车工业广泛采用的方法是 FMEA［Borgeest20］,在其中尝试尽可能地把可想象的伤害事件进行定义并进行评估。这样,对于每个伤害事件首先记下所有的原因和后果,然后对每个伤害事件,对概率、严重性和"意外的因素"的乘积进行估算。不仅可以包括人和材料的伤害,而且也包含了系统停机的运营影响。FMEA 可以应用于诸如试验台架之类的技术系统,也可以作为过程,将 FMEA 应用于典型的工作进程。然而,完整的 FMEA 相当耗时,并且仍然很容易忽略伤害,这不是由于故障而是由于概念上的错误所导致的。举个例子,在一个尴尬的地方设置紧急停止开关,也会加重伤害。

有一些功能性安全标准,试图通过类似的考虑,将风险定量地分成几个等级(目前大多是四个),并要求采取相应的措施。尽管没有针对发动机试验台架或可比较的系统的专用标准,但是,通过对标准［IEC 61508］［IEC 61511］、［ISO 26262］进行研究,可以提供有用的建议。

接下来是对可能的危害清单做粗略分类。但是,这并不能助力在个别情况下检查是否还有其他危害。在个别情况下,详细的分类可能包含一百多个子项目。危害并不是在任何情况下都很明显。例如,放射性同位素或激光设备有时会隐藏在某些大设备的壳体中,并且只有在处理不当或进行未经授权的维修时才变得危险。工作中最常见的事故是跌倒。

1　职业的劳动保护的一般要求

2　一般危害

3　紧急情况的处理,急救

4　消防,逃生路线

5　房间设备

6　室内空调

7　工作场所布局和设备

8　照明

9　屏幕工位

10　坠落

11　心理压力

12　噪声

13　电气危害

14　危险品

15　机械的危害

16　光学的危害(主要是激光)

17　电离辐射导致的危害

18　加热或制冷导致的危害

19　电磁场导致的危害

10.3　旋转零部件导致的危害

内燃机驱动万向轴或者弹性轴，传动轴不是空转就是给负载单元产生平衡力矩。在倒拖运行时，负载单元反过来驱动内燃机。为了避免发生诸如由于操作错误等原因而引起的意外倒拖，通常必须事先由用户在控制装置或自动化装置中手动启用倒拖运行。

发动机旋转零部件通常平放而且不可以触摸。在闭合轴保护装置开关时是不可能触摸到轴的。留长头发、戴项链、穿宽松的衣服、戴围巾或诸如此类的情况，都是不允许在旋转零件附近逗留的。

轴有可能折断并且碎片向四周乱飞。一个根本的原因就是在第 5 章 5.4 节中讨论过的振动。为了减少轴的断裂和触及旋转零部件的危险，轴保护装置要确保是常闭状态。通过在安全回路中的开关来检查轴保护装置是否闭合。开关的功能也需要定期检查。

对于试验发动机，不能指望有量产发动机那样的可靠性，一台准备停机的发动机也可能飞出部件，因此，在运行期间不应进入试验间。如果要进入试验间，要避免发动机处于加载的运行条件（转速、力矩、温度）下。工作时必须戴好护目镜。在试验台架的正前方比在轴或者试验台架的旁边位置要更安全些，出于这个原因，试验台架的观察窗口通常设在正前方。观察窗口要具有更高的抗断裂性，因为在试验台架的正前方对飞速运行的零部件而言也没有绝对的安全性。

发动机的飞轮也可能断裂，其碎片可能以一个特别高的动力学能量在空中飞行。

为了无干扰地运行，要很好地遵守零部件的技术说明，并且避免跳跃式的参数变化。在实践中，这特别意味着：在调节器切换时，在控制过程中尽可能避免参考变量的跳跃，通过运行模块的选择达到内燃机和电力测功机的稳定工况点。如果存在疑问，优先考虑 α/n 调节（详见 8.1.2 小节）。但是在发动机的调节范围内，α/n 调节也是有条件的稳定调节。与之相匹配的调节需要相应的专门技术（试验台架运行的基础知识，对调节技术的基本理解，调节模块［例如 α/n］，调节器的切换）来实现。

在 PID 调节器应用方面，在选择调节方法时必须考虑安全性方面的因素。当关键性调节器被带到稳定性的边缘，从而使调节参数开始振荡（调整方法参照 Ziegler 和 Nichols［ZieNic64］）时，这可能会引发不可接受的振动频率或振动幅度。许多其他的调节方法要求接收阶跃响应（调节方法参照 Chien、Hrones 和 Reswick

［ChHrRe52］，反转切线方法参照［ZieNic64］［Oppelt72］或［Rosenb68］，T – 总和方法参照［Kuhn95］）。如果这导致转矩或转速的极端变化，也会造成损伤。如果运动参数的振荡或跳跃式变化是不可接受的话，那只可能是凭经验缓慢地调整：一方面首先很小心地提高 P – 比例，然后调节器优化 P – 比例和 I – 比例，或者有选择性地建模，其模型可以提供用于调整的理论依据。

10.4　电气设备导致的危害

不仅由于电功率和由此产生的相关的热量，而且通过设备应用的电压也可能发生危害。

高功率可能由于过热而引起火灾，这些风险要通过制造商方面的设计而降至最低，要避免电气设备不当的改装。当熔丝熔断时，必须要确定原因，并且在故障消除之后，应该根据设计要求，用新的熔丝替换有缺陷的熔丝。

通过绝缘和外壳防止高压接触。可以触摸的金属部件必须始终接地。当绝缘或外壳有缺陷时，必须在开始运行之前进行适当的维修。外壳或安装柜只能在设备处于停顿状态时，由有资质的专业人员打开。

在已经远低于 100V 的电压下，由于机械或磨损引起的触点分离可能会产生电弧并且引起火灾。

混合动力驱动系统中也会出现高压。只有受过培训的人员才能操作这些设备。在许多地方为量产汽车工作提供的培训，没有资格涉足在开发领域的其他工作，因此必须完成专门的培训。在实施高压电设备的工作之前的三个基本措施是：切断电源、防止再次接通电源，以及检查线路是否有电压。

蓄电池（电动机或混合动力发动机的起动电池或动力电池）会产生特殊的危害。

为了能够提供起动电流，起动电池具有非常低的内阻。由此所产生的危险的、高的短路电流，要求在电气系统工作时分开接地连接。起动电池含有稀硫酸，会腐蚀物体和身体部位。在充电过程中可能会产生氢气（有爆炸的危险）。

动力电池通过有生命危险的高电压产生危害。在机械损坏或电气损坏（例如短路、过度充电，甚至深度放电）的情况下，锂离子动力电池可能会燃烧。即使锂离子动力电池在不允许的事件中幸存下来而没有明显的损坏，但几天后仍可能发生火灾。由于着火温度高和内部释放氧气，锂离子动力电池发生火灾时很难扑灭。表面熄灭的锂离子动力电池也可能再次燃烧。

10.5　可燃流体导致的危害

在发动机试验台架中的可燃流体是燃料和润滑介质。试验台架包含用于柴油、汽油，经常还有其他燃料的容器和管路。由于汽油在室温下就会形成可点燃的汽油蒸气，所以火灾的危险性更大。

在个别情况下，可能会使用可燃的清洁剂或溶剂。特别地，通常用作溶剂的测功计清洁器容易形成高度易燃的蒸气。这种介质只能用于试验台架上，就此而言，只要是有必要使用即可，特别应注意的是在运行之前必须将其移除。

10.6　气体导致的危害

除了气体本身的可能影响之外，应当注意，气瓶是压力容器。气瓶阀门必须缓慢地打开。不需要时，必须关闭气瓶阀门。如果没有合适的减压器，不得使用气瓶。必须防止气瓶摔倒。如果气瓶未连接，阀门必须由相关的盖子保护。在运输过程中，也必须考虑气瓶的重量（即使是空的）。另外，请参阅［§TRBS3145］和［§TRBS3146］，这些资料介绍了压力气体容器的技术规则。

1. 氢气（H_2）

氢气用作废气测量设备的火焰离子探测器的燃烧气体（"燃料"）。未稀释的氢气作为氢气发动机的燃料。少量氢气（用于废气测量设备）存储在红色压力瓶中，通常在氮气中稀释。典型的是具有 20MPa 或 30MPa 填充压力的 50L 气瓶。更大的量（用于氢气发动机）存储在压力罐、冷库中，或作为化学合成的混合物存储或根据需要直接在现场制备。氢气可以通过金属壁扩散。危险：氢气可能爆炸性燃烧（氢氧反应）。氢气/空气混合气在较宽的浓度限度内是可点燃的，与其他可燃混合物相比，所需的点火能量是比较低的，只要 20μJ 以上即可。例如，一个很弱的静电放电即可点燃。氢气无色无味。在非爆炸性燃烧的情况下，火焰的亮度太弱，在明亮的光线下可能被忽视。氢气不应存储在诸如氧气等氧化性气体的附近。在氢气罐或配件附近要避免存在点火源（包括可能的静电放电）。它的存储位置必须通风良好。

2. 氮气（N_2）

对于使用氮气作为稀释剂的所有废气分析仪，氮气用作零气体。此外，氮气可以用作水雾灭火系统的加压气体。危险：氮气会像任何加压气体一样置换含氧空气。需要考虑的是：普通的空气已经含有约 78.1%（体积分数，后同）的氮气，很明显，仅当大量氮气出现时才会存在危害。氮气存储位置必须通风良好。

3. 空气

用于氢气燃烧的废气测量设备的火焰离子探测器需要高纯度空气。空气是安全的，但压缩气瓶需要采取安全措施。

4. 氧气（O_2）

在化学发光法检测器中，臭氧发生器需要氧气。危险：易燃的。与正常空气中20%～21%的氧气相比，只要空气中的氧气浓度略微增加就会导致：一个小火花（例如通过摩擦）就会突然引燃易燃材料（如衣服、头发）。有氧气通过的配件必须保证无油脂并保持清洁。氧气存储位置必须通风良好。

5. 一氧化碳（CO）

一氧化碳包含在内燃机的废气中，因此在废气测量设备中也把它以不同的浓度在氮气中稀释，而作为校准气体。它是无色、无味的。在生物体中，它阻止氧气通过红细胞运送到目标器官，从而导致缺氧，特别是脑缺氧。中毒症状根据严重程度分为几乎没有明显症状的精神能力表现、头痛、头晕、失去意识或死亡。此外，通过吸烟或异常血液成分，在危险出现之前存在的慢性 CO 中毒也可能产生伤害性效果。危险：有毒。

6. 二氧化碳（CO_2）

稀释的二氧化碳用作废气测量设备的校准气体。危险：大量的 CO_2 可能导致在封闭房间里发生窒息。

7. 一氧化氮（NO）

一氧化氮是内燃机废气的组成部分，因此它以不同的稀释度作为废气测量设备的校准气体。它是无色、无味的。与一氧化氮接触的装置不能含油脂和润滑油。一氧化氮的存储位置必须通风良好。危险：一氧化氮有毒并且是易燃的。它在空气中氧化成有刺激性气味的二氧化氮 NO_2，NO_2 呼吸道有腐蚀作用。

8. 丙烷（C_3H_8）

稀释的丙烷作为各种碳氢化合物的代表，作为火焰离子探测器的校准气体。它是无色、无味的。丙烷必须远离火源，存储地要保持良好的通风。危险：丙烷是高度易燃的。

9. 氨气（NH_3）

在试验台架上氨气不是标准气体。在用于柴油机废气中的氮氧化物还原的一些催化器中，可能出现氨气，因此，在研究这些催化器时，需要测量氨气的含量以及作为测量装置的校准气体。即使是很少量的氨气也可以感知到它的刺激性气味。危险：氨气有毒，对眼睛和呼吸道有腐蚀性。

10. 天然气

天然气正越来越多地用作燃料，它的主要成分是甲烷。天然气通常带有气味，使泄漏的气体更容易被发现。危险：天然气极易点燃。

10.7　试验台架的隔噪和隔振

振动从振源以固体声（在固体结构中的振动）和以空气声（空气的密度振动）

方式传播出去。通过手、脚或座椅家具传播到人体，称之为振动。达到人体听觉的空气声称为噪声。

有害健康的手臂振动不会通过正常的试验台架运行而发生，而是通过诸如使用敲击工具，少量地也通过一些旋转工具（例如强力角磨机）而引起的。经常使用这类工具可能会存在健康方面的危害［BRD07］。

同样，在无故障运行中，整个固体振动不应该出现问题，如果由于有缺陷的支承，发动机的振动耦合到相邻的结构上，则可能导致温和的整个固体振动。为了生动形象地说明，可以用一辆发动机支承有缺陷的车辆来描述，至少乘用车发动机一般不容易达到关键性的极限值。但大型发动机的运行可能会遇到更多问题，特别是当环境结构发生共振时，为了说明起见，这里呈现了一些船舶发动机上会出现的非常剧烈的振动。

内燃机发出的可听见的噪声具有最大的实际意义。这一方面在于对邻近房间（主要是试验台架的观察室）的隔声要求，另一方面，如果在发动机运行的情况下进入试验台架时，需要采取人身防护措施（当然出于安全考虑，应尽可能避免这种情况）。

［§LVArbSchV］规定了危害评估中对噪声的考虑。这要求测量声级。条例在 8h 平均的曝露值 $L_{EX,8h}$ 和峰值 $L_{pC,peak}$ 之间进行了区分。如果以相邻房间的充分隔音作为前提条件的话，那么如果在试验台架室中只作短暂停留，曝露的峰值就很重要。如果曝露的峰值超过 135dB（C），则必须提供耳塞，以可靠地防止超过 137dB（C）的许可负载。由于该值已经代表了相当大的噪声负载，并且耳罩（耳机状的，俗称"米老鼠"）约 30dB 的衰减只需要不到 40 欧元的费用，所以通常建议使用耳罩。此外，也有带主动补偿功能的耳机，但在高频时（当内燃机最响时）效果较弱且价格也更高。不推荐直接插在耳朵里的听力保护装置，因为如果大小不匹配几乎没有什么效果，并且容易丢失，同时重复使用也不卫生。如果重复使用，可以通过定期填装涂胶材料来补偿。高于 137dB（C）的峰值负载时，必须将试验台架室标记为噪声区域。

10.8　环境危害

一种可能的环境危害是运行物质（主要是燃料）的损失。当储罐加注时可能会泄漏，或者在运行期间由于管道损坏而泄漏。除了引发火灾的危险外，从环境的角度来看，必须避免燃料渗到地下和有可能渗入到地下水中。必须通过一个油盘或在可以水平进入储罐室（图 10.1）的情况下，通过密封插入式隔板避免溢出的燃料泄漏。汽油用油箱用一个传感器来监控加注软管（ASS）的安全。此外，加注时必须在加油人员的监督下进行，油罐车通常配置技术装置，这个装置避免无人看管的加注。

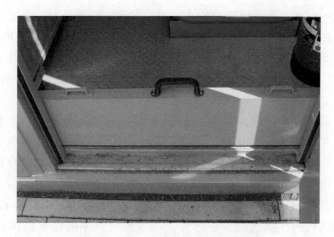

图 10.1 加油期间阻止泄漏的锁舱壁

对于双壁管道，管道泄漏的可能性较小。必须定期检查管道和容器，在这方面，不能从外部进行目视检查的设备（主要是地下设备）是不利的。地下储罐只有在排空状态下才能安全地进行检查。

发生泄漏时，必须立刻封闭附近下水道的口并通知消防队。应避免吸烟和其他存在火源。特别是在汽油泄漏的情况下，容易形成爆炸性的燃料蒸气浓度，接电火花都有可能引发爆炸。

10.9 环境污染

即使试验台架正常运行，对周围环境的影响也不能完全避免。内燃机产生含有害物的废气，试验台架的高频率空气交换会产生噪声。

10.9.1 噪声

试验台架有许多噪声源，包括内燃机、管道流动、内部通风装置（如变换器）和外部通风装置（试验台架与环境的空气交换）。来自内部的噪声很少传到外界，主要的、外部的通风装置是关键。此外，发动机排气也可以引起噪声。

如果说试验台架或工厂车间的噪声是劳动保护的问题（由［§LVrbSchV］规定），那么从运行场所传出的噪声则是环境污染问题（对于需要授权的，以及部分不需要授权的设备，由［§TALärm］规定）。噪声防护作为劳动保护的一部分，着重于避免听力受损，而噪声防护作为环境保护的一部分，则是为了避免造成污染（滋扰）。即使在明显较低的声级下也会造成污染。

人体听觉最敏感区域是1kHz左右。因此，习惯上在噪声保护中使用声级来评估，声级考虑到了听觉的频率依赖性。在不同的估值曲线下，通常使用一个确定的

A – 评估。以 dB（A）为单位显示的 A – 评估声级的声级计有一个滤波器，该滤波器通过评估曲线模拟听觉特性。例如，如果在 200Hz 时听觉的灵敏度比在 1kHz 时的参考值小 10dB（A），那么在相同的物理声级上该装置对于 200Hz 也显示低于 10dB（A）。在一定时间内取平均值，该级别在 TA 噪声规范中，作为平均水平 $L_{Aeq,i}$ 来显示。

很明显，对于噪声评价，在晚上或清晨比在一天的其他时间段更重要。特别难以评估的是主观成分，非均匀噪声比均匀噪声更令人不快，人们对含有信息的噪声（例如语音或音乐）出现特别高的敏感性。此外，对噪声的感知也会根据个体而变化。厌烦程度也要受到重视，必须通过各种对感知的厌烦程度和经校正的修正值来对平均水平进行补充。这个"厌烦级别"称之为判断级别 L_r。根据 TA 噪声规范分别确定白天和黑夜的厌烦级别。根据式（10.1）计算不同位置的声音效果（例如下一栋居民楼）

$$L_r = 10 \lg \left(\frac{\sum_{i=1}^{n} T_i \, 10^{0.1(L_{Aeq,i} - C_{met} + K_{T,i} + K_{I,i} + K_{R,i})}}{\sum_{i=1}^{n} T_i} \right) \tag{10.1}$$

其中，分母代表整个平均时间段，对于白天值，共为 16h，对于夜间值，其值总是 1h，最高评估级别的夜间小时作为整个晚上的代表。在计数器中，对于不同的时间噪声贡献 T_i，平均水平 $L_{Aeq,i}$ 用各种校正来补充。如果所有参数在评估时间段内保持稳定，则计算平均值和时间段 i 从 1 到 n 所需的总和可以省去。因而，式（10.1）可简化为

$$L_r = L_{Aeq} - C_{met} + K_T + K_I + K_R \tag{10.2}$$

式中　L_{Aeq}——根据［EN60804］得到的短时间的、平均的物理声压级。

其他参数是修正值：C_{met} 是根据［ISO9613 – 2］进行的气象校正，它考虑了当地风的统计数据，顺风的声音比静止的空气或逆风的声音更强烈地传播。K_T 是对含声音的或含信息的信号附加 3dB 或 6dB。因为在试验台架中可以排除含信息性，所以只需要计算或根据［DIN 45681］测量含声音性，其在急促的排气噪声的情况下应该可以忽略不计，但在发动机噪声向外扩散时它就起作用了。排气烟囱也可能引起含声音的噪声。K_I 是信号含脉冲性的附加因子，在均匀噪声时忽略这个值。K_R 是早/晚运行时或星期日和节假日午后运行时的附加值 6dB。

允许的评估级别取决于周围的建筑物（例如住宅区或工业区），这里也经常要注意市政的规定。建议及时寻求与市政当局的联系，并委托专门的工程办公室进行计算。

最高的测量声压级出现在频率 100Hz 以下，但在这些区域人体听觉非常不敏感。因此，最高评估级别出现在 1kHz 的灵敏度最大值附近。表 10.1 为发动机试验台架上声源与比较值的关系。

表 10.1　发动机试验台架上声源与比较值的关系

地点/比较值	形式	级别/dB（A）
痛阈	比较	>120
叶片式鼓风机	比较	大约 100
换热器风扇	全负荷	<100
排气烟囱	全负荷	<90
排气风机	全负荷	<80
商用车	比较，正常行驶	<85
集装箱试验间的外墙	全负荷	<85
供风风机	全负荷	<70
吸尘器	比较	<70

注：规格 dB（A）表明根据评估曲线 A 考虑到了人体听觉的频率相关性。

通风装置和排气烟囱自身应该已经声学优化，在废气到达排气烟囱之前，它通过一个消声器，消声器的工作方式类似于车辆消声器。作为附加的对策，在所有的安置通风装置和排气烟囱的顶盖结构上加宽覆层，而又不阻碍流通，并且注意与排气位置的距离（100m 可能已经引起约 20dB 的衰减）尽可能地远。树木具有良好的隔声性能，但对于落叶林的评估，将以冬季的情况为基础。

10.9.2　废气

内燃机的运行会导致废气排放。在乘用车发动机中，特别是有标准的废气后处理的情况下，相对于在交通流中或相邻的建筑物加热系统中的排放量而言，这些发动机的排放通常是比较低的。其结果是按照 4. BImSchV，在低于 300kW 或有标准的废气后处理时是不需要许可证的。在这些情况下，试验台架的排气系统虽然包含声音衰减设备，但没有进一步的废气净化设备。

对于更大的需要批准的设备，可能需要采取措施以符合环境污染指导方针中规定的排放限值要求。［§TALuft］和［§TRGS554］是可能的规定义务的基础。

如果需要采取措施，通常在试验台架上方夹层中安装废气净化装置。原则上使用与在车辆上采用的相同的技术。但是对于颗粒过滤，也可以考虑采用其他技术，如静电分离器。由于发动机试验台架中的废气组成，湿式分离器是不合适的。在车辆中，发动机控制需要与废气净化协调，试验台架上的废气净化也必须在对发动机不利的操作条件下工作，并相应地进行设计。特别是在大型发动机试验台架上，废气的清洁目前尚未在技术上得到很好的控制。大型发动机功率跳跃时明显的排放效应，可能会导致邻里的抗议。

10. 10 关停

关停试验台架有两种可能性：在制动（引导停止）的帮助下立即停止和被动减速停止。引导停止的持续时间需要在测功机的变换器上预先配置。两种关机中的哪一种是首选，取决于具体的情况。

立即停止将带来轴上的高转矩，可能导致发动机的损坏，甚至轴的断裂。此外，试验台架在短期内再次汲取高的电功率。在存在机械问题（例如极端失衡、轴中断）的情况下，突然减速可能导致相关部件的最终破坏。同样，在存在电气问题（例如变换器或测功机冒烟）的情况下，用于快速制动的高制动力也会增加危害性。但是在对人身安全有危害时，只要存在危害的可能性，就必须尽快让试验台架处于静止状态。

对此，为了在有危险的情况下当机立断，必须考虑合适的关停程序或搜索菜单以减速停止，当必须采取当机立断的处理时，建议使用以下的简化模式：

- 在可能造成严重人身伤害或对危险情况不确定的情况下，立即将试验台架停止至静止状态（"快速停止"）。
- 在其他危险情况下，让试验台架减速停止。

快速停止是通过其中一个紧急停止开关来实现的。在第一次使用之前，操作人员必须查看按钮的位置。

正常时，应通过人工控制或自动化系统减速停止。

参 考 文 献

互联网数据

[@WikicA]   Wikimedia Commons, von Benutzer, Martinhelfer am 09.01.2006, gemein-frei. http://commons.wikimedia.org/wiki/File:Anechoic_engine_test_stand.jpg

[@WikicEM]   Wikimedia Commons, von Benutzer, Ulfbastel am 13.02.2008, gemeinfrei. http://commons.wikimedia.org/wiki/File:Codierer.jpg

[@WikicEO]   Wikimedia Commons, von Benutzer, Mike1024 am 31.12.2009, gemein-frei- http://commons.wikimedia.org/wiki/File:Gray_code_rotary_encoder_13-track_opened.jpg

[@WikicT]   Wikimedia Commons, von Benutzer „pud" am 28.04.2005 (Fotograf Q. Schwinn), gemeinfrei. http://commons.wikimedia.org/wiki/File:Turbocharger. jpg

[@WikipB]   Wikipedia, Artikel BImSchV oder Bundes-Immissionsschutzverordnung, ver-schiedene Autoren. http://de.wikipedia.org/wiki/BImSchV

文献

[ACEA16]   ACEA: European oil sequences for service-fill oils. https://www.acea.be/uploads/news_documents/ACEA_European_oil_sequences_2016_update.pdf (2016).

[ACI]   ASAM: Automatic calibration interface, Version 1.4.0. https://www.asam.net/standards/detail/aci/ (2014).

[Adamski14]   Adamski, D.: Simulation in der Fahrwerktechnik: Einführung in die Erstellung von Komponenten- und Gesamtfahrzeugmodellen ATZ/MTZ-Fachbuch. Springer-Vieweg, Wiesbaden (2014)

[Adler04]   Adler, M.: Kurzfassung Motorrad-Umweltliste 2004. Bericht des IFEU, Heidelberg (2004)

[Aggrawal16]   Aggrawal H., Chen, P., Assefzadeh, M.M., Jamali, B., Babakhani, A.: Gone in a picosecond: Techniques for the generation and detection of picosecond pulses and their applications, IEEE Microwave Magazine, **17**(12), 24–38 (2016)

[AlbOttMe12]   Albers, A., Ott, S., Merkel, P.: Methods for clutch dimensioning. In: Advanced Transmission System and Driveline FISITA 2012 World Automotive Congress. Bd. 5, S. 40–48 (2012)

[Andersohn13] Andersohn, G.: Methodenentwicklung zur Korrosionsuntersuchung thermisch beanspruchter Werkstoffe in Kühlsystemen für Verbrennungsmotoren, Dis-sertation TU Darmstadt, Shaker-Verlag, Aachen (2013)

[AndNolWe03]　　　Andrae, J., Nold, W., Wegener, G.: Traceability of Rotating Torque Transducers Calibrated under Non-Rotating Operating Conditions XVII IMEKO World Congress, Dubrovnik, Kroatien, 22.–27. Juni. (2003)

[AndrWege06]　　　Andrae, J., Wegener, G.: Dynamische Drehmomentmessung – Drehmomentaufnehmer in Leistungsprüfständen. Technisches Messen 73(12), 684–691 (2006)

[ASTM]　　　Homepage der ASTM. Unterseite https://www.astm.org/search/fullsite-search.html?query=engine%20coolants&resStart=0&resLength=10&toplevel=products-and-services&sublevel=standards-and-publications&dltype=allstd&type=active&

[BaehKabe12]　　　Baehr, H.D., Kabelac, S.: Thermodynamik: Grundlagen und technische Anwendungen, 15. Aufl. Springer, Wiesbaden (2012)

[Baker02]　　　Baker, R.C.: An Introductory Guide to Flow Measurement, 2. Aufl. Wiley, New York (2002). Professional Engineering Publishing

[BarbHill90]　　　Barber, P.W., Hill, S.C.: Light Scattering by Particles: Computational Methods Advanced Series in Applied Physics, Bd. 2. World Scientific Publishing Company, Singapur (1990)

[Basler16]　　　Basler, S.: Encoder und Motor-Feedback-Systeme, Springer-Vieweg, Wiesbaden (2016)

[Basshuys16]　　　van Basshuysen, R.: Ottomotor mit Direkteinspritzung und Direkteinblasung: Ottokraftstoffe, Erdgas, Methan, Wasserstoff (ATZ/MTZ-Fachbuch), Springer-Vieweg, Wiesbaden (2016)

[BassSchä17]　　　van Basshuysen, R., Schäfer, F.: Handbuch Verbrennungsmotor: Grundlagen, Komponenten, Systeme, Perspektiven, 8. Aufl. Springer-Vieweg, Wiesbaden (2017)

[BeFeKrMa13]　　　Behn, A., Feindt, M., Krause, S., Matz, G.: System zur Messung von Ölemissionen im Dieselabgas. Motortechnische Zeitschrift (MTZ) 74, 424 (2013)

[BischTuo03]　　　Bischoff, O.F., Tuomenoja, H.: Messung von Blow-by-Gaspartikeln. Motortechnische Zeitschrift (MTZ) 64, 7–8 (2003)

[Borgeest17]　　　Borgeest, K.: Manipulation von Abgaswerten: Technische, gesundheitliche, rechtliche und politische Hintergründe des Abgasskandals, Springer, Wiesbaden (2017), ISBN 978-3-6581-7180-3

[Borgeest18]　　　Borgeest, K.: EMC and Functional Safety of Automotive Electronics, IET, Stevenage (2018), ISBN 978-1785614088

[Borgeest20]　　　Borgeest, K.: Elektronik in der Fahrzeugtechnik, 4. Aufl. Springer-Vieweg, Wiesbaden (2020)

[Bosch14]　　　Robert Bosch GmbH (Hrsg.): Kraftfahrtechnisches Taschenbuch, 28. Aufl. Springer-Vieweg, Wiesbaden (2014)

[BRD07]　　　Bundesrepublik Deutschland: EU-Handbuch Hand-Arm-Vibration. Bundesministerium für Arbeit und Soziales, Potsdam (2007)

[Carter28]　　　Carter, B.C.: An empirical formula for crankshaft stiffness in torsion. Engineering **126**(2), 36 (1928)

[ChHrRe52]   Chien, K.L., Hrones, J.A., Reswick, J.B.: On the automatic control of generalized passive systems. Transactions of the ASME 74, 175–185 (1952)

[Cotter97]   Cotter, R.J.: Time-of-Flight Mass Spectrometry. ACS Professional Reference Books. American chemical society, Washington (D.C.) (1997), ISBN 978-0-84123474-1

[Czichos07]   Czichos, H., Saito, T., Smith, L. (Hrsg.): Springer Handbook of Materials Measurement Methods, Springer, Berlin (2007)

[DaviSchw02]   Davis, E.J., Schweiger, G.: The Airborne Microparticle. Its Physics, Chemistry, Optics and Transport Phenomena. Springer, Berlin (2002). Nachdruck

[Dracos96]   Dracos, T. (Hrsg.): Three-Dimensional Velocity and Vorticity Measuring and Image Analysis Techniques. Kluwer, Dordrecht (1996)

[Drafts01]   Drafts, B.: Acoustic wave technology sensors. IEEE Transactions on Microwave Theory and Techniques 49(4), 795–802 (2001)

[DreHol16]   Dresig, H., Holzweißig, F.: Maschinendynamik, 12. Aufl. Springer, Berlin (2016)

[Dua10]   Dua, V., Surwade, S.P., Ammu, S., Agnihotra, S.R., Jain, S., Roberts, K.E., Park, S., Ruoff, R.S., Manohar, S.K.: All-organic vapor sensor using inkjet-printed reduced graphene oxide. Angewandte Chemie, internationale Ausgabe, 49(12), 2154–2157 (2010)

[Eckelm97]   Eckelmann, H.: Einführung in die Strömungsmeßtechnik. B. G. Teubner, Stuttgart (1997)

[Einstein05]   Einstein, A.: Zur Elektrodynamik bewegter Körper. Annalen der Physik 17(10), 891 (1905)

[EtherCAT14]   EtherCat Technology Group: EtherCAT – Der Ethernet-Feldbus, Broschüre. http://www.ethercat.org/download/documents/ETG_Brochure_DE.pdf (2018).

[Fedtke07]   Fedtke, T. (Hrsg.): Kunstkopftechnik – Eine Bestandsaufnahme, Mitteilung aus dem Normenausschusses „Psychoakustische Messtechnik", Acta Acustica, 93(1), 1–58 (2007)

[Fenimore71]   Fenimore, C.P.: Formation of nitric oxide in premixed hydrocarbon flames, International Symposium on Combustion, 13(1), 373–380 (1971)

[FerzPeri19]   Ferziger, J.H., Perić, M., Street, R.: Numerische Strömungsmechanik. Springer, Berlin (2019)

[Fischer17]   Fischer, R.: Elektrische Maschinen, 17. Aufl. Hanser, München (2017)

[Fu08]   Fu, D., Lim, H., Shi, Y., Dong, X., Mhaisalkar, S.G., Chen, Y., Moochhala, S., Li, L.-J.: Differentiation of gas molecules using flexible and all-carbon nanotube devices, J. Physical Chemistry C, **112**(3), 650–653 (2008)

[Fuchs10]   Fuchs, H.V.: Schallabsorber und Schalldämpfer, innovative akustische Konzepte und Bauteile mit praktischen Anwendungen in konkreten Beispielen, 3. Aufl. Springer, Berlin (2010)

[FVV530]   Forschungsvereinigung Verbrennungskraftmaschinen: Prüfung der Eignung von Kühlmittelzusätzen für die Kühlflüssigkeit von Verbrennungskraftmaschinen, Heft R350, Ausgabe 2005 https://www.el-technologie.com/index_htm_files/FVV%20Richtlinie%20R530_2005.pdf

[GaNoPf02]   Gasch, R., Nordmann, H., Pfützner, H.: Rotordynamik, 2. Aufl. Springer, Berlin (2002)

[Gautschi02]   Gautschi, G.: Piezoelectric Sensorics. Springer, Berlin (2002)

[Genuit10]   Genuit, K. (Hrsg.): Sound-Engineering im Automobilbereich, Methoden zur Messung und Auswertung von Geräuschen und Schwingungen. Springer, Berlin (2010)

[Gerthsen]	Meschede, D.: Gerthsen Physik, 25. Aufl. Springer, Berlin (2015)
[GottWach97]	Gottwald, W., Wachter, G.: IR-Spektroskopie für Anwender. Wiley-VCH, Weinheim (1997)
[Gross13]	Gross, J.H.: Massenspektrometrie. Springer, Berlin (2013)
[HafnMaas85]	Hafner, K.E., Maass, H.: Torsionsschwingungen in der Verbrennungskraftmaschine, Springer, Wien (1985)
[HankBour08]	Hanke-Bourgeois, M.: Grundlagen der Numerischen Mathematik und des Wissenschaftlichen Rechnens. Vieweg-Teubner, Wiesbaden (2008)
[Hauser04]	Hauser, G.: Rußsensor für die on-board-Diagnose und als Präzisionsmessgerät. (2004)
[Heidenhn13]	Heidenhain: Schnittstellen von Heidenhain-Messgeräten. Broschüre. http://www.heidenhain.de/de_DE/php/dokumentation-und-information/prospekte/popup/media/media/file/view/file-0667/file.pdf (2013).
[Heidenhn17]	Heidenhain: EnDat 2.2 – Bidirektionales Interface für Positionsmessgeräte. Broschüre. https://www.heidenhain.de/fileadmin/pdb/media/img/383942-18_EnDat_2-2_de.pdf (2017).
[Henao14]	Henao, H., Capolino, G.-A., Fernandez-Cabanas, M., Filippetti, F., Bruzzese, C., Strangas, E., Pusca, R., Estima, J., Riera-Guasp, M., Hedayati-Kia, S.: Trends in fault diagnosis for electrical machines: A review of diagnostic techniques. Industrial Electronics Magazine, IEEE 8(2), 31–42 (2014). doi:10.1109/MIE.2013.2287651
[HierPren03]	Hiereth, H., Prenninger, P.: Aufladung der Verbrennungskraftmaschine (Der Fahrzeugantrieb). Springer, Berlin (2003)
[Hoffmann]	Hoffmann, K.: Eine Einführung in die Technik des Messens mit Dehnungsmessstreifen, HBM, Darmstadt (1987). http://www.hbm.com
[Holzer21]	Holzer, H.: Die Berechnung der Drehschwingungen und ihre Anwendung im Maschinenbau. Springer, Berlin (1921). https://archive.org/stream/dieberechnungde00holzgoog
[HoroHill11]	Horowitz, P., Hill, W.: The Art of Electronics, Cambridge University Press, Cambridge (2011)
[Huang14]	Huang, L., Jiang, P., Wang, D., Luo, Y., Li, M., Lee, H., Gerhardt, R.A.: A novel paper-based flexible ammonia gas sensor via silver and SWNT-PABS inkjet printing, Sensors and Actuators B: Chemical, 197, 308–313 (2014)
[Hütte12]	Czichos, H., Hennecke, M., Akademischer Verein Hütte e. V. (Hrsg.): HÜTTE – Das Ingenieurwisse 34. Aufl. Springer, Berlin (2012)
[IntrTipp11]	Intra, P., Tippayawong, N.: An overview of unipolar charger developments for nanoparticle charging. Aerosol and Air Quality Research 11, 187–209 (2011)
[Isabelle]	Isabellenhütte: Thermolegierungen. Broschüre (2015)
[Jürgler04]	Jürgler, R.: Maschinendynamik, 4. Aufl. Springer, Berlin (2004)
[KashThir09]	Kashdan, J., Thirouard, B.: A Comparison of Combustion and Emissions Behavior in Optical and Metal Single Cylinder Engines SAE-Paper, Bd. 2009-01-1963. SAE International, Warrendale, PA (2009)
[KashThir11]	Kashdan, J., Thirouard, B.: Optical engines as representative tools in the development of new combustion engine concepts. Oil & Gas Science and Technology – Rev. IFP Energies nouvelles 66(5), 759–777 (2011). doi:10.2516/ogst/2011134
[Killedar12]	Killedar, J.S.: Dynamometer: Theory and Application to Engine Testing. Xlibris, Bloomington IN (2012)

[King14]   King, L.V.: On the convection of heat from small cylinders in a stream of fluid. Phil. Trans. Royal Society London A 214, 373–432 (1914)

[KirGelVe83]   Kirkpatrick, S., Gelatt Jr., C.D., Vecchi, M.P.: Optimization by simulated annealing. Science 220(4598), 671–680 (1973)

[KlaBruKo12]   Klaus, L., Bruns, T., Kobusch, M.: Determination of Model Parameters for a Dynamic Torque Calibration Device. XX IMEKO World Congress, Busan, Korea, 282–285 (2012)

[Klein14]   Klein, B.: Versuchsplanung-DoE, 4. Aufl. Oldenbourg, München (2014)

[KlelEich18]   Klell, M., Eichlseder, H., Trattner, A.: Wasserstoff in der Fahrzeugtechnik: Erzeugung, Speicherung, Anwendung. 4. Aufl. Springer-Vieweg, Wiesbaden (2018)

[KnAnAlRi11]   Knappe, C., Andersson, P., Algotsson, M., Richter, M., Linden, J., Alden, M., Tuner, M., Johansson, B.: Laser-Induced phosphorescence and the impact of phosphor coating thickness on Crank-angle resolved cylinder wall temperatures. SAE Int. J. Engines 4(1), 1689–1698 (2011). doi:10.4271/2011-01-1292

[Körtvely15]   Körtvélyessy, L.: Thermoelement-Praxis: Grundlagen | Anwendungen | Praxis-anleitungen, 4. Aufl. Vulkan-Verlag, Essen (2015)

[Kreuzer07]   Kreuzer, M.: Dehnungsmessung mit Faser-Bragg-Gitter-Sensoren. HBM, Darmstadt (2007).

[Krishnan01]   Krishnan, R.: Switched Reluctance Motor Drives. CRC Press, Boca Raton FL (2001)

[Krupp52]   Krupp, H.: Theorie der thermomagnetischen Sauerstoffmessung. Dissertation, TH Karlsruhe (1952)

[Kuhn95]   Kuhn, U.: Eine praxisnahe Einstellregel für PID-Regler: Die T-Summenregel Automatisierungstechnische Praxis (atp)., S. 10–16 (1995)

[Kuhn07]   Kuhn, S.: Advantage of carrier frequency in contactless high precision torque measurement systems 20th Int. Conf. IMEKO TC3, Merida, Mexico, 27. – 30. November. (2007)

[Kuratle95]   Kuratle, R.: Motorenmesstechnik. Vogel-Verlag, Würzburg (1995)

[Lafferty13]   McLafferty, F.W.: Interpretation von Massenspektren. Springer, Berlin (2013). Nachdruck

[LechNaun07]   Lechner, G., Naunheimer, H.: Fahrzeuggetriebe: Grundlagen, Auswahl, Aus-legung und Konstruktion. Springer, VDI-Buch (2007)

[Lehr30]   Lehr, E.: Schwingungstechnik Bd. 1. Springer, Berlin (1930). 1934 (Bd. 2)

[LinkRGSH05]   Linkenheil, K., Ruoß, H.-O., Grau, T., Seidel, J., Heinrich, W.: A novel spark-plug for improved ignition in engines with gasoline direct injection (GDI). IEEE Transactions on Plasma Science 33(5), 1696 (2005). doi:10.1109/TPS.2005.856409

[Lonsdale]   Lonsdale, A.: Dynamic Rotary Torque Measurement Using Surface Acoustic Waves. Firmenveröffentlichung, Sensor Technology Ltd. http://www.sensors.co.uk/files/tpr/tpr_MM462207.pdf (2001).

[LutzWend14]   Lutz, H., Wendt, W.: Taschenbuch der Regelungstechnik. Europa-Lehrmittel, Haan-Gruiten (2014)

[Magnus16]   Magnus, K., Popp, K., Sextro, W.: Schwingungen. Springer-Vieweg, Berlin (2016)

[Mahle13]   Mahle GmbH (Hrsg.): Ventiltrieb. Springer-Vieweg, Wiesbaden (2013)

[Mahle15]   Mahle GmbH (Hrsg.): Kolben und motorische Erprobung. Springer-Vieweg, Wiesbaden (2015)

[Mau13]	Mau, G.: Handbuch Dieselmotoren im Kraftwerks- und Schiffsbetrieb. Springer, Berlin (1984). Nachdruck 2013
[MartPlin12]	Martyr, A.J., Plint, M.A.: Engine Testing, 4. Aufl. Butterworth-Heinemann, Kidlington (2012)
[MerSchTe12]	Merker, G.P., Schwarz, C., Teichmann, R.: Grundlagen Verbrennungsmotoren, 6. Aufl. Springer-Vieweg, Wiesbaden (2012)
[US2670595]	Miller, R.: High-Pressure Supercharging System (1947). Patentschrift US 2670595
[MIRA65]	Dodd, A.E., Holubecki, Z.: The Measurement of Diesel Exhaust Smoke. Motor Industry Research Association, England, MIRA-Report, 1965/10
[MouOehZe92]	Moussiopoulos, N., Oehler, W., Zellner, K.: Kraftfahrzeugemissionen und Ozonbildung, 2. Aufl. Springer, Berlin (1992)
[MCCGKMR]	Müller, L.L., Comte, P., Czerwinski, J., Gehr, P., Kasper, M., Mayer, A.C.R., Rothen-Rutishauser, B.: Toxic Potential of 2- and 4-stroke Scooter and Diesel Car Exhaust Emissions in Lung Cells In Vitro ETH Conference. (2010)
[Nagel97]	Nagel, H.: Lasermassenspektrometrie molekularer Spurenstoffe. Dissertation TU München. Herbert Utz Verlag, München (1997)
[NeldMead65]	Nelder, J., Mead, R.: A simplex method for function minimization. Computer Journal 7, 308–313 (1965)
[NeNeHo05]	Neale, M., Needham, P., Horrell, R.: Couplings and Shaft Alignment. Wiley, New York (2005)
[Nestro58]	Nestroides, E.J.: Handbook on Torsional Vibrations. Cambridge University Press, Cambridge (1958)
[Norden98]	Elis Norden, K.: Handbook of Electronic Weighing. Wiley-VCH, Weinheim (1998)
[Oppelt72]	Oppelt, W.: Einige Faustformeln zur Einstellung von Regelvorgängen. Chemie Ingenieur Technik, Weinheim (1951)
[PaulLebe14]	Paulweber, M., Lebert, K.: Mess- und Prüfstandstechnik. Springer-Vieweg, Berlin (2014)
[Planck00]	Planck, M.: Zur Theorie des Gesetzes der Energieverteilung im Normalspectrum. Verhandlungen der Deutschen physikalischen Gesellschaft 2(17), 245 (1900)
[Popp10]	Popp, M.: Das PROFINET IO-Buch: Grundlagen und Tipps für Anwender, 2. Aufl. VDE-Verlag, Berlin (2010)
[Poppe19]	Poppe, J.: Messtechnische Herausforderungen in der GTR 15; Gesetzes-konformes Messen von NH_3 und weiteren Luftschadstoffen, Präsentation, Horiba TechDays, Darmstadt (2019)
[Prevot13]	Platt, S.M., El Haddad, I., Pieber, S.M., Huang, R.-J., Zardini, A.A., Clairotte, M., Suarez-Bertoa, R., Barmet, P., Pfaffenberger, L., Wolf, R., Slowik, J.G., Fuller, S.J., Kalberer, M., Chirico, R., Dommen, J., Astorga, C., Zimmer-mann, R., Marchand, N., Hellebust, S., Temime-Roussel, B., Baltensperger, U., Prévôt, A.S.H.: Two-stroke scooters are a dominant source of air pollution in many cities. Nature Communications 5(3749) (2013). Veröffentlichung 2014 doi:10.1038/ncomms4749
[Pucher12]	Pucher, K., Zinner, H.: Aufladung von Verbrennungsmotoren: Grundlagen, Berechnungen, Ausführungen, 4. Aufl., Springer, Berlin (2012)
[Reavell02]	Reveall, K.: Fast response classification of fine aerosols with a differential mobility spectrometer, 13th Annual Conference Aerosol Society, Lancaster (2002)

[Reif12]   Reif, K. (Hrsg.): Klassische Diesel-Einspritzsysteme: Reiheneinspritzpumpen,
             Verteilereinspritzpumpen, Düsen, mechanische und elektronische Regler
             Bosch Fachinformation Automobil. Springer-Vieweg, Wiesbaden (2012)

[Reif14]   Reif, K. (Hrsg.): Ottomotor-Management: Steuerung, Regelung und Über-
             wachung. Bosch Fachinformation Automobil. Springer-Vieweg, Wiesbaden
             (2014)

[ReNoBo12]   Reif, K., Noreikat, K.E., Borgeest, K. (Hrsg.): Kraftfahrzeug-Hybridantriebe
             ATZ/MTZ-Fachbuch. Springer-Vieweg, Wiesbaden (2012)

[RiBrSaNt05] Rijkeboer, R., Bremmers, D., Samaras, Z., Ntziachristos, L.: Particulate matter
             regulation for two-stroke two wheelers: Necessity or haphazard legislation?
             Atmospheric Environment 39(13), 2483–2490 (2005)

[RichSand13] Richard, H.A., Sander, M.: Technische Mechanik, Festigkeitslehre.
             Springer-Vieweg, Wiesbaden (2013)

[Rosenb68]   Rosenberg, W.: Der PID-Regler und seine Optimierung. Elektronik 12, 365–
             370 (1968)

[RöskPesh97] Röske, D., Peschel, D.: Investigations into the Alternating Torque Calibration
             of Torque Transducers XIV IMEKO World Congress, Tampere, Finnland.
             Bd. III., S. 72–78 (1997)

[Schaumb92] Schaumburg, H.: Sensoren. Teubner, Stuttgart (1992). Nachdruck 2012

[Schaumb95] Schaumburg, H.: Sensoranwendungen. Teubner, Stuttgart (1995)

[SchHeiFe94] Schöneburg, E., Heinzmann, F., Feddersen, S.: Genetische Algorithmen und
             Evolutionsstrategien: Eine Einführung in Theorie und Praxis der simulierten
             Evolution. Addison-Wesley, Bonn (1994)

[SchiNTL01] Schindler, W., Nöst M., Thaller W., Luxbacher, T.: Stationäre und transiente
             messtechnische Erfassung niedriger Rauchwerte, MTZ 62 Nr. 10 (2001)

[SchiWege02] Schicker, R., Wegener, G.: Drehmoment richtig messen. Hottinger Baldwin
             Messtechnik GmbH, Darmstadt (2002)

[Schwarze13] Schwarze, R.: CFD-Modellierung: Grundlagen und Anwendungen bei
             Strömungsprozessen. Springer-Vieweg, Wiesbaden (2013)

[Seiliger22] Seiliger, M.: Graphische Thermodynamik und Berechnen der
             Verbrennungs-Maschinen und Turbinen. Springer, Berlin (1922)

[SeThScAu02] Graf von Seherr-Thoss, H.-C., Schmelz, F., Aucktor, E.: Gelenke und Gelenk-
             wellen: Berechnung, Gestaltung, Anwendungen, 2. Aufl. Springer, Berlin
             (2002)

[Shennan88] Shennan, J.L.: Control of microbial contamination of fuels in storage. In:
             Houghton D.R., Smith R.N., Eggins H.O.W. (Hrsg.) „Biodeterioration".
             Springer, Dordrecht (1988)

[Sigloch14] Sigloch, H.: Technische Fluidmechanik, 3. Aufl. Springer-Vieweg, Wiesbaden
             (2014)

[SinaSent14] Sinambari, G.R., Sentpali, S.: Ingenieurakustik: Physikalische Grundlagen und
             Anwendungsbeispiele, 5. Aufl. Springer-Vieweg, Wiesbaden (2014)

[StöKalAm11] Stölting, H.-D., Kallenbach, E., Amrhein, W.: Handbuch Elektrische Klein-
             antriebe, 4. Aufl. Carl-Hanser-Verlag, München (2011)

[Stöcker14] Stöcker, H.: Taschenbuch der Physik, 7. Aufl. Europa-Lehrmittel,
             Haan-Gruiten (2014)

[Taylor97]   Taylor, A.M.P.K.: Instrumentation for Flows with Combustion. Academic
             Press, London (1997)

[Tectos]   Homepage der tectos GmbH. http://www.tectos.at

[Tschöke18]   Tschöke, H., Mollenhauer, K., Maier, R.: Handbuch Dieselmotoren, 4. Aufl., Springer-Vieweg, Wiesbaden (2018)

[TieSchGa19]   Tietze, U., Schenk, C., Gamm, E.: Halbleiter-Schaltungstechnik, 16. Aufl. Springer, Berlin (2019)

[UBA18]   Umweltbundesamt, Nationale Trendtabellen (NIR), Stand Januar 2018, dargestellt auf https://www.statistikportal.de/de/ugrdl/ergebnisse/gase/n2o

[UBA19]   Umweltbundesamt, https://www.umweltbundesamt.de/daten/klima/treibhaus-gas-emissionen-in-deutschland/distickstoffoxid-emissionen

[Vanhaelst13]   Vanhaelst, R., Thiele, O., Berg, T., Hahne, B., Stellet, H.-P., Wildhagen F., Hentschel, W., Jördens, C., Czajka, J., Wislocki, K.: Development of an in-cylinder-optical infrared sensor for the determination of EGR and residual gas rates inside SI and diesel engines, 11th Congress Engine Combustion Processes, Ludwigsburg (2013)

[Waghuley08]   Waghuley, S.A., Yenorkar, S.M., Yawale, S.S., Yawale, S.P.: Application of chemically synthesized conducting polymer-polypyrrole as a carbon dioxide gas sensor. Sensors and Actuators B: Chemical, **128**(2), 366–373 (2008)

[Walte94]   Walte, A.: On-Line-Analyse gasförmiger und partikelgebundener Aromaten in Abgasen mit einem mobilen Massenspektrometer Dissertation TU Hamburg-Harburg. VDI-Verlag, Düsseldorf (1994)

[Webster14]   Webster, J.G.: Measurement, Instrumentation, and Sensors Handbook, Second Edition: Spatial, Mechanical, Thermal, and Radiation Measurement, 2. Aufl. CRC Press, Boca Raton FL (2014)

[WellZast15]   Wellenreuther, G., Zastrow, D.: Automatisieren mit SPS – Theorie und Praxis: Programmieren mit STEP 7 und CoDeSys, Entwurfsverfahren, Bausteinbiblio-theken Beispiele für Steuerungen, … PROFINET, Ethernet-TCP/IP, OPC, WLAN, 6. Aufl. Springer-Vieweg, Wiesbaden (2015)

[Wiegleb16]   Wiegleb, G.: Gasmesstechnik in Theorie und Praxis; Messgeräte, Sensoren, Anwendungen, Springer-Vieweg, Wiesbaden (2016)

[Wilson35]   Wilson, William Ker: Practical Solution of Torsional Vibration Problems. Wiley, New York (1935). http://babel.hathitrust.org/cgi/pt?id=wu.89080441520;view=1up;seq=1

[Wu13]   Wu, Z., Chen, X., Zhu, S., Zhou, Z., Yao, Y., Quan, W., Liu, B.: Room temperature methane sensor based on graphene nanosheets/polyaniline nano-composite thin film. IEEE Sensors Journal **13**(2), 777–782 (2013)

[Wu15]   Wu, S.F.: The Helmholtz Equation Least Squares Method: For Reconstructing and Predicting Acoustic Radiation. Springer, Berlin (2015)

[Zeldovich46]   Zeldovich, Y.B.: The oxidation of nitrogen in combustion and explosions. Acta Physiochimica **21**, 577–628 (1946)

[Zeller18]   Zeller, P. (Hrsg.): Handbuch Fahrzeugakustik, 3. Aufl. Springer-Vieweg, Wiesbaden (2018)

[Zhao12]   Zhao, H.: Laser Diagnostics and Optical Measurement Techniques. SAE International, Warrendale PH (2012)

[ZieNic64]   Ziegler, J.G., Nichols, N.B.: Optimum settings for automatic controllers. Transactions of the ASME **64**, 759–768 (1942)

软件

[INCA]   Etas GmbH Stuttgart: INCA. Applikations-Software. https://www.etas.com/de/portfolio/inca.php

CiA

[CiA401]   CAN in Automation e. V. *CANopen device profile for generic I/O modules*. Geräteprofil CiA 401, V3.1.0

[CiA404]   CAN in Automation e. V. *CANopen device profile measuring devices and closed-loop controllers*. Geräteprofil CiA 404, V2.0.0/V2.1.0

[CiA406]   CAN in Automation e. V. *CANopen device profile for encoders*. Geräteprofil CiA 406, V4.1.0

DAkkS

[DKD3-5]   Deutsche Akkreditierungsstelle (2010). Richtlinie DAkkS-DKD 3-5 *Kalibrierung von Drehmomentmessgeräten für statische Wechseldrehmomente*

DIN

[DIN650]   *Werkzeugmaschinen; T-Nuten; Maße*, DIN 650:1989-10

[DIN808]   *Werkzeugmaschinen; Wellengelenke; Baugrößen, Anschlußmaße, Beanspruchbarkeit, Einbau*, DIN 808:1984-08, berichtigt 2019

[DIN1319-1]   *Grundlagen der Meßtechnik – Teil 1: Grundbegriffe*, DIN 1319-1:1995-01

[DIN1319-2]   *Grundlagen der Messtechnik – Teil 2: Begriffe für Messmittel*, DIN 1319-2:2005-10

[DIN1319-3]   *Grundlagen der Messtechnik – Teil 3: Auswertung von Messungen einer einzelnen Meßgröße, Meßunsicherheit*, DIN 1319-3: 1996-05

[DIN1319-4]   *Grundlagen der Messtechnik – Teil 4: Auswertung von Messungen; Meßunsicherheit*, DIN 1319-4: 1999-02

[DIN1940]   *Verbrennungsmotoren; Hubkolbenmotoren, Begriffe, Formelzeichen, Einheiten*, DIN 1940:1976-12

[DIN4102-2]   *Brandverhalten von Baustoffen und Bauteilen; Bauteile, Begriffe, Anforderungen und Prüfungen*, DIN 4102:1977-09

[DIN6623-1]   *Stehende Behälter (Tanks) aus Stahl mit weniger als 1 000 Liter Nennvolumen für die oberirdische Lagerung von Flüssigkeiten - Teil 1: Einwandig* , DIN 6623-1:2017-06

[DIN6623-2]   *Stehende Behälter (Tanks) aus Stahl mit weniger als 1 000 Liter Nennvolumen für die oberirdische Lagerung von Flüssigkeiten - Teil 2: Doppelwandig*, DIN 6623-2:2017-06

[DIN14675]   *Brandmeldeanlagen – Aufbau und Betrieb*, DIN 14675:2020-01

[DIN45635-11]　　*Geräuschmessung an Maschinen; Luftschallemission, Hüllflächen-Verfahren; Verbrennungsmotoren*, DIN 45635-11:1987-01

[DIN45681]　　*Akustik – Bestimmung der Tonhaltigkeit von Geräuschen und Ermittlung eines Tonzuschlages für die Beurteilung von Geräuschimmissionen*, DIN 45681:2005-03, berichtigt 2006

[DIN51309]　　*Werkstoffprüfmaschinen – Kalibrierung von Drehmomentmessgeräten für statische Drehmomente*, DIN 51309:2005-12

[DIN73021]　　*Bezeichnung der Drehrichtung, der Zylinder und der Zündleitungen von Kraftfahrzeugmotoren*, DIN 73021:1953-06

EN

[EN228]　　*Kraftstoffe - Unverbleite Ottokraftstoffe - Anforderungen und Prüfverfahren*, DIN EN 228:2017-08

[EN590]　　*Kraftstoffe - Dieselkraftstoff - Anforderungen und Prüfverfahren*, DIN EN 590:2017-10

[EN13160-2]　　*Leckanzeigesysteme – Teil 2: Über- und Unterdrucksysteme*, DIN EN 13160-2:2016-12

[EN55012]　　*Fahrzeuge, Boote und von Verbrennungsmotoren angetriebene Geräte – Funkstöreigenschaften – Grenzwerte und Messverfahren zum Schutz von außerhalb befindlichen Empfängern*, DIN EN 55012:2010-04

[EN55025]　　*Fahrzeuge, Boote und von Verbrennungsmotoren angetriebene Geräte – Funkstöreigenschaften – Grenzwerte und Messverfahren für den Schutz von an Bord befindlichen Empfängern*, DIN EN 55025:2018-03

[EN60529]　　*Schutzarten durch Gehäuse (IP-Code)*, DIN EN 60529:2014-09 berichtigt 2019

[EN60751]　　*Industrielle Platin-Widerstandsthermometer und Platin-Temperatursensoren*, DIN EN 60751:2009-05

[EN60804]　　*Integrierende mittelwertbildende Schallpegelmesser*, DIN EN 60804:1994-05. Die Norm ist zugunsten einer Folgenorm zurückgezogen, wird von der TA Lärm aber noch in dieser Version referenziert.

[EN61800-3]　　*Drehzahlveränderbare elektrische Antriebe – Teil 3: EMV-Anforderungen einschließlich spezieller Prüfverfahren*, DIN EN 61800-3:2019-04

IEC

[IEC60034-1]　　TC 2: *Rotating electrical machines – Part 1: Rating and performance*, IEC 60034-1 Ausgabe 13, 2017

[IEC60584-1]　　TC 65B: *Thermocouples – Part 1: EMF specifications and tolerances*, IEC 60584-1:2013 (zurückgezogen)

[IEC60584-2]　　(zurückgezogen)

[IEC60584-3]　　TC 65B: *Thermocouples – Part 3: Extension and compensating cables – Tolerances and identification system*, IEC 60584-3:2007

[IEC61158]　　TC 65C: *Industrial communication networks – Fieldbus specifications*, Teil 1 bis 6, 2007–2019

[IEC61508]   TC 65A: *Functional safety of E/E/PE safety-related systems*, Teil 1 bis 7, 2010–2016

[IEC61511]   TC 65A: *Functional safety – Safety instrumented systems for the process industry sector*, IEC 61511:2020 Serie

[IEC61784]   TC 65C: *Industrial communication networks – Profiles*, Teil 1 bis 5, 2010–2019

ISO

[ISO1204]   TC70: *Reciprocating internal combustion engines – Designation of the direction of rotation and of cylinders and valves in cylinder heads, and definition of right-hand and left-hand in-line engines and locations on an engine*, 2. Ausgabe, ISO 1204:1990

[ISO1940]   TC108, SC2: *Mechanical vibration – Balance quality requirements for rotors in a constant (rigid) state – Part 1: Specification and verification of balance tolerances*, ISO 1940-1:2003, 2. Ausgabe, korrigiert 2005 (DIN ISO 1940-1:2004-04), abgelöst durch ISO 21940

[ISO3740]   TC43, SC1: *Acoustics – Determination of sound power levels of noise sources – Guidelines for the use of basic standards*, 3. Ausgabe, ISO 3740:2019

[ISO3741]   TC43, SC1: *Acoustics – Determination of sound power levels and sound energy levels of noise sources using sound pressure – Precision methods for reverberation test rooms*, 4. Ausgabe, ISO 3741:2010

[ISO3743-1]   TC43, SC1: *Acoustics – Determination of sound power levels and sound energy levels of noise sources using sound pressure – Engineering methods for small movable sources in reverberant fields – Part 1: Comparison method for a hard-walled test room*, 2. Ausgabe, ISO 3743-1:2010

[ISO3743-2]   TC43, SC1: *Acoustics – Determination of sound power levels of noise sources using sound pressure – Engineering methods for small, movable sources in reverberant fields – Part 2: Methods for special reverberation test room*, 2. Ausgabe, ISO 3743-2:2018

[ISO4113]   TC22, SC34: *Road vehicles – Calibration fluids for diesel injection equipment*, 3. Ausgabe, ISO 4113:2010

[ISO5165]   TC28: *Petroleum products – Determination of the ignition quality of diesel fuels – Cetane engine method*, 4. Ausgabe, ISO 5165:2017

[ISO5167-1]   TC30, SC2: *Measurement of fluid flow by means of pressure differential devices inserted in circular cross-section conduits running full – Part 1: General principles and requirements*, 2. Ausgabe, ISO 5167-1:2003

[ISO5167-2]   TC30, SC2: *Measurement of fluid flow by means of pressure differential devices inserted in circular cross-section conduits running full – Part 2: Orefice Plates*, 2. Ausgabe, ISO 5167-2:2003

[ISO5167-3]   TC30, SC2: *Measurement of fluid flow by means of pressure differential devices inserted in circular cross-section conduits running full – Part 3: Nozzles and Venturi nozzles*, 1. Ausgabe, ISO 5167-3:2003

[ISO5167-4]   TC30, SC2: *Measurement of fluid flow by means of pressure differential devices inserted in circular cross-section conduits running full – Part 4: Venturi tubes*, 1. Ausgabe, ISO 5167-4:2003

[ISO5167-5]　TC30, SC2: *Measurement of fluid flow by means of pressure differential devices inserted in circular cross-section conduits running full – Part 5: Cone Meters*, 1. Ausgabe, ISO 5167-5:2016

[ISO5167-6]　TC03, SC2: *Measurement of fluid flow by means of pressure differential devices inserted in circular cross-section conduits running full – Part 6: Wedge meters*, ISO 5167-6:2019

[ISO6141]　TC158: *Gas analysis – Contents of certificates for calibration gas mixtures*, 4. Ausgabe, ISO 6141:2015

[ISO7637-1]　TC22, SC32: *Road vehicles – Electrical disturbances from conduction and coupling – Part 1: Definitions and general considerations*, 3. Ausgabe, ISO 7637-1:2015

[ISO7637-2]　TC22, SC32: *Road vehicles – Electrical disturbances from conduction and coupling – Part 2: Electrical transient conduction along supply lines only*, 3. Ausgabe, ISO 7637-3:2011

[ISO7637-3]　TC22, SC32: *Road vehicles – Electrical disturbance by conduction and coupling – Part 3: Vehicles with nominal 12 V or 24 V supply voltage – Electrical transient transmission by capacitive and inductive coupling via lines other than supply lines*, 3. Ausgabe, ISO 7637-3:2016

[ISO7637-4]　TC22, SC32: *Road vehicles – Electrical disturbance by conduction and coupling – Part 4: Electrical transient conduction along shielded high voltage supply lines only*, ISO/DTS 7637-4

[ISO8178]　TC70, SC8: *Reciprocating internal combustion engines – Exhaust emission measurement*, ISO 8178, Teile 1 bis 9, 2008 bis 2019

[ISO8482]　ISO/IEC JTC1/SC6: *Information technology – Telecommunications and information exchange between systems – Twisted pair multipoint interconnections*, ISO/IEC 8482:1993

[ISO8573-1]　TC118, SC4: *Compressed air – Part 1: Contaminants and purity classes*, ISO 8573-1:2010, 3. Ausgabe (DIN ISO 9613-2:1999-10)

[ISO9613-2]　TC43, SC1: *Acoustics – Attenuation of sound during propagation outdoors – Part 2: General method of calculation*, ISO 9613-2:1996, 1. Ausgabe (DIN ISO 9613-2:1999-10)

[ISO9614-1]　TC43, SC1: *Acoustics – Determination of sound power levels of noise sources using sound intensity – Part 1: Measurement at discrete points*, ISO 9614-1:1993

[ISO9614-2]　TC43, SC1: *Acoustics – Determination of sound power levels of noise sources using sound intensity – Part 2: Measurement by scanning*, ISO 9614-2:1996

[ISO9614-3]　TC43, SC1: *Acoustics – Determination of sound power levels of noise sources using sound intensity – Part 3: Precision method for measurement by scanning*, ISO 9614-3:2002

[ISO10054]　TC 22, SC 34: *Internal combustion compression-ignition engines – Measurement apparatus for smoke from engines operating under steady-state conditions – Filter-type smokemeter*, ISO 10054:1998

[ISO10605]　ISO/ANSI JTC1: *Road vehicles – Test methods for electrical disturbances from electrostatic discharge*, 2. Ausgabe, ISO 10605:2008, 1. Korrektur ISO 10605:2008/Cor 1:2010, 25.02.2010/Amd1:2014, 10.04.1014

[ISO11451-1]　TC22, SC32: *Road vehicles – Vehicle test methods for electrical disturbances from narrowband radiated electromagnetic energy – Part 1: General principles and terminology*, 4. Ausgabe, ISO 11451-1:2015

[ISO11451-2]   TC22, SC32: *Road vehicles – Vehicle test methods for electrical disturbances from narrowband radiated electromagnetic energy – Part 2: Off-vehicle radiation sources*, 4. Ausgabe, ISO 11451-2:2015

[ISO11451-3]   TC22, SC32: *Road vehicles – Vehicle test methods for electrical disturbances from narrowband radiated electromagnetic energy – Part 3: On-board transmitter simulation*, 3. Ausgabe, ISO 11451-3:2015

[ISO11451-4]   TC22, SC32: *Road vehicles – Electrical disturbances by narrowband radiated electromagnetic energy – Vehicle test methods – Part 4: Bulk current injection (BCI)*, 3. Ausgabe, ISO 11451-4:2013

[ISO11452-1]   TC22, SC32: *Road vehicles – Component test methods for electrical disturbances from narrowband radiated electromagnetic energy – Part 1: General principles and terminology*, 4. Ausgabe, ISO 11452-1:2015

[ISO11452-2]   TC22, SC32: *Road vehicles – Component test methods for electrical disturbances from narrowband radiated electromagnetic energy – Part 2: Absorber-lined shielded enclosure*, 3. Ausgabe, ISO 11452-2:2019

[ISO11452-3]   TC22, SC32: *Road vehicles – Component test methods for electrical disturbances from narrowband radiated electromagnetic energy – Part 3: Transverse electromagnetic mode (TEM) cell*, 3. Ausgabe, ISO 11452-3:2016

[ISO11452-4]   TC22, SC32: *Road vehicles – Component test methods for electrical disturbances from narrowband radiated electromagnetic energy – Part 4: Bulk current injection (BCI)*, 4. Ausgabe, ISO 11452-4:2011

[ISO11452-5]   TC22, SC32: *Road vehicles – Component test methods for electrical disturbances from narrowband radiated electromagnetic energy – Part 5: Stripline*, 2. Ausgabe, ISO 11452-5:2002

[ISO11452-7]   TC22, SC32: *Road vehicles – Component test methods for electrical disturbances from narrowband radiated electromagnetic energy – Part 7: Direct radio frequency (RF) power injection*, 2. Ausgabe, ISO 11452-7:2003/ Amd 1:2013, 12.06.2013

[ISO11452-8]   TC22, SC32: *Road vehicles – Component test methods for electrical disturbances from narrowband radiated electromagnetic energy – Part 8: Immunity to magnetic fields*, 2. Ausgabe, ISO 11452-8:2015

[ISO11452-9]   TC22, SC32: *Road vehicles – Component test methods for electrical disturbances from narrowband radiated electromagnetic energy – Part 9: Portable transmitters*, 1. Ausgabe, ISO 11452-9:2012

[ISO11452-10]   TC22, SC32: *Road vehicles – Component test methods for electrical disturbances from narrowband radiated electromagnetic energy – Part 10: Conducted immunity in the extended audio frequency range*, 1. Ausgabe, ISO 11452-10:2009

[ISO11452-11]   TC22, SC32: *Road vehicles – Component test methods for electrical disturbances from narrowband radiated electromagnetic energy – Part 11: Reverberation chamber*, 1. Ausgabe, ISO 11452-11:2010

[ISO11614]   TC22, SC34: *Reciprocating internal combustion compression-ignition engines – Apparatus for measurement of the opacity and for determination of the light absorption coefficient of exhaust gas*, 1. Ausgabe, ISO 11614:1999

[ISO11898-1]   TC22, SC31: *Road Vehicles – Controller area network (CAN) – Part 1: Data link layer and physical signalling*, 2. Ausgabe, ISO/IEC 11898-1:2015

[ISO11898-2]   TC22, SC31: *Road Vehicles – Controller area network (CAN) – Part 2: High-speed medium access unit*, 2. Ausgabe, ISO/IEC 11898-2:2016

[ISO15031-1]　　　TC22, SC31: *Road vehicles – Communication between vehicle and external equipment for emissions-related diagnostics – Part 1: General information*, 2. Ausgabe, ISO 15031-1:2010

[ISO15031-2]　　　TC22, SC31: *Road vehicles – Communication between vehicle and external equipment for emissions-related diagnostics – Part 2: Terms, definitions, abbreviations and acronyms*, 1. Ausgabe, ISO 15031-2:2010

[ISO15031-3]　　　TC22, SC31: *Road vehicles – Communication between vehicle and external equipment for emissions-related diagnostics – Part 3: Diagnostic connector and related electrical circuits, specification and use*, 2. Ausgabe, ISO 15031-3:2016

[ISO15031-4]　　　TC22, SC31: *Road vehicles – Communication between vehicle and external equipment for emissions-related diagnostics – Part 4: External test equipment*, 2. Ausgabe, ISO 15031-4:2014

[ISO16183]　　　TC22, SC34: *Heavy duty engines – Measurement of gaseous emissions from raw exhaust gas and of particulate emissions using partial flow dilution systems under transient test conditions*, 1. Ausgabe, ISO 16183:2002

[ISO16185]　　　TC22, SC34: *Road vehicles – Engine families for certification of heavy-duty vehicles by Exhaust emission*, 1. Ausgabe, ISO 16185:2000

[ISO16750-2]　　　TC22, SC32: *Environmental conditions and testing for electrical and electronic equipment – Part 2: Electrical loads*, 4. Ausgabe, ISO 16750-2:2012

[ISO21940-11]　　　TC108, SC2: *Mechanical vibration – Rotor balancing – Part 11: Procedures and tolerances for rotors with rigid behaviour*, 1. Ausgabe, ISO 21940-11:2016

[ISO 21940-12]　　　TC108, SC2: *Mechanical vibration – Rotor balancing – Part 12: Procedures and tolerances for rotors with flexible behaviour*, 1. Ausgabe, ISO 21940-12:2016

[ISO26262]　　　TC22,SC32: *Road vehicles – Functional safety*, Teile 1 bis 12, 2. Ausgabe, ISO 26262:2018

VDI

[VDI2639]　　　*Kenngrößen für Drehmomentaufnehmer*, VDI-Richtlinie VDI/VDE/DKD 2639:2015-04

[VDI2646]　　　*Drehmomentmessgeräte – Mindestanforderungen an Kalibrierungen*, VDI-Richtlinie VDI/VDE 2646:2006-02

[VDI3491]　　　*Messen von Partikeln, Herstellungsverfahren für Prüfaerosole*, VDI-Richtlinie 3491

[VDI3511]　　　*Technische Temperaturmessungen*, VDI-Richtlinie VDI/VDE 3511

VDMA

[VDMA24186]　　　*Wartung von technischen Anlagen und Ausrüstungen in Gebäuden*, VDMA 24186

UN/ECE条例

[§GTR15]   Global Technical Regulation No. 15 (Worldwide harmonized Light vehicles Test Procedure), 2014, Amendment 5, 26 June 2019 https://www.unece.org/fileadmin/DAM/trans/main/wp29/wp29r-1998agr-rules/GTR15-am5-For_Registry_EN.pdf

[§R10]   Regulation No. 10, Uniform provisions concerning the approval of vehicles with regard to electromagnetic compatibility, Revision 6, 20. November 2019 https://www.unece.org/fileadmin/DAM/trans/main/wp29/wp29regs/2019/E-ECE-324-Add.9-Rev.6.pdf

[§R24]   Regulation No. 24, Uniform provisions concerning: I. the approval of compression ignition (c.i.) Engines with regard to the Emission of visible pollutants, II the approval of motor vehicles with regard to the installation of c.i. Engines of an approved type, III the approval of motor vehicles equipped with c.i. Engines with regard to the emission of visible pollutants by the engine, IV the measurement of power of c.i. Engines, Revision 2, Amendment 5, 20. Januar 2020 https://www.unece.org/fileadmin/DAM/trans/main/wp29/wp29regs/2020/R024r2am5e.pdf

[§R40]   Regulation No. 40, Uniform provisions concerning the approval of motor cycles equipped with a positive-ignition engine with regard to the emission of gaseous pollutants by the engine, Revision 1, Amendment 2, 6. August 2007 https://www.unece.org/fileadmin/DAM/trans/main/wp29/wp29regs/r040a2e.pdf

[§R47]   Regulation No. 47, Uniform provisions concerning the approval of mopeds equipped with a positive-ignition engine with regard to the emission of gaseous pollutants by the engine, Revision 1, Amendment 1, 6. August 2007 https://www.unece.org/fileadmin/DAM/trans/main/wp29/wp29regs/r047a1e.pdf

[§R49]   Regulation No. 49, Uniform provisions concerning the measures to be taken against the emission of gaseous and particulate pollutants from compression-ignition engines and positive ignition engines for use in vehicles, Revision 6, Amendment 6, 16. Januar 2019 https://www.unece.org/fileadmin/DAM/trans/main/wp29/wp29regs/2018/R049r6am6e.pdf

[§R83]   Regulation No. 83, Uniform provisions concerning the approval of vehicles with regard to the emission of pollutants according to engine fuel requirements, Revision 5, Amendment 8, 24. Juni 2019 https://www.unece.org/fileadmin/DAM/trans/main/wp29/wp29regs/2018/R083r5am8e.pdf

EU法律

[§EU70]   Richtlinie des Rates vom 6. Februar 1970 zur Angleichung der Rechtsvor-schriften der Mitgliedstaaten über die Betriebserlaubnis für Kraftfahrzeuge und Kraftfahrzeuganhänger https://eur-lex.europa.eu/LexUriServ/LexUriServ.do?uri=CONSLEG:1970L0156:20060704:DE:PDFuri=CELEX:01997L0024-20090907&rid=1

[§EU91]　　　Richtlinie 91/441/EWG des Rates vom 26. Juni 1991 zur Änderung der Richt-
　　　　　　linie 70/220/EWG zur Angleichung der Rechtsvorschriften der Mitglied-
　　　　　　staaten über Maßnahmen gegen die Verunreinigung der Luft durch Emissionen
　　　　　　von　　Kraftfahrzeugen.　　http://eur-lex.europa.eu/legal-content/DE/TXT/
　　　　　　PDF/?uri=CELEX:31991L0441

[§EU97]　　　Richtlinie 97/24/EG des Europäischen Parlaments und des Rates vom 17. Juni
　　　　　　1997 über bestimmte Bauteile und Merkmale von zweirädrigen oder drei-
　　　　　　rädrigen　Kraftfahrzeugen　https://eur-lex.europa.eu/legal-content/DE/TXT/
　　　　　　PDF/?uri=CELEX:31997L0024

[§EU02-51]　Richtlinie 2002/51/EG des Europäischen Parlaments und des Rates vom 19.
　　　　　　Juli 2002 zur Verminderung der Schadstoffemissionen von zweirädrigen und
　　　　　　dreirädrigen Kraftfahrzeugen und zur Änderung der Richtlinie 97/24/EG
　　　　　　https://eur-lex.europa.eu/resource.html?uri=cellar:df192962-66a9-45ef-bdd9-
　　　　　　33e609632388.0002.02/DOC_1&format=PDF

[§EU03-77]　Richtlinie 2003/77/EG der Kommission vom 11. August 2003 zur Änderung
　　　　　　der Richtlinien 97/24/EG und 2002/24/EG des Europäischen Parla-
　　　　　　ments und des Rates über die Typgenehmigung für zweirädrige oder drei-
　　　　　　rädrige　Kraftfahrzeuge　http://eur-lex.europa.eu/legal-content/DE/TXT/
　　　　　　PDF/?uri=CELEX:32003L0077

[§EU03-96]　Richtlinie 2003/96/EG des Rates vom 27. Oktober 2003 zur Restrukturierung
　　　　　　der gemeinschaftlichen Rahmenvorschriften zur Besteuerung von Energie-
　　　　　　erzeugnissen und elektrischem Strom http://eur-lex.europa.eu/LexUriServ/
　　　　　　LexUriServ.do?uri=OJ:L:2003:283:0051:0070:DE:PDF

[§EU04]　　　Richtlinie 2004/104/EG der Kommission vom 14. Oktober 2004 zur
　　　　　　Anpassung der Richtlinie 72/245/EWG des Rates über die Funkent-
　　　　　　störung (elektromagnetische Verträglichkeit) von Kraftfahrzeugen an den
　　　　　　technischen Fortschritt und zur Änderung der Richtlinie 70/156/EWG des
　　　　　　Rates zur Angleichung der Rechtsvorschriften der Mitgliedstaaten über
　　　　　　die Betriebserlaubnis von Kraftfahrzeugen und Kraftfahrzeuganhängern
　　　　　　(Kfz-EMV-Richtlinie) http://eur-lex.europa.eu/LexUriServ/LexUriServ.do?uri
　　　　　　=OJ:L:2004:337:0013:0058:DE:PDF

[§EU05-30]　Richtlinie 2005/30/EG der Kommission vom 22. April 2005 zur Änderung der
　　　　　　Richtlinien 97/24/EG und 2002/24/EG des Europäischen Parlaments und des
　　　　　　Rates über die Typgenehmigung für zweirädrige oder dreirädrige Kraftfahr-
　　　　　　zeuge im Hinblick auf die Anpassung an den technischen Fortschritt http://eur-
　　　　　　lex.europa.eu/legal-content/DE/TXT/PDF/?uri=CELEX:32005L0030

[§EU05-78]　Richtlinie 2005/78/EG der Kommission vom 14. November 2005 zur Durch-
　　　　　　führung der Richtlinie 2005/55/EG des Europäischen Parlaments und des
　　　　　　Rates zur Angleichung der Rechtsvorschriften der Mitgliedstaaten über
　　　　　　Maßnahmen gegen die Emission gasförmiger Schadstoffe und luftver-
　　　　　　unreinigender Partikel aus Selbstzündungsmotoren zum Antrieb von Fahr-
　　　　　　zeugen und die Emission gasförmiger Schadstoffe aus mit Flüssiggas oder
　　　　　　Erdgas betriebenen Fremdzündungsmotoren zum Antrieb von Fahrzeugen und
　　　　　　zur Änderung ihrer Anhänge I, II, III, IV und VI http://eur-lex.europa.eu/legal-
　　　　　　content/DE/TXT/PDF/?uri=CELEX:32005L0078

[§EU05-88]　Richtlinie 2005/88/EG des Europäischen Parlaments und des Rates vom
　　　　　　14. Dezember 2005 zur Änderung der Richtlinie 2000/14/EG über die
　　　　　　Angleichung der Rechtsvorschriften der Mitgliedstaaten über umwelt-
　　　　　　belastende Geräuschemissionen von zur Verwendung im Freien vorgesehenen

Geräten und Maschinen http://eur-lex.europa.eu/LexUriServ/LexUriServ.do?u ri=OJ:L:2005:344:0044:0046:de:PDF

[§EU06-72]   Richtlinie 2006/72/EG der Kommission vom 18. August 2006 zur Änderung der Richtlinie 97/24/EG des Europäischen Parlaments und des Rates über bestimmte Bauteile und Merkmale von zweirädrigen oder dreirädrigen Kraftfahrzeugen zwecks Anpassung an den technischen Fortschritt http://eur-lex. europa.eu/legal-content/DE/TXT/PDF/?uri=CELEX:32006L0072

[§EU06-120]   Richtlinie 2006/120/EG der Kommission vom 27. November 2006 zur Berichtigung und Änderung der Richtlinie 2005/30/EG zur Änderung der Richtlinien 97/24/EG und 2002/24/EG des Europäischen Parlaments und des Rates über die Typgenehmigung für zweirädrige oder dreirädrige Kraftfahrzeuge zwecks Anpassung an den technischen Fortschritt http://eur-lex.europa. eu/legal-content/DE/TXT/PDF/?uri=CELEX:32006L0120

[§EU07R-46]   Richtlinie 2007/46/EG des Europäischen Parlaments und des Rates vom 5. September 2007 zur Schaffung eines Rahmens für die Genehmigung von Kraftfahrzeugen und Kraftfahrzeuganhängern sowie von Systemen, Bauteilen und selbstständigen technischen Einheiten für diese Fahrzeuge (Rahmenrichtlinie) http://eur-lex.europa.eu/LexUriServ/LexUriServ.do?uri=CONSLEG:20 07L0046:20110224:DE:PDF

[§EU07-715]   Verordnung (EG) Nr. 715/2007 des Europäischen Parlaments und des Rates vom 20. Juni 2007 über die Typgenehmigung von Kraftfahrzeugen hinsichtlich der Emissionen von leichten Personenkraftwagen und Nutzfahrzeugen (Euro 5 und Euro 6) und über den Zugang zu Reparatur- und Wartungsinformationen für Fahrzeuge http://eur-lex.europa.eu/legal-content/DE/TXT/ PDF/?uri=CELEX:32007R0715

[§EU08]   Verordnung (EG) Nr. 692/2008 der Kommission vom 18. Juli 2008 zur Durchführung und Änderung der Verordnung (EG) Nr. 715/2007 des Europäischen Parlaments und des Rates über die Typgenehmigung von Kraftfahrzeugen hinsichtlich der Emissionen von leichten Personenkraftwagen und Nutzfahrzeugen (Euro 5 und Euro 6) und über den Zugang zu Reparatur- und Wartungsinformationen für Fahrzeuge http://eur-lex.europa.eu/legal-content/ DE/TXT/PDF/?uri=CELEX:32008R0692

[§EU09-108]   Richtlinie 2009/108/EG der Kommission vom 17. August 2009 zur Änderung der Richtlinie 97/24/EG des Europäischen Parlaments und des Rates über bestimmte Bauteile und Merkmale von zweirädrigen oder dreirädrigen Kraftfahrzeugen zwecks Anpassung an den technischen Fortschritt http://eur-lex. europa.eu/legal-content/DE/TXT/PDF/?uri=CELEX:32009L0108

[§EU09-595]   Verordnung (EG) Nr. 595/2009 des Europäischen Parlaments und des Rates vom 18. Juni 2009 über die Typgenehmigung von Kraftfahrzeugen und Motoren hinsichtlich der Emissionen von schweren Nutzfahrzeugen (Euro VI) und über den Zugang zu Fahrzeugreparatur- und -wartungsinformationen, zur Änderung der Verordnung (EG) Nr. 715/2007 und der Richtlinie 2007/46/ EG sowie zur Aufhebung der Richtlinien 80/1269/EWG, 2005/55/EG und 2005/78/EG http://eur-lex.europa.eu/LexUriServ/LexUriServ.do?uri=OJ:L:20 09:188:0001:0013:de:PDF

[§EU11-566]   Verordnung (EU) Nr. 566/2011 der Kommission vom 8. Juni 2011 zur Änderung der Verordnung (EG) Nr. 715/2007 des Europäischen Parlaments und des Rates und der Verordnung (EG) Nr. 692/2008 der Kommission über den Zugang zu Reparatur- und Wartungsinformationen für Fahrzeuge http://eur-lex.europa.eu/LexUriServ/LexUriServ.do?uri=OJ:L:2011:158:0001:0024:DE:PDF

[§EU11-582]　Verordnung (EU) Nr. 582/2011 der Kommission vom 25. Mai 2011 zur Änderung der Verordnung (EG) Nr. 715/2007 des Europäischen Parlaments und des Rates und der Verordnung (EG) Nr. 692/2008 der Kommission über den Zugang zu Reparatur- und Wartungsinformationen für Fahrzeuge http://eur-lex.europa.eu/LexUriServ/LexUriServ.do?uri=OJ:L:2011:167:0001:0168:de:PDF

[§EU11-678]　Verordnung (EU) Nr. 678/2011 der Kommission vom 14. Juli 2011 zur Ersetzung des Anhangs II und zur Änderung der Anhänge IV, IX und XI der Richtlinie 2007/46/EG des Europäischen Parlaments und des Rates zur Schaffung eines Rahmens für die Genehmigung von Kraftfahrzeugen und Kraftfahrzeuganhängern sowie von Systemen, Bauteilen und selbstständigen technischen Einheiten für diese Fahrzeuge (Rahmenrichtlinie) https://eur-lex.europa.eu/legal-content/DE/TXT/PDF/?uri=CELEX:32011R0678

[§EU12-64]　Verordnung (EU) Nr. 64/2012 der Kommission vom 23. Januar 2012zur Änderung der Verordnung (EU) Nr. 582/2011 zur Durchführung und Änderung der Verordnung (EG) Nr. 595/2009 des Europäischen Parlaments und des Rates hinsichtlich der Emissionen von schweren Nutzfahrzeugen (Euro VI) https://eur-lex.europa.eu/legal-content/DE/TXT/PDF/?uri=CELEX:32012R0064

[§EU12-459]　Verordnung (EU) Nr. 459/2012 der Kommission vom 29. Mai 2012 zur Änderung der Verordnung (EG) Nr. 715/2007 des Europäischen Parlaments und des Rates und der Verordnung (EG) Nr. 692/2008 der Kommission hinsichtlich der Emissionen von leichten Personenkraftwagen und Nutzfahrzeugen (Euro 6) http://eur-lex.europa.eu/LexUriServ/LexUriServ.do?uri=OJ:L:2012:142:0016:0024:de:PDF

[§EU13]　Verordnung (EU) Nr. 168/2013 des Europäischen Parlaments und des Rates vom 15. Januar 2013 über die Genehmigung und Marktüberwachung von zwei- oder dreirädrigen und vierrädrigen Fahrzeugen https://eur-lex.europa.eu/legal-content/DE/TXT/PDF/?uri=CELEX:32013R0168

[§EU13-60]　Richtlinie 2013/60/EU der Kommission vom 27. November 2013 zur Änderung der Richtlinie 97/24/EG des Europäischen Parlaments und des Rates über bestimmte Bauteile und Merkmale von zweirädrigen oder dreirädrigen Kraftfahrzeugen, der Richtlinie 2002/24/EG über die Typgenehmigung für zweirädrige oder dreirädrige Kraftfahrzeuge und der Richtlinie 2009/67/EG des Europäischen Parlaments und des Rates über den Anbau der Beleuchtungs- und Lichtsignaleinrichtungen an zweirädrigen oder dreirädrigen Kraftfahrzeugen zwecks Anpassung an den technischen Fortschritt. http://eur-lex.europa.eu/legal-content/DE/TXT/PDF/?uri=CELEX:32013L0060

[§EU13-168]　Verordnung (EU) Nr. 168/2013 des Europäischen Parlaments und des Rates vom 15. Januar 2013 über die Genehmigung und Marktüberwachung von zwei- oder dreirädrigen und vierrädrigen Fahrzeugen. http://eur-lex.europa.eu/legal-content/DE/TXT/PDF/?uri=CELEX:32013R0168

[§EU14-133]　Verordnung (EU) Nr. 133/2014 der Kommission vom 31. Januar 2014 zur Anpassung der Richtlinie 2007/46/EG des Europäischen Parlaments und des Rates, der Verordnung (EG) Nr. 595/2009 des Europäischen Parlaments und des Rates sowie der Verordnung (EU) Nr. 582/2011 der Kommission an den technischen Fortschritt hinsichtlich der Emissionsgrenzwerte https://eur-lex. europa.eu/legal-content/DE/TXT/PDF/?uri=CELEX:32014R0133

[§EU14-134] Delegierte Verordnung (EU) Nr. 134/2014 der Kommission vom 16. Dezember 2013 zur Ergänzung der Verordnung (EU) Nr. 168/2013 des Europäischen Parlaments und des Rates in Bezug auf die Anforderungen an die Umweltverträglichkeit und die Leistung der Antriebseinheit sowie zur Änderung ihres Anhangs V https://eur-lex.europa.eu/legal-content/DE/TXT/ PDF/?uri=CELEX:32014R0134

[§EU14-136] Verordnung (EU) Nr. 136/2014 der Kommission vom 11. Februar 2014 zur Änderung der Richtlinie 2007/46/EG des Europäischen Parlaments und des Rates und der Verordnung (EG) Nr. 692/2008 der Kommission hinsichtlich der Emissionen von leichten Personenkraftwagen und Nutzfahrzeugen (Euro 5 und Euro 6) sowie der Verordnung (EU) Nr. 582/2011 hinsichtlich der Emissionen von schweren Nutzfahrzeugen (Euro VI) https://eur-lex.europa.eu/ legal-content/DE/TXT/PDF/?uri=CELEX:32014R0136

[§EU14-540] Verordnung (EU) Nr. 540/2014 des Europäischen Parlaments und des Rates vom 16. April 2014 über den Geräuschpegel von Kraftfahrzeugen und von Austauschschalldämpferanlagen sowie zur Änderung der Richtlinie 2007/46/ EG und zur Aufhebung der Richtlinie 70/157/EWG http://eur-lex.europa.eu/ legal-content/DE/TXT/PDF/?uri=CELEX:32014R0540

[EU14-627] Verordnung (EU) Nr. 627/2014 der Kommission vom vom 12. Juni 2014 zur Änderung der Verordnung (EU) Nr. 582/2011 zwecks Anpassung an den technischen Fortschritt hinsichtlich der Überwachung der Partikelemissionen durch das On-Board-Diagnosesystem https://eur-lex.europa.eu/legal-content/ DE/TXT/PDF/?uri=CELEX:32014R0627

[§EU16/427] Verordnung (EU) 2016/427 der Kommission vom 10. März 2016 zur Änderung der Verordnung (EG) Nr. 692/2008 hinsichtlich der Emissionen von leichten Personenkraftwagen und Nutzfahrzeugen (Euro 6). http://eurlex. europa.eu/legal-content/DE/TXT/PDF/?uri=CELEX:32016R0427

[§EU16/646] Verordnung (EU) 2016/646 Der Kommission vom 20. April 2016 zur Änderung der Verordnung (EG) Nr. 692/2008 hinsichtlich der Emissionen von leichten Personenkraftwagen und Nutzfahrzeugen (Euro 6). http://eurlex. europa.eu/legal-content/DE/TXT/PDF/?uri=CELEX:32016R0646

[§EU16-1628] Verordnung (EU) 2016/1628 des Europäischen Parlaments und des Rates vom 14. September 2016 über die Anforderungen in Bezug auf die Emissions- grenzwerte für gasförmige Schadstoffe und luftverunreinigende Partikel und die Typgenehmigung für Verbrennungsmotoren für nicht für den Straßenverkehr bestimmte mobile Maschinen und Geräte, zur Änderung der Verordnungen (EU) Nr. 1024/2012 und (EU) Nr. 167/2013 und zur Änderung und Aufhebung der Richtlinie 97/68/EG https://eur-lex.europa.eu/legal- content/DE/TXT/PDF/?uri=CELEX:32016R1628

[§EU16-1718] Verordnung (EU) 2016/1718 der Kommission vom 20. September 2016 zur Änderung der Verordnung (EU) Nr. 582/2011 hinsichtlich der Emissionen von schweren Nutzfahrzeugen in Bezug auf die Bestimmungen über Prüfungen mit portablen Emissionsmesssystemen (PEMS) und das Ver- fahren zur Prüfung der Dauerhaltbarkeit von emissionsmindernden Ein- richtungen für den Austausch https://eur-lex.europa.eu/legal-content/DE/TXT/ PDF/?uri=CELEX:32016R1718

[§EU17-1151]   Verordnung (EU) 2017/1151 der Kommission vom 1. Juni 2017 zur Ergänzung der Verordnung (EG) Nr. 715/2007 des Europäischen Parlaments und des Rates über die Typgenehmigung von Kraftfahrzeugen hinsichtlich der Emissionen von leichten Personenkraftwagen und Nutzfahrzeugen (Euro 5 und Euro 6) und über den Zugang zu Fahrzeugreparatur- und -wartungsinformationen, zur Änderung der Richtlinie 2007/46/EG des Europäischen Parlaments und des Rates, der Verordnung (EG) Nr. 692/2008 der Kommission sowie der Verordnung (EU) Nr. 1230/2012 der Kommission und zur Aufhebung der Verordnung (EG) Nr. 692/2008 der Kommission https://eur-lex.europa.eu/legal-content/DE/TXT/PDF/?uri=CELEX:32017R1151

[§EU17-1154]   Verordnung (EU) 2017/1154 vom 7. Juni 2017 zur Änderung der Verordnung (EU) 2017/1151 der Kommission zur Ergänzung der Verordnung (EG) Nr. 715/2007 des Europäischen Parlaments und des Rates über die Typgenehmigung von Kraftfahrzeugen hinsichtlich der Emissionen von leichten Personenkraftwagen und Nutzfahrzeugen (Euro 5 und Euro 6) und über den Zugang zu Reparatur- und Wartungsinformationen für Fahrzeuge, zur Änderung der Richtlinie 2007/46/EG des Europäischen Parlaments und des Rates, der Verordnung (EG) Nr. 692/2008 der Kommission und der Verordnung (EU) Nr. 1230/2012 der Kommission sowie zur Aufhebung der Verordnung (EG) Nr. 692/2008 und der Richtlinie 2007/46/EG des Europäischen Parlaments und des Rates in Bezug auf Emissionen leichter Personenkraftwagen und Nutzfahrzeuge im praktischen Fahrbetrieb (Euro 6) https://eur-lex.europa.eu/legal-content/DE/TXT/PDF/?uri=CELEX:32017R1154

[§EU17-1347]   Verordnung (EU) 2017/1347 der Kommission vom 13. Juli 2017 zur Berichtigung der Richtlinie 2007/46/EG des Europäischen Parlaments und des Rates, der Verordnung (EU) Nr. 582/2011 der Kommission und der Verordnung (EU) 2017/1151 der Kommission zur Ergänzung der Verordnung (EG) Nr. 715/2007 des Europäischen Parlaments und des Rates über die Typgenehmigung von Kraftfahrzeugen hinsichtlich der Emissionen von leichten Personenkraftwagen und Nutzfahrzeugen (Euro 5 und Euro 6) und über den Zugang zu Reparatur- und Wartungsinformationen für Fahrzeuge, zur Änderung der Richtlinie 2007/46/EG des Europäischen Parlaments und des Rates, der Verordnung (EG) Nr. 692/2008 der Kommission sowie der Verordnung (EU) Nr. 1230/2012 der Kommission und zur Aufhebung der Verordnung (EG) Nr. 692/2008 https://eur-lex.europa.eu/legal-content/DE/TXT/PDF/?uri=CELEX:32017R1347

[§EU17-2400]   Verordnung (EU) 2017/2400 der Kommission vom 12. Dezember 2017 zur Durchführung der Verordnung (EG) Nr. 595/2009 des Europäischen Parlaments und des Rates hinsichtlich der Bestimmung der CO_2-Emissionen und des Kraftstoffverbrauchs von schweren Nutzfahrzeugen sowie zur Änderung der Richtlinie 2007/46/EG des Europäischen Parlaments und des Rates sowie der Verordnung (EU) Nr. 582/2011 der Kommission https://eur-lex.europa.eu/legal-content/DE/TXT/PDF/?uri=CELEX:32017R2400

[§EU18-932]   Verordnung (EU) 2018/932 der Kommission vom 29. Juni 2018 zur Änderung der Verordnung (EU) Nr. 582/2011 in Bezug auf die Bestimmungen über Prüfungen mit portablen Emissionsmesssystemen (PEMS) und die Anforderungen an eine Typgenehmigung aufgrund von Vielstofffähigkeit https://eur-lex.europa.eu/legal-content/DE/TXT/PDF/?uri=CELEX:32018R0932

[§EU18-1832]   Verordnung (EU) 2018/1832 der Kommission vom 5. November 2018 zur Änderung der Richtlinie 2007/46/EG des Europäischen Parlaments und des Rates, der Verordnung (EG) Nr. 692/2008 der Kommission und der Verordnung (EU) 2017/1151 der Kommission im Hinblick auf die Verbesserung der emissionsbezogenen Typgenehmi¬gungsprüfungen und -verfahren für leichte Personenkraftwagen und Nutzfahrzeuge, unter anderem in Bezug auf die Übereinstimmung in Betrieb befindlicher Fahrzeuge und auf Emissionen im praktischen Fahrbetrieb und zur Einführung von Einrichtungen zur Überwachung des Kraftstoff- und des Stromverbrauchs. https://eur-lex.europa.eu/legal-content/DE/TXT/PDF/?uri=CELEX%3A32018R1832

德国、奥地利和瑞士的法律

[§ArbSchG]   Bundesrepublik Deutschland: *„Gesetz über die Durchführung von Maßnahmen des Arbeitsschutzes zur Verbesserung der Sicherheit und des Gesundheitsschutzes der Beschäftigten bei der Arbeit"* (kurz *Arbeitsschutzgesetz*) vom 7. August 1996 (BGBl. I S. 1246), zuletzt geändert durch Artikel 113 des Gesetzes vom 20.11.2019 (BGBl. I S. 1626)

[§BauGB]   Bundesrepublik Deutschland: *„Baugesetzbuch"* vom 23. Juni 1960 in der Fassung der Bekanntmachung vom 03.11.2017 (BGBl. I S. 3634) zuletzt geändert durch Artikel 6 des Gesetzes vom 27.03.2020 (BGBl. I S. 587)

[§BBodSchG]   Bundesrepublik Deutschland: *„Gesetz zum Schutz vor schädlichen Bodenveränderungen und zur Sanierung von Altlasten"* (kurz *Bundes-Bodenschutzgesetz*) vom 17. März 1998 (BGBl. I S. 502), zuletzt geändert durch geändert durch Artikel 1 der Verordnung vom 30.04.2019 (BGBl. I S. 554)

[§BetrSichV]   Bundesrepublik Deutschland: *„Verordnung über Sicherheit und Gesundheitsschutz bei der Bereitstellung von Arbeitsmitteln und deren Benutzung bei der Arbeit, über Sicherheit beim Betrieb überwachungsbedürftiger Anlagen und über die Organisation des betrieblichen Arbeitsschutzes"* (kurz *Betriebssicherheitsverordnung*) vom 3. Februar 2015 (BGBl. I S. 49), zuletzt geändert durch Artikel 1 der Verordnung vom 30.03.2019 (BGBl. I S. 554)

[§BImSchG]   Bundesrepublik Deutschland: *„Gesetz zum Schutz vor schädlichen Umwelteinwirkungen durch Luftverunreinigungen, Geräusche, Erschütterungen und ähnliche Vorgänge"* (kurz *Bundesimmissionsschutzgesetz*) vom 17. Mai 2013 (BGBl. I S. 1274), zuletzt geändert durch Artikel 1 des Gesetzes vom 08.04.2019 (BGBl. I S. 432)

[§BImSchV1]   Bundesrepublik Deutschland: *„Erste Verordnung zur Durchführung des Bundes-Immissionsschutzgesetzes" (kurz Verordnung über kleine und mittlere Feuerungsanlagen - 1. BImSchV)* vom 26. Januar 2010, zuletzt geändert durch Artikel 2 der Verordnung vom 13.06.2019 (BGBl. I S. 804)

[§BImSchV4]   Bundesrepublik Deutschland: *„Vierte Verordnung zur Durchführung des Bundes-Immissionsschutzgesetzes"* (kurz *Verordnung über genehmigungsbedürftige Anlagen – 4. BImSchV*) vom 2. Mai 2013 (BGBl. I S. 973, 3756) in der Fassung der Bekanntmachung vom 31.05.2017 (BGBl. I S. 1440)

[§BImSchV9]   Bundesrepublik Deutschland: *„Neunte Verordnung zur Durchführung des Bundes-Immissionsschutzgesetzes"* (kurz *Verordnung über das Genehmigungsverfahren – 9. BImSchV*) vom 18. Februar 1977, Neufassung

vom 29. Mai 1992 (BGBl. I S. 1001), zuletzt geändert durch Artikel 1 der Ver-
ordnung vom 08.12.2017 (BGBl. I S. 3882)

[§BImSchV11]　　Bundesrepublik Deutschland: *„Elfte Verordnung zur Durchführung des Bundes-Immissionsschutzgesetzes“* (kurz *Verordnung über Emissions-erklärungen – 11. BImSchV*) vom 29. April 2004, Neufassung vom 5. März 2007 (BGBl. I S. 289), zuletzt geändert durch Artikel 2 der Verordnung vom 09.01.2017 (BGBl. I S. 42)

[§BImSchV13]　　Bundesrepublik Deutschland: *„Dreizehnte Verordnung zur Durchführung des Bundes-Immissionsschutzgesetzes“* (kurz *Verordnung über Großfeuerungs-, Gasturbinen- und Verbrennungsmotoranlagen – 13. BImSchV*) vom 2. Mai 2013 (BGBl. I S. 1021, 1023, 3754), zuletzt geändert durch Artikel 1 der Ver-ordnung vom 19.12.2017 (BGBl. I S. 4007)

[§BImSchV20]　　Bundesrepublik Deutschland: *„Zwanzigste Verordnung zur Durchführung des Bundes-Immissionsschutzgesetzes“* (kurz *Verordnung zur Begrenzung der Emissionen flüchtiger organischer Verbindungen beim Umfüllen oder Lagern von Ottokraftstoffen, Kraftstoffgemischen oder Rohbenzin – 20. BImSchV*) vom 27. Mai 1998 (BGBl. I S. 1174), Neufassung durch Bekanntmachung vom 18.08.2014 (BGBl. I S. 1447), zuletzt geändert durch Artikel 2 der Ver-ordnung vom 24.03.2017 (BGBl. I S. 656)

[§BImSchV26]　　Bundesrepublik Deutschland: *„Sechsundzwanzigste Verordnung zur Durch-führung des Bundes-Immissionsschutzgesetzes“* (kurz *Verordnung über elektromagnetische Felder – 26. BImSchV*) vom 16. Dezember 1996, Neu-fassung durch Bekanntmachung vom 14.08.2013 (BGBl. I S. 3266)

[§BImSchV28]　　Bundesrepublik Deutschland: *„Achtundzwanzigste Verordnung zur Durch-führung des Bundes-Immissionsschutzgesetzes“* (kurz *Verordnung über Emissionsgrenzwerte für Verbrennungsmotoren – 28. BImSchV*) vom 20. April 2004 (BGBl. I S. S. 614, 1423), zuletzt geändert durch Artikel 81 der Ver-ordnung vom 31.08.2015 (BGBl. I S. 1474)

[§BImSchV32]　　Bundesrepublik Deutschland: *„32. Verordnung zur Durchführung des Bundes-Immissionsschutzgesetzes“* (kurz *Geräte- und Maschinenlärmschutzver-ordnung – 32. BImSchV*) vom 29. August 2002 (BGBl. I S. 3478), zuletzt geändert durch Artikel 83 der Verordnung vom 31.08.2015 (BGBl. I S. 1474)

[§BImSchV39]　　Bundesrepublik Deutschland: *„Neununddreißigste Verordnung zur Durch-führung des Bundes-Immissionsschutzgesetzes“* (kurz *Verordnung über Luftqualitätsstandards und Emissionshöchstmengen – 39. BImSchV*) vom 2. August 2010 (BGBl. I S. 1065), zuletzt geändert durch Artikel 2 der Ver-ordnung vom 18.07.2018 (BGBl. I S. 1222)

[BImSchV42]　　Bundesrepublik Deutschland: *„Zweiundvierzigste Verordnung zur Durch-führung des Bundes-Immissionsschutzgesetzes (Verordnung über Ver-dunstungskühlanlagen, Kühltürme und Nassabscheider – 42. BImSchV)“* vom 12. Juli 2017 (BGBl. I S. 2379; 2018 I S. 202)

[BImSchV44]　　Bundesrepublik Deutschland: *„Vierundvierzigste Verordnung zur Durchführungdes Bundes-Immissionsschutzgesetzes (Verordnung über mittelgroße Feuerungs- Gasturbinen- und Verbrennungsmotoranlagen – 44. BImSchV)“* vom 13. Juni 2019 (BGBl. I S. 804)

[§EnergieStG]　　Bundesrepublik Deutschland: *„Energiesteuergesetz“* vom 15. Juli 2006 (BGBl. I S. 1534), zuletzt geändert durch Artikel 3 des Gesetzes vom 22.06.2019 (BGBl. I S. 856, 908)

[§GefStoffV]	Bundesrepublik Deutschland: „*Verordnung zum Schutz vor Gefahrstoffen*" (kurz *Gefahrstoffverordnung*) vom 26. November 2010 (BGBl. I S. 1643, 1644), zuletzt geändert durch Artikel 148 des Gesetzes vom 29.03.2017 (BGBl. I S. 626)
[§GSchG]	Schweizerische Eidgenossenschaft: „*Bundesgesetz über den Schutz der Gewässer*" (kurz *Gewässerschutzgesetz*) vom 24. Januar 1991 (SR 814.20), Stand vom 01.01.2017
[§JArbSchG]	Bundesrepublik Deutschland: „*Gesetz zum Schutze der arbeitenden Jugend*" (kurz *Jugendarbeitsschutzgesetz*) vom 12. April 1976 (BGBl. I S. 965), Artikel 3 des Gesetzes vom 12.12.2019 (BGBl. I S. 2522)
[§LVArbSchV]	Bundesrepublik Deutschland: „*Verordnung zum Schutz der Beschäftigten vor Gefährdungen durch Lärm und Vibrationen*" (kurz *Lärm- und Vibrations-Arbeitsschutzverordnung*) vom 6. März 2007 (BGBl. I S. 261), zuletzt geändert durch Artikel 5 Absatz 5 der Verordnung vom 18.10.2017 (BGBl. I S. 3584)
[§LasthandhabV]	Bundesrepublik Deutschland: „*Verordnung über Sicherheit und Gesundheitsschutz bei der manuellen Handhabung von Lasten bei der Arbeit*" (kurz *Lastenhandhabungsverordnung*) vom 4. Dezember 1996 (BGBl. I S. 1842), zuletzt geändert durch Artikel 5 Absatz 4 der Verordnung vom 18.10.2017 (BGBl. I S. 3584)
[§MOeStG]	Republik Österreich: „*Bundesgesetz, mit dem die Mineralölsteuer an das Gemeinschaftsrecht angepaßt wird*" vom 1. November 1995 (BGBl. 630/1994), zuletzt geändert durch BGBl. I Nr. 104/2019
[§MuSchG]	Bundesrepublik Deutschand: „*Gesetz zum Schutz von Müttern bei der Arbeit, in der Ausbildung und im Studium*" (kurz *Mutterschutzgesetz*) vom 23. Mai 2017 (BGBl. I S. 1228), zuletzt geändert durch Artikel 57 Absatz 8 des Gesetzes vom 12.12.2019 (BGBl. I S. 2652)
[§TALärm]	Bundesrepublik Deutschland: „*Sechste Allgemeine Verwaltungsvorschrift zum Bundes-Immissionsschutzgesetz*" (kurz *Technische Anleitung zum Schutz gegen Lärm* – TA Lärm) vom 26. August 1998 (GMBl Nr. 26/1998 S. 503), geändert durch Verwaltungsvorschrift vom 01.06.2017
[§TALuft]	Bundesrepublik Deutschland: „*Erste Allgemeine Verwaltungsvorschrift zum Bundes-Immissionsschutzgesetz*" (kurz *Technische Anleitung zur Reinhaltung der Luft* – TA Luft) vom 24. Juli 2002 (GMBl. Nr. 25/2002, S. 511), Überarbeitung bisher als Referentenentwurf vom 16.07.2018
[§TRBS1201]	Bundesrepublik Deutschland: „*Technische Regeln für Betriebssicherheit – Prüfungen von Arbeitsmitteln und überwachungsbedürftigen Anlagen*" (kurz TRBS 1201) vom August 2012, berichtigt am 08.07.2019 (GMBl 2019 S. 431)
[§TRBS2111]	Bundesrepublik Deutschland: „*Technische Regeln für Betriebssicherheit – Mechanische Gefährdungen – Allgemeine Anforderungen*" (kurz TRBS 2111) vom März 2014 (GMBl 2014 S. 594)
[§TRBS3145]	Bundesrepublik Deutschland: „*Technische Regeln für Betriebssicherheit – Ortsbewegliche Druckgasbehälter – Füllen, Bereithalten, innerbetriebliche Beförderung, Entleeren*" (kurz TRBS 3145) vom Februar 2016 (GMBl. Nr. 12-17/2016, S. 256–314)
[§TRBS3146]	Bundesrepublik Deutschland: „*Technische Regeln für Betriebssicherheit – Ortsfeste Druckanlagen für Gase*" (kurz TRBS 3146) vom April 2014 (GMBl. Nr. 28–29/2014, S. 606)

[§TRGS554]   Bundesrepublik Deutschland: „*Technische Regeln für Gefahrstoffe – Abgase von Dieselmotoren*" (kurz TRGS 554) vom Januar 2019 (GMBl 2019 S. 88–104)

[§TRT006]   Bundesrepublik Deutschland: „*Technische Richtlinie Tanks – Explosionsdruckstoßfestigkeit*" (kurz TRT 006, VkBl. 2014 S. 398)

[§TRT030]   Bundesrepublik Deutschland: „*Technische Richtlinie Tanks – Lüftungseinrichtungen, Flammendurchschlagsicherungen*" (kurz TRT 030, VkBl. 2002 S. 238)

[§USchadG]   Bundesrepublik Deutschland: „*Gesetz über die Vermeidung und Sanierung von Umweltschäden*" (kurz *Umweltschadensgesetz*) vom 10. Mai 2007 (BGBl. I S. 666), zuletzt geändert durch Artikel 4 des Gesetzes vom 04.08.2016 (BGBl. I S. 1972)

[§VAwS]   Bundesrepublik Deutschland: „*Verordnung über Anlagen zum Umgang mit wassergefährdenden Stoffen*" (*WasgefStAnlV*) vom 18. April 2017 (BGBl. I S. 905)

[§VbF]   Bundesrepublik Deutschland: „*Verordnung über Anlagen zur Lagerung, Abfüllung und Beförderung brennbarer Flüssigkeiten zu Lande*" (kurz *Verordnung über brennbare Flüssigkeiten*) vom 13. Dezember 1996 (BGBl. I S. 1937; 1997 I S. 447), zuletzt geändert durch Artikel 11 der Verordnung vom 02.06.2016 (BGBl. I S. 1257)

[§WHG]   Bundesrepublik Deutschland: „*Gesetz zur Ordnung des Wasserhaushalts*" (kurz *Wasserhaushaltsgesetz*) vom 31. Juli 2009 (BGBl. I S. 2585), zuletzt geändert durch Artikel 2 des Gesetzes vom 04.12.2018 (BGBl. I S. 2254)

[§WRG]   Republik Österreich: „*Wasserrechtsgesetz*" vom 1. November 1959 (BGBl. S. 1525), zuletzt geändert durch Bundesgesetz, mit dem das Abfallwirtschaftsgesetz 2002, das Immissionsschutzgesetz – Luft und das Wasserrechtsgesetz 1959 geändert wird vom 22.11.2018 (BGBl. I Nr. 73/2018)

其他法律

[§CFR]   USA: Code of Federal Regulations, Title 40, Chapter I, Subchapter U. https://www.law.cornell.edu/cfr/text/40/chapter-I/subchapter-U

[§MARPOL]   International Maritime Organization: *MARPOL 73/78*, Annex VI

北京市版权局著作权合同登记 图字：01-2016-9409。

图书在版编目（CIP）数据

内燃机测量技术和试验台架：原书第 2 版/（德）凯·博格斯特著；倪计民团队译. —北京：机械工业出版社，2022.8

（内燃机先进技术译丛）

ISBN 978-7-111-71807-9

Ⅰ.①内…　Ⅱ.①凯…②倪…　Ⅲ.①内燃机－测量技术　Ⅳ.①TK4

中国版本图书馆 CIP 数据核字（2022）第 189437 号

机械工业出版社（北京市百万庄大街 22 号　邮政编码 100037）
策划编辑：孙　鹏　　　　责任编辑：孙　鹏　刘　煊
责任校对：樊钟英　李　杉　封面设计：鞠　杨
责任印制：刘　媛
北京盛通商印快线网络科技有限公司印刷
2023 年 1 月第 1 版第 1 次印刷
169mm×239mm·18.75 印张·2 插页·381 千字
标准书号：ISBN 978-7-111-71807-9
定价：229.00 元

电话服务　　　　　　　　网络服务
客服电话：010 - 88361066　机 工 官 网：www.cmpbook.com
　　　　　010 - 88379833　机 工 官 博：weibo.com/cmp1952
　　　　　010 - 68326294　金 书 网：www.golden - book.com
封底无防伪标均为盗版　　机工教育服务网：www.cmpedu.com

机械工业出版社 | 汽车分社
CHINA MACHINE PRESS

读 者 服 务

机械工业出版社立足工程科技主业，坚持传播工业技术、工匠技能和工业文化，是集专业出版、教育出版和大众出版于一体的大型综合性科技出版机构。旗下汽车分社面向汽车全产业链提供知识服务，出版服务覆盖包括工程技术人员、研究人员、管理人员等在内的汽车产业从业者，高等院校、职业院校汽车专业师生和广大汽车爱好者、消费者。

一、意见反馈

感谢您购买机械工业出版社出版的图书。我们一直致力于"以专业铸就品质，让阅读更有价值"，这离不开您的支持！如果您对本书有任何建议或宝贵意见，请您反馈给我。我社长期接收汽车技术、交通技术、汽车维修、汽车科普、汽车管理及汽车类、交通类教材方面的稿件，欢迎来电来函咨询。

咨询电话：010-88379353　　　编辑信箱：cmpzhq@163.com

二、电子书

为满足读者电子阅读需求，我社已全面实现了出版图书的电子化，读者可以通过京东、当当等渠道购买机械工业出版社电子书。获取方式示例：打开京东 App—搜索"京东读书"—搜索"（书名）"。

三、关注我们

【机工汽车】

机械工业出版社汽车分社官方微信公众号——机工汽车，为您提供最新书讯，还可免费收看大咖直播课，参加有奖赠书活动，更有机会获得签名版图书、购书优惠券等专属福利。欢迎关注了解更多信息。

四、购书渠道

机工汽车小编
（13641202052）
编辑微信

我社出版的图书在京东、当当、淘宝、天猫及全国各大新华书店均有销售。

团购热线：010-88379735

零售热线：010-68326294　88379203

推荐阅读

书号	书名	作者	定价（元）
	重磅图书		
9787111670094	节能与新能源汽车技术路线图 2.0	中国汽车工程学会	299.00
9787111710967	智能网联汽车创新应用路线图	国家智能网联汽车创新中心	129.00
9787111711742	面向碳中和的汽车行业低碳发展战略与转型路径（CALCP 2022）	中汽数据有限公司组编	299.00
9787111703310	汽车工程手册（德国版）第 2 版	（德）汉斯 - 赫尔曼·布雷斯等	499.00
9787111689089	汽车软件开发实践	（德）法比安·沃尔夫	159.00
9787111675860	基于 ISO26262 的功能安全	（德）薇拉·格布哈特等	139.00
9787111714309	智能网联汽车预期功能安全测试评价关键技术	李骏，王长君，程洪	199.00
9787111699835	智能座舱开发与实践	杨聪等	168.00
9787111703105	增程器设计开发与应用	菜根儿	168.00
9787111705437	轮毂电机分布式驱动控制技术	朱绍鹏，吕超	108.00
9787111702801	汽车产品开发结构集成设计实战手册	（加）曹渡	239.00
9787111684701	汽车性能集成开发实战手册	饶洪宇，许雪莹	199.90
9787111687184	以人为本的智能汽车交互设计（HMI）	（瑞典）陈芳，（荷兰）雅克·特肯	159.00
9787111661320	汽车仿真技术	史建鹏	249.00
	中国汽车自主研发技术与管理实践丛书		
9787111691228	汽车整车设计与产品开发	吴礼军	366.00
9787111691280	汽车性能集成开发	詹樟松	338.00
9787111687313	乘用车汽油机开发技术	张晓宇	210.00
9787111691235	汽车智能驾驶系统开发与验证	何举刚	198.00
	汽车先进技术译丛		
9787111548331	智能车辆手册（卷 I）	（美）阿奇姆·伊斯坎达里安	299.00
9787111548348	智能车辆手册（卷 II）	（美）阿奇姆·伊斯坎达里安	299.00
9787111592570	汽车人因工程学	（英）盖伊 .H. 沃克等	149.00
9787111662808	汽车软件架构	（瑞典）米罗斯拉夫·斯塔隆	149.00
9787111677970	汽车行业 Automotive SPICE 能力级别 2 和 3 实践应用教程	（德）皮埃尔·梅茨	139.00
9787111598985	智能网联汽车信息物理系统：自适应网络连接和安全防护	（美）丹达 B. 拉瓦特等	60.00

书号	书名	作者	定价（元）
9787111678793	基于安全需求的信息物理系统设计	林忠纬，（美）阿尔伯托·桑戈瓦尼 - 文森泰利	69.00
9787111654568	驾驶辅助系统计算机视觉技术	（伊朗）马哈迪·雷猜等	99.00
9787111659655	自动驾驶：技术、法规与社会	（德）马库斯·毛雷尔	199.00
9787111666158	自动驾驶：未来更安全、更高效的汽车技术解决方案	（奥）丹尼尔·瓦茨尼克等	199.00
9787111675730	自动车辆和过程的容错设计及控制	（德）拉尔夫·斯德特	119.00
9787111563617	车辆网联技术	（德）克里斯托夫·佐默等	169.00
9787111546740	车载 ad hoc 网络的安全性与隐私保护	（加）林晓东，（新加坡）陆荣幸	99.00
9787111694069	车辆悬架控制系统手册	刘洪海，高会军，李平	199.00
9787111644200	车辆系统动力学手册（第1卷：基础理论和方法）	（意）吉亚姆皮埃罗·马斯蒂努等	139.00
9787111655527	车辆系统动力学手册（第2卷：整车动力学）	（意）吉亚姆皮埃罗·马斯蒂努等	169.00
9787111655206	车辆系统动力学手册（第3卷：子系统动力学）	（意）吉亚姆皮埃罗·马斯蒂努等	169.00
9787111669371	车辆系统动力学手册（第4卷：控制和安全）	（意）吉亚姆皮埃罗·马斯蒂努等	199.00
9787111615712	电气工程手册:电力电子·电机驱动（原书第2版）	（美）博格丹·M.维拉穆夫斯基等	198.00
9787111616160	汽车底盘设计（上卷）部分设计	（意）吉安卡洛·珍达等	148.00
9787111633815	汽车底盘设计（下卷）系统设计	（意）吉安卡洛·珍达等	188.00
9787111620075	赛车空气动力学	（美）约瑟夫·卡茨等	129.00
9787111658276	汽车轻量化技术手册	（德）霍斯特·E.弗里德里希	299.00
9787111538257	轻量化设计:计算基础与构件结构（原书第10版）（第2版）	（德）伯恩德·克莱恩	199.00
9787111685401	汽车工程中的氢：生产、存储与应用（原书第4版）	（奥）曼弗雷德·克莱尔等	169.00
9787111676324	混合动力电驱动系统工程与技术：建模、控制与仿真	（波兰）安东尼·苏马诺夫斯基等	159.00
9787111677123	燃料电池系统解析：原书第3版	（澳）安德鲁·L.迪克斯等	180.00
9787111672906	电驱动系统：混动、纯电动与燃料电池汽车的能量系统、功率电子和传动	（爱尔兰）约翰·G.海斯等	199.00